嵌入式系统设计

——基于Cortex-M处理器与RTOS构建

曾 毓　黄继业●编著

清华大学出版社
北京

内 容 简 介

本书系统地介绍了基于 ARM Cortex-M 体系的嵌入式系统设计,将单片机技术、RTOS 概念、传感器应用、编程技巧和实用方法与实际工程开发技术在 STM32F407 硬件平台上很好地结合起来,使读者通过本书的学习能迅速了解并掌握基于 STM32 的嵌入式系统设计方法和工程开发实用技术,为后续的深入学习和发展打下坚实的理论与实践基础。

作者依据高校课堂教学和实验操作的规律与要求,并以提高学生的实际工程设计能力和自主创新能力为目标,合理编排本书内容。本书从内容上可分为 6 个部分:ARM Cortex 体系概述、硬件平台介绍、工具软件介绍及使用方法、RTOS 介绍、常见工程技术应用和 OpenHarmony 系统移植。全书共 13 章,除个别章节之外,大多章节都安排了相应的实验内容和扩展练习题。

本书主要用于高等院校本、专科的单片机、嵌入式实践和电子系统综合设计课,推荐作为电子信息工程、通信、工业自动化、计算机应用技术、仪器仪表、物联网等学科专业和相关实验指导课的教学用书或主要参考书,同时也可作为参与电子设计竞赛、嵌入式竞赛开发应用人员的自学参考书。

与此教材配套的还有实验指导课件、示例源程序,以及与实验设计项目相关的详细技术资料等,读者都可免费索取。

本书封面贴有清华大学出版社防伪标签,无标签者不得销售。
版权所有,侵权必究。举报:010-62782989,beiqinquan@tup.tsinghua.edu.cn。

图书在版编目(CIP)数据

嵌入式系统设计:基于 Cortex-M 处理器与 RTOS 构建 / 曾毓,黄继业编著. —北京:清华大学出版社,2022.11
ISBN 978-7-302-62175-1

Ⅰ. ①嵌… Ⅱ. ①曾… ②黄… Ⅲ. ①微处理器—系统设计—高等学校—教材 Ⅳ. ①TP332.021

中国版本图书馆 CIP 数据核字(2022)第 214329 号

责任编辑:邓 艳
封面设计:刘 超
版式设计:文森时代
责任校对:马军令
责任印制:朱雨萌

出版发行:清华大学出版社
网　　址:http://www.tup.com.cn,http://www.wqbook.com
地　　址:北京清华大学学研大厦 A 座　　邮　编:100084
社 总 机:010-83470000　　邮　购:010-62786544
投稿与读者服务:010-62776969,c-service@tup.tsinghua.edu.cn
质量反馈:010-62772015,zhiliang@tup.tsinghua.edu.cn
印 装 者:三河市铭诚印务有限公司
经　　销:全国新华书店
开　　本:185mm×260mm　　印　张:18.5　　字　数:437 千字
版　　次:2022 年 12 月第 1 版　　印　次:2022 年 12 月第 1 次印刷
定　　价:66.00 元

产品编号:091199-01

前 言

进入 21 世纪 20 年代，电子技术、计算机技术都在飞速发展，嵌入式系统设计与应用技术在各个领域都有它的身影。近年来，嵌入式系统设计显然是一个研究与应用热点，不断创造出了新的应用场景。计算机技术虽是从电子技术中孕育而生，却能借助计算机软件发展得更为枝繁叶茂，而嵌入式系统无疑是计算机技术（偏软）与电子技术（偏硬）的完美复合，是一门非常值得电子信息类、计算机类专业学生深入学习的课程。

基于工程领域中嵌入式系统设计技术的巨大实用价值，以及对嵌入式系统教学中实践能力和创新意识培养的重视，本书的特色主要体现在如下 4 个方面。

1. 教学实例丰富翔实，注重实践能力的培养

在绝大部分章节中都安排了针对性较强的实例设计项目，使学生对每一章节的课堂教学内容和教学效果能及时通过实验得以消化和强化，并尽可能地从一开始学习就有机会将理论知识与实践紧密联系起来。

全书包含数十个演示示例及其相关的实验项目，这些项目涉及的嵌入式工具软件类型较多、技术领域也较宽、知识涉猎密集、针对性强，而且自主创新意识的启示性好。与书中的示例相同，所有的实验项目都通过了配套嵌入式平台的硬件验证。每一个实验项目除给出详细的实验目的、实验原理和实验内容要求之外，还有 2~5 个子项目或子任务。它们通常分为如下几方面：第一个层次的实验是与该章某个阐述内容相关的验证性实验，并提供了详细的且被验证的设计源程序和实验方法，学生只需将提供的设计示例输入计算机，并参照图示步骤进行编译下载，在实验系统上实现即可，这使学生有一个初步的感性认识，也提高了实验的效率；第二个层次的实验任务要求在上一实验基础上做一些改进和发挥；第三个层次的实验通常是提出自主设计的要求和任务；第四个层次的实验则是在仅给出一些提示的情况下提出自主创新性设计的要求。因此，教师可以根据学时数、教学实验的要求以及不同的学生对象，布置不同层次含不同任务的实验项目。

2. 教学实例新颖有趣，注重创新能力的培养

在绝大部分章节中都安排了新颖实用又不乏有趣的实例设计项目，使学生对每一章节的课堂教学内容和教学效果能及时通过实验得以消化和强化，并吸引学生的注意力、提高学生的学习兴趣，引导学生进行自主设计，从实践中培养学生的创新能力。

如第 5 章简单外设应用实践，介绍了 GPIO、AD 和几种常见传感器外设，示例演示了这几种外设和传感器的简单应用。在该章节的示例演示使学生对这些外设有了感性认识后，该章节安排的实验内容就引导学生设计了声控延时开关和防火防盗报警器这两个生活中常见的应用实例。

再比如第 7 章无线通信应用实践，介绍了 HC05 和 ESP01 这两种当前流行的无线通信

外设模块。基于该章节的示例演示和作者提供的远程调试工具，学生就能够通过这两种无线通信模块对实验系统进行远程控制了。学生结合当前物联网应用和各种无线应用场景需求，可以在该章节的示例基础上扩展出各种设计，实现诸多创新性应用。

3. 灵活可伸缩的教材内容与学时安排

本教材的结构特点决定了授课学时数可十分灵活，即可长可短，应视具体的专业特点、课程定位及学习者的前期教育程度等因素而定，同时适应微控制器（单片机）、嵌入式系统设计、嵌入式 RTOS、嵌入式系统课程设计等课程。考虑到嵌入式系统设计技术课程的特质和本教材的特色，具体教学可以是粗放型的，其中多数内容，特别是实践项目，都可放手让学生更多地自己去查阅资料、提出问题、解决问题，乃至创新与创造；而授课教师只需做一个启蒙者、引导者、鼓励者和学生成果的检验者与评判者。授课的过程多数情况只需点到为止，大可不必拘泥于细节、面面俱到。但有一个原则，即安排的实验学时数应多多益善。

4. 精心定制的便携式实验板，随时随地开展嵌入式系统学习

事实上，任何一门课程的学时数总是有限的，为了有效增加学生的实践和自主设计的时间，我们对于这门课程采用了每个同学配备一套便携式嵌入式系统实验板这一措施，即每个上嵌入式系统设计课的同学都可借出一套精心定制的实验板，使他们能利用自己的计算机在课余时间完成自主设计项目，强化学习效果。实践表明，这种安排使得实验课时得到有效延长，教学成效自然显著。

我们建议积极鼓励学生利用课余时间尽可能学完本书的全部内容，掌握本书介绍的所有嵌入式开发工具软件和相关开发手段，并尽可能多地完成本书配置的实验和设计任务，甚至能参考教材中的要求，安排参加相关的创新设计竞赛，进一步激发同学的学习积极性和主动性，并强化他们的动手能力和自主创新能力。

针对本教材中的实验和实践项目所能提供的演示示例原设计文件的问题：本书中多数实验都能提供经硬件验证调试好的演示示例原设计，目的是让读者能顺利完成实验验证和设计；有的示例的目的是希望能启发或引导读者完成更有创意的设计，其中一些示例尽管看上去颇有创意，但都不能说是最佳或最终结果，这给读者留有许多改进和发挥的余地。此外，还有少数示例无法提供源代码（只能提供演示文件），是考虑到本书作者以外的设计者的著作权，但这些示例仍能在设计的可行性、创意和创新方面给予读者以宝贵的启示。

与本书相关的其他资料，包括本书的配套课件、实验示例源程序资料、相关设计项目等参考资料，都可扫描书后二维码免费下载获取。此外，对于书中每章习题的答案，高校教师若有需要，可通过出版社联系作者获取。

编　者

于杭州电子科技大学

目　　录

第 1 章　基于 Cortex-M 的嵌入式系统概述 1
1.1　嵌入式系统基本概念 1
1.1.1　嵌入式系统的构成要素 1
1.1.2　嵌入式系统的主要特点 3
1.2　ARM Cortex 系列体系结构 4
1.2.1　嵌入式处理器分类 4
1.2.2　嵌入式处理器内核 Cortex 系列分类 5
1.3　ARM Cortex-M 各系列特点 5
1.4　STM32F407 结构简介 7
1.5　实时操作系统 RTOS 简介 7
1.6　嵌入式系统在物联网中的发展 9
习题 9

第 2 章　Cortex-M 嵌入式硬件平台 11
2.1　硬件平台简介 11
2.2　主要器件 12
2.3　主要功能模块 13
习题 16

第 3 章　嵌入式开发工具与设计流程 17
3.1　STM32 开发工具 17
3.2　ARM Keil MDK 工具 18
3.3　STM32CubeMX 使用方法 22
3.3.1　STM32Cube 简介 22
3.3.2　STM32CubeMX 软件安装 23
3.4　基于 HAL 库的程序设计流程 25
3.4.1　STM32 HAL 介绍 25
3.4.2　CubeMX 工程创建流程 28
3.5　第一个 LED 点灯程序 30
实验 1　按键扫描与流水灯设计 39
习题 40

第 4 章　FreeRTOS 操作系统 41
4.1　FreeRTOS 系统简介 41

4.2 FreeRTOS 系统移植 42
4.3 多任务系统基本概念 45
4.3.1 任务及任务管理 45
4.3.2 优先级 48
4.3.3 消息队列 49
4.3.4 信号量 51
4.3.5 互斥量 54
4.3.6 事件 56
4.3.7 任务通知 58
4.3.8 内存管理 60
4.4 创建第一个 RTOS 工程 63
4.4.1 CubeMX 工程配置 63
4.4.2 导出 MDK 工程 66
4.4.3 编写功能代码 69
实验 2 多任务键盘与流水灯实验 72
习题 72

第 5 章 简单外设应用 74
5.1 数码管应用 74
5.2 按键与外部中断 78
5.3 麦克风与 ADC 应用 81
5.3.1 添加串口打印输出 81
5.3.2 ADC 模块介绍 83
5.3.3 麦克风 AD 采样示例 85
5.4 单总线温度传感器应用 89
5.5 IIC 接口陀螺仪传感器应用 92
实验 3 声控延时亮灯实验 95
实验 4 温度报警与倾角监测实验 96
习题 96

第 6 章 串口通信应用 98
6.1 学习板虚拟串口概述 98
6.2 轮询接收方式串口通信 102
6.3 中断接收方式串口通信 104
6.3.1 串口接收中断示例 104
6.3.2 DMA 空闲中断示例 106
6.3.3 流水灯串口通信应用 107
6.4 使用 SWO 调试 110
实验 5 简单串口通信实验 112

实验6　数据采集与串口通信实验 112
　　习题 113

第7章　无线通信应用 114

7.1　蓝牙HC05通信模块介绍 114
7.1.1　HC05蓝牙模块用法介绍 115
7.1.2　HC05蓝牙模块AT指令介绍 115
7.2　蓝牙通信实践 117
7.3　ESP8266WIFI通信模块介绍 122
7.3.1　ESP01模块用法介绍 123
7.3.2　ESP01模块AT指令介绍 123
7.4　WIFI通信实践 125
7.5　物联网连接应用实践 130
7.5.1　创建OneNET平台设备 131
7.5.2　连接OneNET平台 134
　　实验7　蓝牙手机遥控实验 139
　　实验8　数据采集及WIFI通信实验 139
　　习题 140

第8章　GUI显示应用 141

8.1　OLED应用介绍 141
8.1.1　单色IIC接口OLED介绍 141
8.1.2　OLED显示屏驱动程序介绍 142
8.1.3　GUISlim图形库介绍 143
8.1.4　汉字点阵文件介绍 144
8.2　OLED应用实践 148
8.3　MCU接口LCD介绍 152
8.4　LCD应用实践 154
8.4.1　emWin图形库介绍 154
8.4.2　FSMC总线配置 154
8.4.3　LCD屏驱动移植接口 157
8.4.4　GUI应用设计 163
　　实验9　OLED显示屏数据曲线绘制实验 169
　　实验10　LCD液晶屏GUI设计实验 169
　　习题 170

第9章　定时器应用 171

9.1　STM32F4定时器介绍 171
9.1.1　常规定时器 171

9.1.2　HAL 库定时器应用方法 172
　　9.1.3　定时器基本概念介绍 174
9.2　定时器基本功能应用 174
9.3　PWM 输出应用 179
9.4　信号捕捉应用 182
9.5　外部脉冲计数应用 187
实验 11　简易闹铃设计实验 191
实验 12　呼吸灯设计实验 191
实验 13　简易频率计设计实验 191
实验 14　简单录音机设计实验 192
习题 192

第 10 章　RTC 与低功耗应用 194
10.1　RTC 实时时钟应用 194
10.2　STM32 低功耗模式介绍 200
10.3　STM32 低功耗应用 201
实验 15　基于 RTC 的电子钟设计 206
实验 16　低功耗待机与唤醒实验 207
习题 207

第 11 章　FatFs 文件系统应用 208
11.1　FatFs 介绍 208
11.2　SPI FLASH 应用实践 212
　　11.2.1　添加配置 SPI 外设 212
　　11.2.2　添加 SPI FLASH 驱动 214
　　11.2.3　SPI FLASH 直接读写操作实践 215
　　11.2.4　SPI FLASH 文件读写操作实践 218
11.3　SD 卡应用实践 222
　　11.3.1　添加配置 SDIO 外设 222
　　11.3.2　SD 卡文件读写操作实践 224
11.4　U 盘挂载应用实践 226
　　11.4.1　添加配置 USB Host 组件 227
　　11.4.2　U 盘文件读写操作实践 228
实验 17　数据存储实验 230
实验 18　文件传输实验 231
习题 231

第 12 章　STM32 IAP 程序设计 233
12.1　STM32 IAP 概念介绍 233

12.2　STM32 内部 FLASH 介绍 234
12.3　STM32 内部 FLASH 读写实践 235
12.4　程序跳转应用实践 238
12.5　IAP 程序设计实践 245
实验 19　串口 IAP 设计实验 253
实验 20　U 盘 IAP 设计实验 253
习题 254

第 13 章　鸿蒙嵌入式系统移植 255
13.1　OpenHarmony 介绍 255
　　13.1.1　LiteOS-M 内核简介 255
　　13.1.2　开发环境配置 256
13.2　OpenHarmony 系统移植 261
　　13.2.1　创建裸机工程 261
　　13.2.2　系统编译构建移植 263
　　13.2.3　系统启动过程适配 275
　　13.2.4　编译及烧录 277
13.3　OpenHarmony 应用开发示例 280
　　13.3.1　hello world 示例 280
　　13.3.2　流水灯示例 281
实验 21　OpenHarmony 系统移植实验 283
习题 284

参考文献 285

第 1 章 基于 Cortex-M 的嵌入式系统概述

本章简要介绍嵌入式系统基本概念、ARM Cortex-M 处理器体系结构、STM32F407 结构原理、嵌入式系统的应用情况和发展趋势。本章的内容大部分是一些基本概念、器件结构与应用特点，是为了使读者对基于 Cortex-M 的嵌入式系统有一些框架性的认识，以便于后续章节的学习。嵌入式系统设计是一门实践性要求较高的课程，大部分的概念与方法必须通过实际动手实践才能真正掌握。若读者初次接触到本章节内容，可能会有不理解的地方，请不必担心，可以继续进入后续章节进行学习，等后续章节学完后，再次阅读本章，会对嵌入式系统设计有更深入的理解。

1.1 嵌入式系统基本概念

进入 21 世纪，随着集成电路工艺的发展，片上系统（system on a chip，SoC）即在一片小小的芯片上集成完整计算机系统成为可能。由单个 SoC 芯片或者一个 SoC 芯片再加上有限的辅助芯片（如存储芯片、电源以及接口芯片等）构成的微缩化系统，在性能上往往可以超过早期庞大臃肿的计算机，显然可以完成许多控制与计算任务，而且常常被用作更大电子系统的一个组件或一个计算节点。由此，这类系统也被称为嵌入式系统（embedded system）。

1.1.1 嵌入式系统的构成要素

现在，嵌入式系统已经广泛应用于各个领域，从电冰箱、洗衣机的电子控制板，到汽车上的仪表盘，再到卫星上的姿态控制系统等，无一例外均为嵌入式系统。由于应用的场景过多，嵌入式系统出现的形式形态也纷繁复杂，为了便于读者理解嵌入式系统到底是什么，可以先从嵌入式系统的几个主要构成要素上进行分析。

1. 嵌入式处理器

上文已经提到，嵌入式系统是一套完整的计算机系统，显然，处理器（CPU）作为计算机系统的核心是必不可少的。嵌入式处理器是嵌入式系统的首要构成要素。它的存在形式是多样的，可以是一片 SoC 芯片中的处理器核，也可能是单独一个芯片。嵌入式处理器可以是单核，也可以是多核，甚至可以异构多核（大小核或者 CPU+GPU 结构等），但只是在一个芯片上实现，这是因为嵌入式系统往往是嵌入到一个更大系统中进行应用，在体积、功耗上会受到限制，多芯片结构的处理器往往不适合嵌入式应用场景。

2. 存储器

嵌入式处理器在运行时，必然需要读取程序与暂存数据，因此 ROM、RAM 两类存储器也是嵌入式系统的构成要素。根据处理器对存储器的要求不同，嵌入式存储器也是多种多样的，有与嵌入式处理器核在同一片芯片上的片内 FLASH 与片内 SRAM，也有放在片外（与处理器核不在一个芯片上）的 FLASH 芯片与 SDRAM、DDR 等芯片。前者往往是单颗 SoC 构成整个嵌入式系统的核心，而后者往往是更高性能、更复杂应用的嵌入式系统，往往也是兼具片内 SRAM 的。片外的 FLASH 芯片是嵌入式系统中存储程序与非易失数据的，可以是 NAND、eMMC、SPI FLASH、MicroSD 卡等多种形式。

3. 输入输出接口

就如同 PC 上有鼠标、键盘和显示器，用来与用户进行交互一样，嵌入式系统也需要输入输出接口，和与之连接的设备或操作者进行信息交互，来获取输入数据、输出计算结果或控制操作。嵌入式系统的输入输出接口种类是极其丰富的，典型计算机系统上所具备的外部接口，绝大部分都可能出现在嵌入式系统上，如 GPIO（通用输入输出）、USB 接口、网口、蓝牙、PCIe 和 LCD 显示屏等。但与 PC 之类的典型计算机系统不同，嵌入式系统的输入输出接口往往因为针对应用需求进行了裁剪而并不完备，有时可能只有网口，而无其他任何接口。

4. 外设

外设即处理器外围设备的简称，在嵌入式系统上的外设常见的有定时器、PWM（脉冲宽度调制）发生器、显示控制器、D/A、A/D 等。虽然被称为外设，但往往和嵌入式处理器是在同一个芯片上，而不是在芯片的外围。大部分外设是通过输入输出接口与嵌入式系统外的电子元件相连接，因此，在很多情况下并不对外设与输入输出接口做严格区分，统称为外设接口。

5. 嵌入式操作系统

使用 PC 进行工作和学习时，往往需要 Windows、Linux 等桌面操作系统的支持，才能运行学习或工作的应用软件。如同 PC 一样，嵌入式系统也常常需要嵌入式操作系统的支持，才能运行应用软件，完成嵌入式系统的工作任务。嵌入式操作系统能够在单核心处理器上运行多任务操作，也可以在多核心处理器上实现计算资源的统一调度与任务分配，就如同微缩精简的 PC 桌面操作系统，但在功能上进行了高度定制与极致裁剪，以适应嵌入式应用。

当然，不少嵌入式系统受限于处理器性能与存储器容量，并没有嵌入式操作系统，只是直接跑实现功能操作的程序。这种不依赖嵌入式操作系统的嵌入式程序常被称为裸机程序，因此，无操作系统的嵌入式系统也被称为裸机。

事实上，很多嵌入式系统上运行的嵌入式操作系统不是 PC 桌面操作系统的直接裁剪，而是经过重新设计的、专为实时处理优化的实时操作系统（real-time OS，RTOS），本书中将对此类嵌入式操作系统的应用展开详细叙述。

6. 嵌入式应用软件

在嵌入式操作系统上，完成具体嵌入式应用功能的软件是嵌入式应用软件，它并不直接与嵌入式系统硬件进行交互，需要借助嵌入式操作系统，才能使用嵌入式系统上的软硬件资源。嵌入式操作系统通过统一的应用软件接口（API）屏蔽或弱化了嵌入式底层硬件的细节与差异性，使得嵌入式应用软件易于编写、调试与移植。嵌入式应用软件可以是一个单一的嵌入式控制任务，可以是人机界面软件，也可以是数据采集分析任务等。

7. 嵌入式驱动

在典型的嵌入式软件层级中，嵌入式应用软件是最上层，而嵌入式操作系统是中间层，但嵌入式操作系统对于部分嵌入式硬件的操作也不是直接控制的，它需要通过嵌入式驱动来对底层硬件进行硬件抽象。介于嵌入式操作系统与嵌入式硬件之间的就是嵌入式驱动。嵌入式驱动把嵌入式系统中多样的外设接口按照特定的几种驱动模型进行软件操作的统一与规范。

嵌入式操作系统的设计是一个涉及嵌入式软硬件各方面且非常复杂的问题，为了设计易于移植的嵌入式平台，设计人员结合 API 和驱动的抽象化特性进一步提出了硬件抽象层（HAL）这个概念。硬件抽象层是位于操作系统内核、驱动与硬件电路之间的接口层，它隐藏了特定平台的硬件接口细节，向嵌入式操作系统提供虚拟的硬件平台，使其具有硬件无关性，可在多种平台上进行移植。

分析了上述 7 个主要构成要素后，相信读者已经对嵌入式系统有了一定的认识。嵌入式系统可以被定义为：一种能独立运行且可嵌入受控系统内部，为特定应用而设计的紧凑型软硬件一体化专用计算机系统。

嵌入式系统广泛应用于工业控制、汽车电子、家用电器、手机平板、保安监控、消防救灾、航空航天、无人机、机器人、医疗电子、雷达导弹、海洋电子等领域，几乎无处不在。

1.1.2 嵌入式系统的主要特点

1. 专用性

嵌入式系统的个性化很强，其中的软件系统和硬件的结合非常紧密，一般要针对硬件进行系统的移植，即使在同一品牌、同一系列的产品中，也需要根据系统硬件的变化和增减不断进行修改。

2. 嵌入式性

嵌入式系统的目标代码通常固化在非易失性存储器和芯片中，嵌入式系统开机后，必须有代码对系统进行初始化，以便其余代码能正常运行，为了系统的初始化，几乎所有系统都要在非易失性存储器中存放部分代码。

3. 实时性

高实时性的系统软件（OS）是嵌入式软件的基本要求。而且软件要求固态存储，以提高速度；软件代码要求高质量和高可靠性。

4. 软硬件一体化

嵌入式系统是一个软件和硬件高度结合的产物，为了提高系统可靠性和执行速度，软件一般都固化在存储器芯片或微处理器本身中。

5. 小体积、结构紧凑

受限空间和资源的不足，嵌入式系统的硬件和软件都必须高效率地设计，争取在相同的硅片面积上去实现更高的性能，这样才能在具体应用中对处理器的选择更具有竞争力。

6. 低功耗

随着物联网和消费类电子产品的普及，嵌入式系统在可穿戴设备、户外移动设备等非插电场景中的应用越来越广泛，受限于电池容量和应用时长的考虑，嵌入式系统在这些场景下的低功耗特点非常明显。

1.2 ARM Cortex 系列体系结构

嵌入式处理器的内核架构以 RISC（reduced instruction set computer，精简指令集计算机）架构为主，常见的有 ARM、MIPS、RISC-V，其中最具代表性的是来自英国 ARM 公司的 ARM 32/64 位 RISC 处理器架构。ARM 公司是全球领先的半导体知识产权（IP）提供商，全世界手机和平板的处理器内核超过 95% 都采用 ARM 架构。

1.2.1 嵌入式处理器分类

嵌入式处理器根据性能、结构的不同，一般可以分为 3 类。

1. 应用处理器

高性能嵌入式处理器，针对运行 Linux、安卓、iOS 等复杂操作系统而设计。应用处理器一般也称为 APU 或者 MPU，在结构上接近 PC 所用桌面处理器，主频一般在 1 GHz 以上，具有 MMU（memory management unit，内存管理单元）支持虚拟内存管理，能支持复杂嵌入式操作系统的运行条件。手机处理器、平板电脑处理器就是应用处理器的典型代表。多核、大小核、异构多核结构在应用处理器中比较常见。

2. 实时处理器

高实时性嵌入式处理器，针对网络设备、存储设备、高实时性嵌入式控制系统而设计。主频一般在几百兆赫至 1 GHz 范围内，针对高数据吞吐、高实时响应而优化，一般只是嵌入在设备中，不需要人机接口，但对网络通信、高速接口有优化。能接触到这类处理器的开发人员较少。与应用处理器、微控制器相比，实时处理器的种类要少得多。

3. 微控制器

低功耗、低成本、小体积的嵌入式处理器，针对低功耗微控制需求和 IoT（Internet of

things，物联网）设备而设计。微控制器没有 MMU 单元，不能支持 Linux、安卓等复杂操作系统，只能支持实时操作系统，甚至在大部分应用中仅运行裸机程序。

1.2.2 嵌入式处理器内核 Cortex 系列分类

ARM 提供的嵌入式处理器内核主要有 Cortex 系列，Cortex 系列包含 3 个子系列。

1. Cortex-A

Cortex-A 系列为应用处理器，有 32 位、64 位处理器内核两类。

其中，32 位内核主要有 Cortex-A5、Cortex-A7、Cortex-A8、Cortex-A9、Cortex-A12、Cortex-A15、Cortex-A17、Cortex-A32 等。

64 位内核主要有 Cortex-A34、Cortex-A35、Cortex-A53、Cortex-A55、ARM Cortex-A57、Cortex-A72、Cortex-A73、Cortex -A75、Cortex-A76、Cortex-A77、Cortex-A78、Cortex-A510 和 Cortex-A710 等。

所有的 Cortex-A 架构，无论是 32 位还是 64 位，均包含内存管理单元（MMU）。Linux、安卓等复杂操作系统需要 MMU 才能运行。

除了 Cortex-A32，其他 32 位 Cortex-A 基于 ARMv7-A 架构。

"A"后面 2 位数字编号的 64 位 Cortex-A 内核以及 32 位 Cortex-A32 基于 ARMv8 架构的 ARMv8-A 架构。

Cortex-A510 和 Cortex-A710 基于 ARMv9-A 架构。

2. Cortex-R

Cortex-R 系列为实时处理器。Cortex-R 主要包括 Cortex-R4、Cortex-R5、Cortex-R7、Cortex-R8、Cortex-R52/R52+ 和 Cortex-R82 等。Cortex-R 更具容错性并适用于硬实时和安全关键应用程序。Cortex-R82 是 64 位带 MMU 的实时处理器，可以支持 Linux 操作系统。大部分的 Cortex-R 处理器为 32 位处理器，且不带 MMU。

3. Cortex-M

Cortex-M 系列为微控制器，是 32 位处理器内核。Cortex-M 系列包括 Cortex-M0/M0+、Cortex-M1、Cortex-M3、Cortex-M4、Cortex-M7、Cortex-M23、Cortex-M33、Cortex-M35P、Cortex-M55。

Cortex-M 内核一般用作微控制器芯片（单片机），也可以作为 Cortex-A、Cortex-R 的辅助控制器，构成异构多核结构。Cortex-M 常常与 Flash、SRAM、定制化的外设一起构成单颗 SoC 芯片，甚至还会集成电源管理模块，使得单颗 SoC 芯片即为完整的计算机系统。这种 SoC 芯片可以用作电机控制器、电源管理控制器、触摸屏控制器、阀门控制器、照明控制器和传感器采集模块。

1.3 ARM Cortex-M 各系列特点

2004 年，ARM 公司发布了第一个 Cortex-M 系列处理器内核，许多芯片公司选用了该系列内核作为自家微控制器 MCU 的处理器核心，并进行量产，获得了较好的市场反响。基于该系列内核的出色表现，大多数设计人员就开始将其用于产品设计，同时将他们以前的项目迁移到基于 Cortex-M 的微控制器上。Cortex-M 发展至今（本书出版时），应该是世界上被使用最多的处理器内核。

Cortex-M 系列是一个庞大 32 位处理器核家族，比较常见的有以下几类。

- Cortex-M0/M0+/M1 基于 ARMv6-M 架构。Cortex-M0/M0+是低成本、低功耗的 32 位处理器内核，但性能较低，是专为 8 位/16 位微控制器替代更新而设计。Cortex-M1 是专为 FPGA 内嵌处理器软核而设计。
- Cortex-M3 基于 ARMv7-M 架构，具有 3 级流水线，具备分支预测功能，集成有嵌套向量中断控制器（NVIC）。Cortex-M3 是中等性能的 32 位通用微控制器核，是 Cortex-M 系列中用途最为广泛的一款内核。
- Cortex-M4/Cortex-M7 基于 ARMv7E-M 架构，支持 Thumb-2 指令集，均为高性能 32 位微控制器核。Cortex-M4 具有低延 3 级流水线和多个 32 位总线，主频可达 200 MHz。Cortex-M4 在 Cortex-M3 的基础上增加了 FPU（浮点处理单元），还专门针对处理 DSP 算法进行了优化，性能测试可达 1.25 DMIPS/MHz。
- Cortex-M7 是高性能 Cortex-M 内核，具有 6 级流水线，支持超标量与分支预测，与 Cortex-M4 相比，性能进一步提升。支持 DSP 扩展：单周期 16 位/32 位 MAC、单周期双 16 位 MAC、8 位/16 位 SIMD 运算、硬件除法，支持符合 IEEE 754 标准的可选单精度与双精度浮点单元，支持可选 8 或 16 区域 MPU（存储器保护单元）。
- Cortex-M23/M33/M35P 基于 ARMv8-M 架构，是对 ARMv7-M 处理器的更新。
- Cortex-M55 基于 ARMv8.1-M 架构，是带有新向量执行单元的处理器核心架构。该系列内核首次拥有了执行 SIMD 指令的能力，因此其数字信号处理能力提升较大，适用于机器学习应用场景。
- Cortex-M85 是高性能 Cortex-M 内核，支持标量、DSP 和 ML，同时保持 Cortex-M 确定性和简单的编程模型。Cortex-M85 系列内核既有更高的标量性能和机器学习性能，还提供更多的安全防御功能，因此发售时号称最强 MCU 内核。该系列内核不仅可用于开展复杂的机器学习计算，也可以更好地适应工业自动化场景。
- "星辰"处理器 STAR-MC1 是基于最新的 ARMv8-M 架构 32 位处理器，可用于微控制器或 SoC。针对物联网设备的需求进行了优化，能够充分满足物联网设备在实时控制、数字信号处理、安全运行、极低功耗、极小面积等方面的需求。国内的灵动微、全志科技均有采用 STAR-MC1 内核的 MCU 量产。

这些 Cortex-M 系列内核的指令集架构遵循了从 ARMv6-M 到 ARMv7-M、ARMv7E-M 到 ARMv8-M 的二进制指令向上兼容性设计。可用于 Cortex-M0/Cortex-M0+/Cortex-M1 的二进制指令无须修改即可在 Cortex-M3/Cortex-M4/Cortex-M7 上执行；可用于 Cortex-M3 的二进制指令无须修改即可在 Cortex-M4/Cortex-M7/Cortex-M33/Cortex-M35P 上执行。但需要注意的是，Cortex-M 架构仅支持 Thumb-1 和 Thumb-2 指令集，不支持 ARMv6 以前旧版 32 位 ARM 指令集。

1.4 STM32F407 结构简介

STM32F407 系列是 ST 公司推出的中高性能 32 位微控制器，其主要结构有如下几类。

1. 处理器内核

采用 ARM Cortex-M4 处理器内核，最高主频为 168 MHz，支持 FPU（浮点处理单元）与 DSP（数字信号处理）指令。

2. 存储器

STM32F407 系列具有 512 KB～1 MB 片上 FLASH 和 192 KB 片上 SRAM。

3. 时钟、复位与电源管理

支持 1.8～3.6 V 电源和 IO 电压。具有上电复位、掉电复位和可编程的电压监控功能。支持 4～26 MHz 的外部高速晶振、内部 16 MHz 的高速 RC 振荡器、外部 32.768 kHz 低速晶振 3 个时钟源，内部锁相环 PLL 倍频后得到系统时钟。

具有睡眠、停止和待机 3 种低功耗模式，可用电池为 RTC（real-time clock，实时时钟）和备份寄存器供电。外部低速 32.768 kHz 的晶振主要做 RTC 时钟源。

4. ADC（模数转换器）、DAC（数模转换器）

最多有 3 个 12 位 ADC，每个 AD 可以支持 8 个通道采样。AD 通道分为外部通道与内部通道两种，内部通道可以用于内部温度测量，外部通道通过复用 IO 连接到片外。ADC 内置参考电压。另外，还有 2 个 12 位 DAC。

5. DMA

具有 16 个 DMA 通道，带 FIFO 和突发支持，支持外设：定时器、ADC、DAC、SDIO、I2S、SPI、I2C 和 USART。

6. 定时器

具有丰富的定时器资源。共有 10 个通用定时器，其中，TIM2 和 TIM5 是 32 位的，其他为 16 位。还有 2 个基本定时器、2 个高级定时器、1 个系统定时器、2 个看门狗定时器。

7. 输入输出接口

有丰富的 IO 接口，大部分 IO 是复用 IO，单个 IO 可以被配置为多种功能之一，如 ADC 的外部通道模拟输入。有 3 个 I2C 接口、6 个高速（最高达到 11.25 Mb/s）的串口、3 个速度高达 45 Mb/s 的 SPI 接口、2 个 CAN2.0、2 个支持主机与设备切换的 USB OTG 和 1 个支持 TF 卡读写的 SDIO 接口。

1.5 实时操作系统 RTOS 简介

在嵌入式系统上可以运行的操作系统一般分为两种：一种是需要有 MMU 硬件支持的

复杂操作系统，如 Linux、安卓、iOS；另一种是不需要 MMU 的实时操作系统。实时操作系统即 real-time OS，缩写为 RTOS。ARM Cortex-A 内核的嵌入式处理器可以运行上述两种操作系统中的任何一种，而 ARM Cortex-M 内核的嵌入式处理器只能支持运行 RTOS。

常见的 RTOS 有如下几类。

1. μC/OS-II、μC/OS-III

μC/OS-II 嵌入式实时操作系统自 1998 年推出以来，因其方便移植、代码量小、实时性强、可靠性高、内核可剪裁等优点，成为计算机嵌入式应用领域最受喜爱的实时操作系统（RTOS）之一。由于其源码开源，至今已经成功在诸多厂家的 MCU 上移植并应用在各行各业的电子产品之中，因而备受瞩目。μC/OS-III 是 μC/OS-II 的升级版本，于 2009 年发布，相比 μC/OS-II 没有任务数目的限制。

2. FreeRTOS

FreeRTOS 是由 Richard Barry 在 2003 年开始设计的开源、免费的嵌入式实时操作系统。在嵌入式领域，FreeRTOS 是不多的同时具有实时性、开源性、可靠性、易用性、多平台支持等特点的嵌入式操作系统。FreeRTOS 十分小巧，从文件数量上来看，FreeRTOS 要比 μC/OS-II 和 μC/OS-III 小得多。FreeRTOS 并不局限于在微控制器中使用，FreeRTOS 已经发展到支持包含 X86、Xilinx、Altera 等多达 30 种的硬件平台，其广阔的应用前景已经越来越受到业内人士的瞩目，FreeRTOS 已成为业内市场占有率前三的嵌入式操作系统。

3. eCos

eCos 是一种开源、免费的嵌入式可配置实时操作系统，主要应用对象包括消费电子、电信、车载设备、手持设备以及其他一些低成本和便携式应用。eCos 具有很强的可配置能力，而且它的代码量很小，通常为几十到几百千字节，适用于深度嵌入式应用。eCos 为开发人员提供了一个能涵盖大范围应用场景的公共软件基础结构，使得嵌入式开发人员可以集中精力去开发更好的嵌入式产品，而不是停留在对实时操作系统的开发、维护和配置上。

4. QNX

QNX 是一种商用的遵从 POSIX 规范的类 UNIX 实时操作系统，它是一个分布式、嵌入式、可规模扩展的硬实时操作系统。QNX 是业界公认的 X86 平台上最好的嵌入式实时操作系统之一，具有独一无二的微内核实时平台，建立在微内核和完全地址空间保护基础之上，并且具有高实时、高稳定和高可靠特性。QNX 已经有在 PowerPC、MIPS、ARM 等处理器内核的移植，其在国内嵌入式应用领域也有广泛应用。

5. μClinux

μClinux 是一个完全符合 GNU/GPL 公约、开放源代码的操作系统。μClinux 在 Linux 内核源码基础上进行改造，取消了 MMU 硬件要求，并进行实时性优化，如此才使得 μClinux 能够应用在嵌入式领域。虽然与 Linux 相比，μClinux 经过了大幅度的瘦身，但是这并没有妨碍 μClinux 提供丰富的功能扩展接口和强大的网络管理、系统管理功能。

6. OpenHarmony LiteOS-M

OpenHarmony LiteOS-M 是华为 HarmonyOS 的开源嵌入式版本内核。该内核是面向 IoT 领域构建的轻量级物联网操作系统内核，具有小体积、低功耗、高性能的特点，其代码结构简单，主要包括内核最小功能集、内核抽象层、可选组件以及工程目录等，分为硬件相关层以及硬件无关层，硬件相关层提供统一的 HAL（Hardware Abstraction Layer）接口，提升硬件易适配性，不同编译工具链和芯片架构的组合分类，满足 AIoT 类型丰富的硬件和编译工具链的拓展。

7. RT-Thread

RT-Thread 是一款来自中国的开源实时操作系统，是一个组件完整丰富、高度可伸缩、简易开发、超低功耗、高安全性的物联网操作系统，其同时也是一个集实时操作系统内核、中间件组件和开发者社区于一体的技术平台。RT-Thread 具备物联网操作系统平台所需的所有关键组件，如 GUI、网络协议栈、安全传输、低功耗组件等。自 2006 年以来，经过多年的累积发展，RT-Thread 已经拥有一个国内最大的嵌入式开源社区，同时被广泛应用于能源、车载、医疗、消费电子等多个行业，RT-Thread 已经成为国人自主开发、国内最成熟稳定和装机量最大的开源 RTOS。

1.6 嵌入式系统在物联网中的发展

物联网（IoT）通过有线或无线通信在物与物之间建立连接，构成多种形式的网络结构，以交换数据，完成信息收集分析、信息存储、控制操作。显然，物联网与嵌入式系统是紧密不可分的，甚至在大部分情况下是同一个事物的不同维度的表述。随着更多的"物"被装上芯片，连接上物联网，嵌入式系统也随之高速发展。现今，除了手机、平板电脑，物联网无疑是嵌入式系统中最大的应用领域。

云平台、多终端、多设备相连接，由此生成了一个物联通信网络，改变了我们与周围环境互动的方式，一个数字方式互动的世界正逐渐成为现实。低功耗、低成本、小体积、高性能、安全性、灵活性这些特性显然是未来物联网的发展方向，也是未来嵌入式系统的主要发展方向。

习 题

1. 什么是嵌入式系统？它有哪些主要构成要素？
2. 简述嵌入式处理器的分类，并具体举例说明。
3. 简述嵌入式 Linux 与 FreeRTOS 的异同点。
4. 请分析嵌入式操作系统、嵌入式驱动、嵌入式软件之间的相互关系。

5. 常见的 RTOS 有哪些？
6. 请分析 MPU 与 MCU 的异同点。
7. ARM Cortex 系列有那 3 个子系列，分别对应于哪种嵌入式处理器类型？
8. 请查阅资料比较 Cortex-M0+、Cortex-M3、Cortex-M4、Cortex-M7、STAR-MC1 的特性参数。
9. 简述 STM32F407 的主要结构与特点。
10. 简述嵌入式系统与物联网的相互关系。
11. FreeRTOS 有那些功能特点？

第 2 章 Cortex-M 嵌入式硬件平台

本书主要针对 ARM Cortex-M4 内核的编程应用展开论述，绝大部分示例内容对应内嵌 Cortex-M4 内核的 STM32F407 硬件开发平台。本书的大部分内容都可以在市面上常见的 STM32F4 开发板上实践验证。读者如果配套本书对应的 HX32F4 系列学习板进行实验，可以省去中间硬件不一致时的各种移植问题，有助于快速入门。下文就以 HX32F4 嵌入式硬件平台为例展开叙述。

2.1 硬件平台简介

本书配套硬件平台（HX32F4 学习板）如图 2-1 所示。

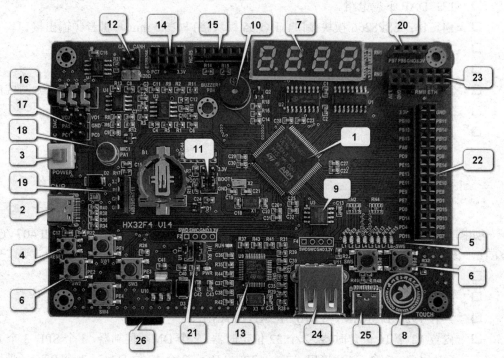

图 2-1　HX32F4 学习板结构图

HX32F4 学习板核心芯片选用了基于 Cortex-M4 内核的 STM32F407 系列 MCU，板载 DAP 下载调试器，仅需一根 TYPE-C 接口就能完成供电、下载、调试、串口调试。

该板含有基础学习的资源，比如 4 个按键、4 位数码管、8 个 LED、蜂鸣器、电容触摸按键、SPI FLASH W25Q128 和麦克风等常见实验资源。板载接口提供 3.5 mm 音频输出、

ADC、DAC、2.4 寸液晶显示屏 FSMC 接口、触摸屏 SPI 接口、CAN 通信接口、ESP8266WIFI 接口、IIC 接口、DS18B20/DHT11 单总线接口、蓝牙 HC-05 接口、SD 卡接口、以太网接口、USB Host 和 USB Device 接口，丰富的模块接口免去了杜邦线连接，方便实验操作。

板上还提供 14×2 个 IO 扩展口，接口涵盖了单片机的 USART、SPI、IIC、ADC、DAC、定时器等外设引脚，方便进行其他的扩展实验。

学习板上大部分资源的连接端口都用丝印标注在了模块接口或器件旁边，省去了反复查看原理图的时间，方便实验观察。

图 2-1 中的各个标号部件介绍如下。

- 1：主芯片，包括 STM32F407VGT6（默认）或 STM32F407VET6（低配版）。
- 2：TYPC-C 电源接口，可以通过该接口对 STM32 进行下载、调试、串口调试。
- 3、4：电源开关、复位按键。
- 5~8：8 个 LED 灯、6 个独立按键、4 位数码管、电容触摸按键。
- 9、10：SPI FLASH W25Q128、蜂鸣器。
- 11：BOOT 启动模式选择。
- 12：CAN 通信模块接口。
- 13：DAP 下载电路。
- 14~16：ESP8266 模块接口、HC-05 模块接口、3.5 mm 耳机音频输出接口。
- 17、18：ADC/DAC 外扩接口、麦克风音频输入。
- 19：DS18B20/DHT11 单总线接口。
- 20~23：外扩 IIC 接口、USART 调试接口、15×2 扩展接口、RMII 以太网接口。
- 24、25：USB Host 接口、USB Device 接口。
- 26：TF 卡接口。

2.2 主要器件

如图 2-1 中的部件 1 所示，HX32F4 学习板核心芯片采用 ST 公司的 STM32F407VGT6/VET6，该器件为 100Pin 的 LQFP 封装，主要特性如下。

- 芯片内核为 ARM Cortex-M4，运行频率最高可达 168 MHz。
- 内部集成 FPU 和 DSP 指令。
- 具有 192 KB SRAM、1 MB/512 KB FLASH。
- 内置 12 个 16 位定时器、2 个 32 位定时器、2 个 DMA 控制器、3 个 SPI、3 个 IIC、6 个串口、2 个 CAN 接口、3 个 12 位 ADC、2 个 12 位 DAC、1 个 RTC（带日历功能）以及 82 个通用 IO 接口等。

如图 2-1 中的部件 13 所示，学习板上以 STM32F103C8T6 为核心构建了 CMSIS-DAP 调试下载电路，该调试器具有以下特点。

- 支持 ARM Cortex 内核控制器，可调试下载 STM32、GD32 等 Cortex M 内核器件。
- 兼容性好，支持 XP/Windows 7/Windows 8/Windows 10 操作系统。

- 下载速度快、稳定、不丢固件、支持在线调试和硬件仿真。
- Windows 10 以上系统无须安装驱动。
- 板载 Type-C 接口，即插即用。

另外，主芯片 STM32F407 的串口 1（PA9 和 PA10）连接到了 STM32F103 的串口 2（PA2 和 PA3）上，同时 STM32F103 又通过 USB 虚拟串口连接到了 Type-C 接口，因而 HX32F4 学习板仅需一根 USB Type-C 数据线即可，既可用于供电，又可以调试下载，还可以进行串口通信。

2.3 主要功能模块

电源：学习板由左侧 Type-C 接口输入 5 V 电压，通过 LDO 器件产生 3.3 V 电源，满足 STM32 和各模块的供电需要。图 2-1 中的部件 3 为电源开关，按动一次为接通电源，再按则断开电源。

LED 灯：板载 8 个 LED 灯（PCB 丝印为 L1～L8），可以供开发者编程使用，8 个灯的引脚连接如表 2-1 所示。

表 2-1 LED 灯引脚连接表

信 号 名 称	STM32 引脚	信 号 名 称	STM32 引脚
LED1	PE8	LED5	PE12
LED2	PE9	LED6	PE13
LED3	PE10	LED7	PE14
LED4	PE11	LED8	PE15

按键：板载 6 个独立按键 KEY1～KEY6（PCB 丝印为 SW1～SW6）。其中，KEY1～KEY4 按键为上拉输入，即按下为低电平"0"，松开为高电平"1"。KEY5 和 KEY6 按键为下拉输入，即按下为高电平"1"，松开为低电平"0"。6 个按键的引脚连接如表 2-2 所示。

表 2-2 独立按键引脚连接表

信 号 名 称	STM32 引脚	信 号 名 称	STM32 引脚
KEY1	PE1	KEY4	PE4
KEY2	PE2	KEY5	PE5
KEY3	PE3	KEY6	PE6

4 位数码管：板载的 LED 数码管为 4 位八段共阴数码管，当某一字段对应的引脚为高电平时，相应字段就点亮；当某一字段对应的引脚为低电平时，相应字段就不亮。4 位数码管的动态扫描显示是将所有数码管的相同段并联在一起，通过选通信号分时控制各个数码管的公共端，循环点亮多个数码管，并利用人眼的视觉暂留现象，只要扫描的频率大于 50 Hz，将看不到闪烁现象。由此，学习板上使用了 74HC595 和 74HC138 两个器件进行串入并出和 4 位片选操作。数码管与 STM32F4 的引脚连接如表 2-3 所示。

表 2-3 数码管引脚连接表

信 号 名 称	STM32 引脚	信 号 名 称	STM32 引脚
SER	PC8	A0	PA15
SCK	PA11	A1	PC10
DISLK	PA8	A2	PC11
DISEN	PC9	A3	PA12

蜂鸣器：学习板上使用的蜂鸣器为无源蜂鸣器，需要单片机输出脉冲信号才能驱动蜂鸣器鸣叫，该蜂鸣器连接单片机引脚为 PB4，可以通过电平翻转模拟脉冲信号或者使用 PWM 输出功能实现蜂鸣器控制。

调试串口：学习板上板载 USART 串口调试，通过跳线帽可以将串口数据输出到 Type-C 接口，然后用 PC 端上位机或串口调试助手看串口数据或进行串口通信。如图 2-2 所示，学习板上电后，在 PC 端可识别为一个 USB 串口（Windows 7 系统可能需要安装驱动）。

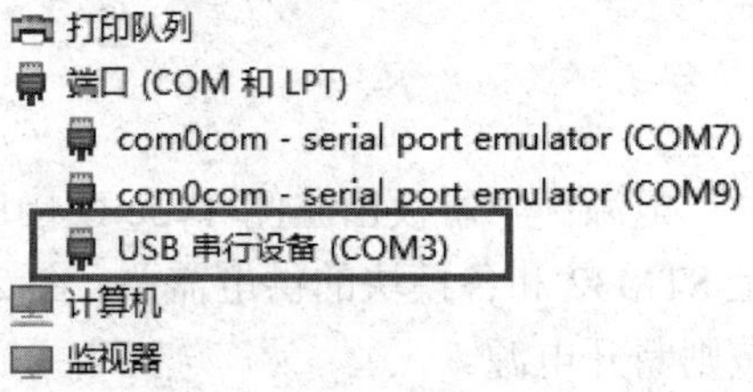

图 2-2 PC 端识别的学习板调试串口

该调试串口固定设置为波特率 115200 b/s、1 位停止位、无奇偶校验。同时，如果将跳线帽去掉，可以外接其他串口设备进行通信。

外扩 IIC 接口：板载 IIC 接口，可以接入 3.3 V 电平的 IIC 模块如 MPU6050 传感器，或 0.96 寸 OLED 显示屏等现有模块，其 4 针接口排列依次为 IIC_SDA、IIC_SCL、GND 和 3.3V，与 STM32F4 的引脚连接如表 2-4 所示。

表 2-4 IIC 接口引脚连接表

信 号 名 称	STM32 引脚
I2C_SCL	PB6
I2C_SDA	PB7

DS18B20/DHT11 单总线接口：板载的单总线接口也是一个 4 针插座，该接口支持 DS18B20/DHT11 等单总线数字温湿度传感器，其中的信号接口连接到了 STM32F4 单片机的 PE0 端口上。

WIFI、蓝牙接口：学习板上的 WIFI 和蓝牙接口可直接插入 ESP8266（ESP-01）模块和 HC-05 蓝牙模块。这两个模块其实都是串口模块，收发数据时都是在和 STM32F4 单片机进行串口通信。两个接口的引脚连接如表 2-5 和表 2-6 所示。

表 2-5 ESP8266 接口引脚连接表

信 号 名 称	STM32 引脚
USART6_RX	PC7
USART6_TX	PC6

表 2-6 HC-05 接口引脚连接表

信 号 名 称	STM32 引脚
USART2_RX	PA3

续表

信 号 名 称	STM32 引脚
USART2_TX	PA2
STA	PD3
EN	PD2

SPI FLASH：学习板使用 SPI FLASH 作为板载的外部存储器，其型号是 W25Q128，芯片容量为 128 Mb，即 16 MB。该器件连接到了 STM32F407 的 SPI1 外设接口上，引脚连接如表 2-7 所示。

表 2-7 SPI FLASH 引脚连接表

信 号 名 称	STM32 引脚
SPI1_CS	PC4
SPI1_MOSI	PA7
SPI1_MISO	PA6
SPI1_CLK	PA5

麦克风输入：如图 2-1 中的部件 18 所示，板载麦克风连接的单片机端口为 PA1，使用该部件可以进行简单的音频信号采集，通过三极管和 LM358 对微小交流信号进行放大，最后由 STM32F407 的 ADC 进行电压采集。学习板上另有两路 ADC 通道可用排针（部件 17）连接待测模拟信号，这两路 ADC 通道连接的单片机端口为 PC0 和 PC1。

音频输出电路：如图 2-1 中的部件 16 所示，学习板通过 3W 音频功放 IC（TC8002）将 STM32F407 的 DAC 输出信号进行音频放大，最后通过 3.5 mm 耳机接口输出。音频功放输入端连接的单片机端口为 PA4，板上另有一路 DAC 信号通过排针（部件 17）输出，连接的单片机端口为 PA5。

15×2 扩展接口：学习板右侧的 15×2 扩展接口提供了 3.3V、GND、FSMC 总线、SPI2 外设接口、I2C2 外设接口、USART3、定时器通道 x12、PWM 互补输出以及 TIM_ETR 等常用端口。通过该扩展接口，除了可以连接彩色 LCD 液晶屏、SPI 触摸屏、I2C 接口模块、SPI 接口模块，还可以进行信号测量、PWM 调速等扩展实验。15×2 扩展接口编号如图 2-3 所示，与 STM32F407 的引脚连接如表 2-8 所示。

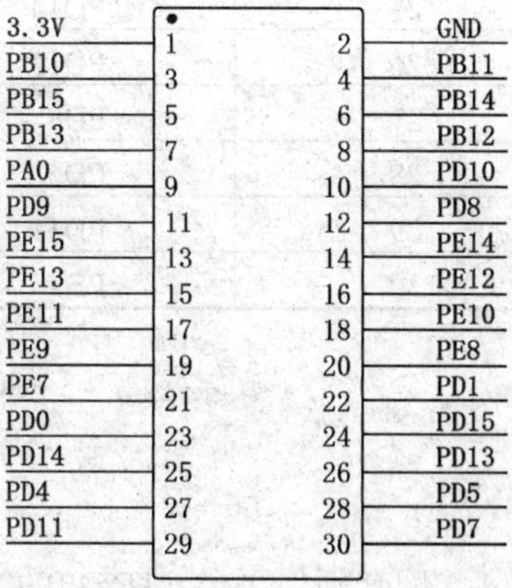

图 2-3 15×2 扩展接口编号示意图

表 2-8 15×2 扩展接口引脚连接表

接 口 编 号	STM32 引脚	功 能
1	3.3V	3.3 V 供电
2	GND	地
3	PB10	TIM2_CH3\I2C2_SCL\USART3_TX

续表

接口编号	STM32引脚	功能
4	PB11	TIM2_CH4\I2C2_SDA\USART3_RX
5	PB15	SPI2_MOSI\TIM12_CH2
6	PB14	SPI2_MISO\TIM12_CH1
7	PB13	SPI2_SCK\CAN2_TX
8	PB12	CAN2_RX
9	PA0	SYS_WKUP\TIM2_CH1\TIM2_ETR\TIM8_ETR
10	PD10	FSMC_D15
11	PD9	FSMC_D14\USART3_RX
12	PD8	FSMC_D13\USART3_TX
13	PE15	FSMC_D12
14	PE14	FSMC_D11\TIM1_CH4
15	PE13	FSMC_D10\TIM1_CH3
16	PE12	FSMC_D9\TIM1_CH3N
17	PE11	FSMC_D8\TIM1_CH2
18	PE10	FSMC_D7\TIM1_CH2N
19	PE9	FSMC_D6\TIM1_CH1
20	PE8	FSMC_D5\TIM1_CH1N
21	PE7	FSMC_D4\TIM1_ETR
22	PD1	FSMC_D3\CAN1_TX
23	PD0	FSMC_D2\CAN1_RX
24	PD15	FSMC_D1\TIM4_CH4
25	PD14	FSMC_D0\TIM4_CH3
26	PD13	TIM4_CH2
27	PD4	FSMC_NOE
28	PD5	FSMC_NWE
29	PD11	FSMC_A16
30	PD7	FSMC_NE1

习 题

1. 配套硬件平台（HX32F4）的主芯片具体型号是什么？该芯片的封装类型是什么？引脚数是多少？它的片内存储空间有多少？
2. STM32F407处理器的内核是什么，其用的是什么指令集？
3. STM32F407的主频最高是多少MHz，内置默认时钟频率是多少MHz？
4. 配套硬件平台（HX32F4）主要的功能模块有哪些？有那些学习资源？
5. 配套硬件平台（HX32F4）上还有一个STM32F1系列芯片，这个芯片在硬件平台上的功能是什么？

第 3 章　嵌入式开发工具与设计流程

嵌入式软件的开发工具根据功能的不同，分别有编译（包括编译、汇编和链接等功能）软件、调试软件、中间件软件、板级支持包软件和仿真、下载软件等。目前业内提供的嵌入式开发工具软件品类众多，而选择合适的开发工具可以加快开发进度，节省开发成本。

通常而言，一套含有编辑、编译、调试下载、工程管理及集成第三方中间件的集成开发环境（IDE）是必不可少的。而使用不同的集成开发环境，其软件开发的设计流程也稍有不同。

3.1　STM32 开发工具

在种类繁多的嵌入式处理器中，ST 公司的 STM32 系列无疑是具有代表性的，本章节就以 STM32 的开发工具为例来介绍嵌入式系统开发工具。用于 STM32 开发的集成开发环境（IDE）有很多，其中最为流行的几款 IDE 包括 MDK-ARM、IAR EWARM、TrueSTUDIO、SW4STM32、Embedded Studio 和 STM32CubeIDE 等。常用的商业版软件有 MDK-ARM 和 EWARM（IAR Embedded Workbench for ARM）。这两个软件易用性好、功能全面、学习资料较多，不过它们的免费或评估版软件有程序容量或使用时间。免费的 STM32 集成开发环境（如 SW4STM32、TrueSTUDIO 和 STM32CubeIDE）大多基于开源的 Eclipse 软件修改定制而来，和商业软件相比，支持的器件型号或调试功能较少，软件易用性也存在一定差距。除了定制的 Eclipse 版本免费 IDE，开发人员也可以使用 VSCode/Clion（编辑器）＋GNU Arm Embedded Toolchain（编译器）＋OpenOCD（调试器）这几种软件来搭建更高定制化的 STM32 开发环境，不过这种定制方法需要安装的软件工具较多，配置细节较为麻烦，不推荐初学者使用。

从 2022 年开始，新版的 MDK 也推出了没有程序大小限制的免费社区版本，虽然仅限于非商业应用，但考虑到软件易用性，本书针对 STM32 初学者还是以大家比较熟悉的 KEIL MDK 软件作为工程演示示例。

ST 公司现今正主推 HAL+STM32CubeMX 的组合来替代寄存器操作或者使用标准外设库的开发方式，使用 STM32CubeMX 软件可以让用户可视化地进行芯片资源和管脚配置，并且生成项目框架源程序。目前，STM32CubeMX 导出项目支持的 IDE 或工具链主要有 MDK、EWARM、TRUESTUDIO、SW4STM32 和 STM32CubeIDE，其他 IDE 或开发环境也可以通过导入 MDK 工程或 MakeFile 文件的方式支持 STM32CubeMX。

对于 STM32 的软件下载，常见有串口 ISP 下载和调试器（仿真器）下载两种方法。

（1）串口 ISP 下载需要引出单片机的 BOOT0、BOOT1 和串口 1，下载时将 BOOT0

拉高，BOOT1 拉低，PC 通过一根 USB 转串口线连到单片机的串口 1 进行下载。STM32 的 ISP 下载是通过 STM32 的串口进行程序下载，虽然比较简单，但是存在下载速度较慢、无法进行调试仿真这两个主要问题，因此，有条件的开发人员建议还是使用在线调试器进行下载。

（2）调试器下载则使用带有 JTAG/SWD 接口的硬件调试器进行程序下载，需要在设计时从板载单片机引出至少两个下载引脚。常见的 STM32 调试器有 J-Link、ST-Link 和 CMSIS-DAP Link 等几种，J-Link 是一种 20 针 JTAG 标准接口的仿真器，也可以通过转接板或杜邦线转为 JTAG/串行线调试（SWD）4 线接口方式进行调试仿真。ST-Link 和 CMSIS-DAP Link 仿真器也都支持 SWD 接口，相对 J-Link 调试器，后两者都具有体积小、价格较低的优势。本书所有示例程序下载都使用板载的 CMSIS-DAP 仿真器通过 USB 电源/数据线进行仿真下载，无须额外下载器和通信线即可实现供电、下载、仿真、串口调试等功能。

3.2 ARM Keil MDK 工具

Keil MDK 软件安装包可在 Keil 公司官网下载，本书所用社区版本为 5.36，其下载地址为：

https://www.keil.arm.com/mdk-community/

https://armkeil.blob.core.windows.net/eval/MDK536.EXE

下载 MDK 软件安装包之后，双击运行该 exe 安装包程序开始安装，如图 3-1 所示。

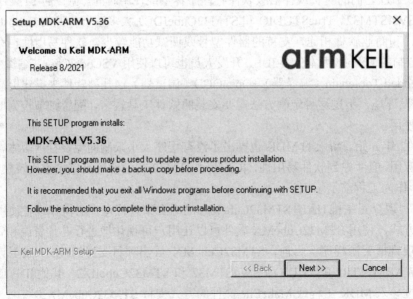

图 3-1 MDK 软件安装界面

单击 Next 按钮并同意软件许可证协议，软件弹出安装路径设置界面，如图 3-2 所示。

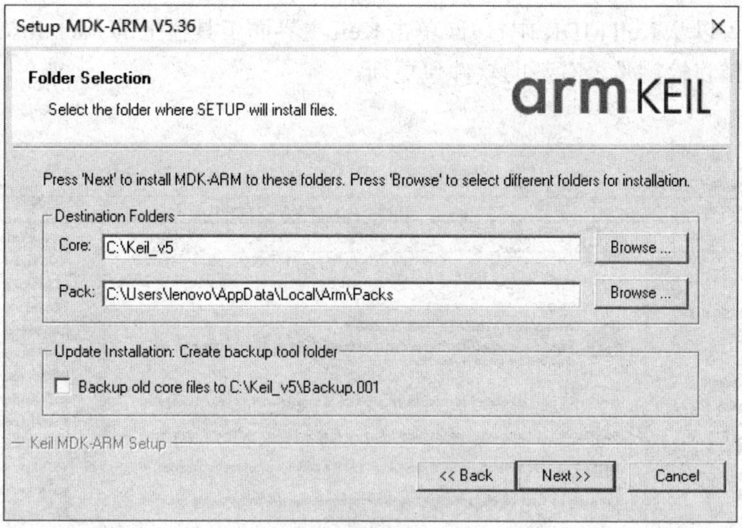

图 3-2 设置安装路径

在图 3-2 中有两个路径,一个是 KEIL MDK 的软件安装目录,一个是 Keil MDK 的中间件插件包下载路径。Keil MDK 软件安装需要约 3 GB 硬盘空间,如果还安装有较多中间件程序包,程序安装目录占用空间大小将突破 6 GB。硬盘空间足够时可以使用默认目录进行安装,默认路径所在分区的可用空间不多时建议修改图 3-2 中的两个安装路径,使用其他目录进行安装时也要注意安装路径不能包含中文符号或者汉字。

单击图 3-2 中的 Next 按钮,进入设置用户信息界面,如图 3-3 所示。

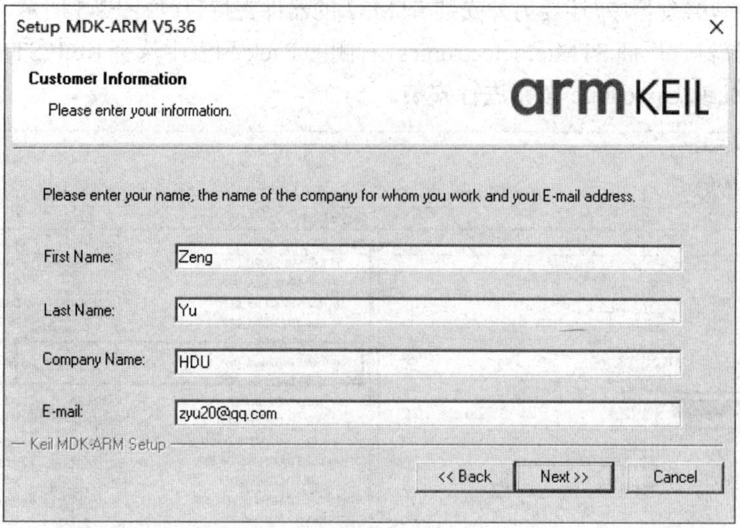

图 3-3 设置用户信息界面

图 3-3 中,需在 4 个信息栏中输入内容才能继续单击 Next 按钮开始安装。Keil MDK 软件安装完成后,将默认安装 ULink 调试器的驱动程序,可以不装。

MDK 软件安装结束后,将自动打开 MDK 软件包的管理程序,如图 3-4 所示。该软件包管理程序也可以从 Keil MDK 中打开（单击 Keil 主界面工具栏上的 Pack Installer 按钮◈），其每次启动时都将检测是否有新的软件包更新。

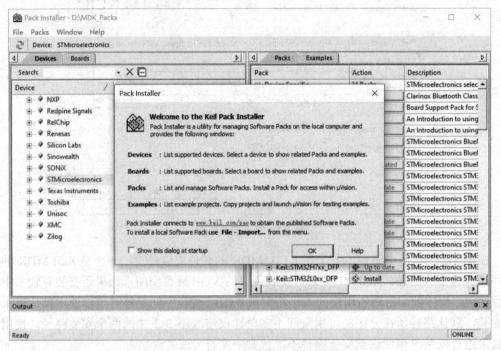

图 3-4　MDK 中间件 Pack 包安装器

MDK 软件包管理器中，还要另外安装 STM32 的器件支持包。如图 3-5 所示，左边的 Device 器件列表中选择器件厂商 STMicroelectronics，右侧的 Pack 列表中选择 Keil::STM32F4xx_DFP 项旁边的 Install 或 Up to date 按钮进行安装。

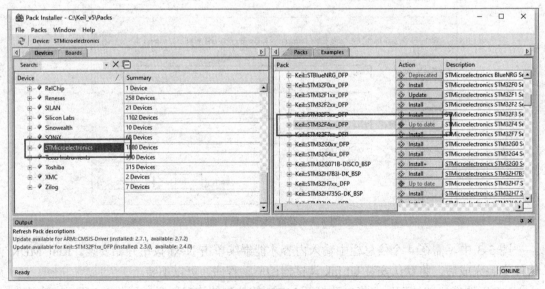

图 3-5　安装 STM32F4xx_DFP 器件包

第 3 章 嵌入式开发工具与设计流程

由于网络环境比较复杂，直接在软件包管理器中下载器件支持包可能比较慢，不能安装器件包时，可以直接访问 Keil 公司官网下的软件包列表页面并查找 STM32F4xx 器件包进行下载，Keil 公司的软件包下载页面目前是 http://www.keil.com/dd2/Pack/。

Keil MDK 社区版的注册需要在线申请注册码，在 Windows 7 以上系统中，用管理员身份启动运行 MDK 软件，选择主界面菜单中的 File→License Management 选项，打开软件授权管理窗口，如图 3-6 所示。

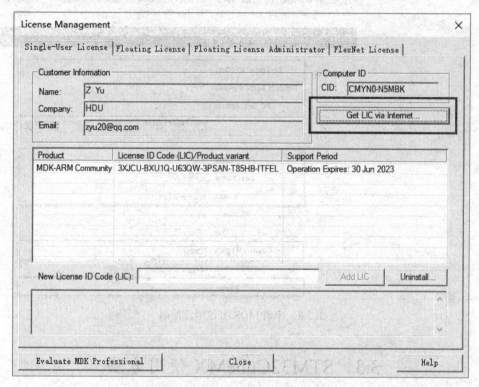

图 3-6 MDK 软件授权管理窗口

单击图 3-6 授权管理窗口中的 Get LIC via Internet 按钮，将启动浏览器打开官方在线授权申请网页（https://www.keil.com/license/install.htm），如图 3-7 所示。在该页面中填入相应信息（CID 机器码、PSN 产品序列号、个人电脑描述、电子邮箱和电话号码等信息）后，单击页面最下方的 Submit 按钮即可完成申请。

CID 机器码如图 3-6 所示，在授权管理窗口中可以查看。PSN 产品序列号在官方地址（https://www.keil.arm.com/mdk-community/）中可以找到，现为 42B2L-JM9GY-LHN8C。接收到官方邮件后，复制邮件内容中的 License ID Code (LIC)后标注的一串注册码，填入图 3-6 窗口下方的 New License ID Code (LIC)编辑框中，最后单击 Add LIC 按钮添加注册码，即可完成社区版 MDK 的软件授权。

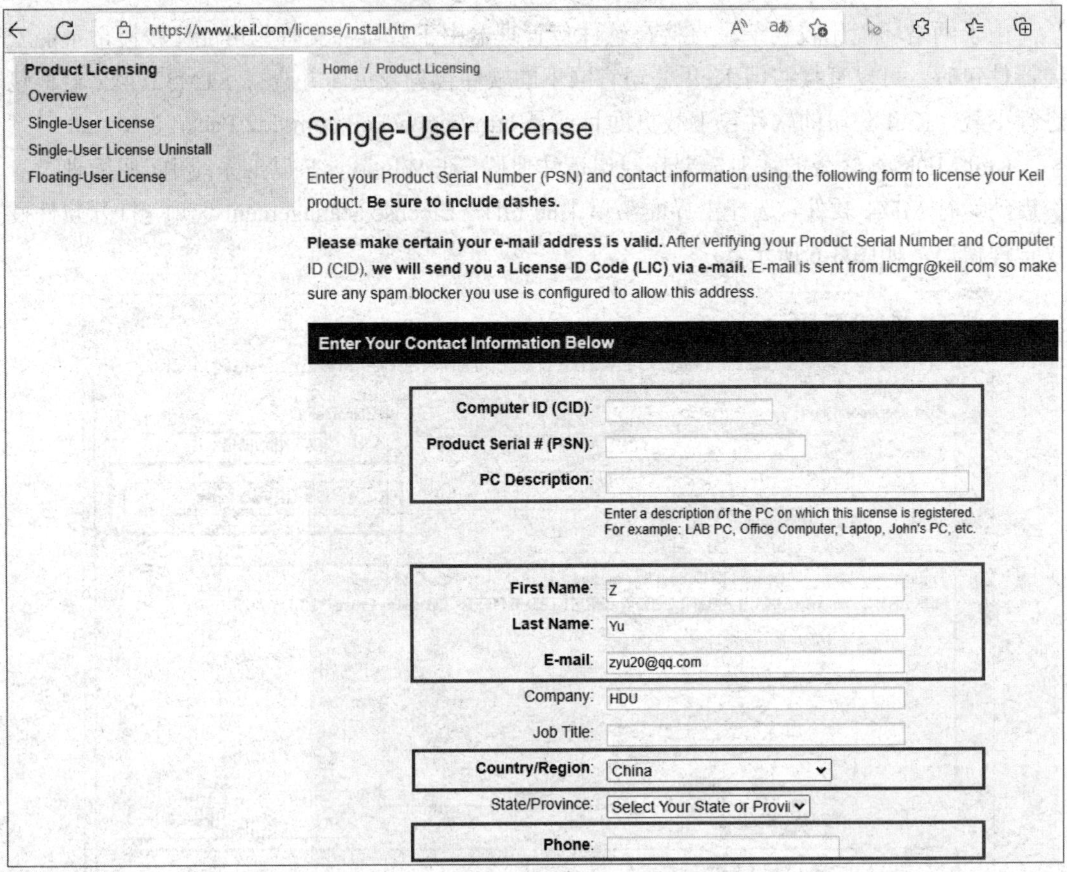

图 3-7　申请 MDK 社区版注册码

3.3　STM32CubeMX 使用方法

3.3.1　STM32Cube 简介

　　STM32Cube 是 ST 公司的一个多功能软件开发工具集，使用 STM32Cube 可以大幅提高开发效率，减少开发时间和成本。STM32 不同的器件系列有不同的 STM32Cube 版本，如 STM32CubeF4 即是对应 STM32F4 系列器件的 STM32CubeF4 版本。如图 3-8 所示，STM32Cube 主要包含 STM32Cube 中间件、STM32 HAL 库和 STM32 LL 库这 3 类软件包。

　　为了方便使用 STM32Cube，ST 公司推出了一个图形化向导式的配置工具——STM32CubeMX。开发人员通过使用 STM32CubeMX 进行简单设置操作便能实现 STM32 单片机的相关配置，最终导出生成完整的 C 语言初始化工程代码。STM32CubeMX 支持多种工具链，如 Keil MDK、IAR For ARM、TrueStudio 等。另外，STM32CubeMX 的多系统支持也比较好，现在已经支持 Windows、Linux 和 MACOS 等 PC 端主流操作系统。

第3章 嵌入式开发工具与设计流程 ·23·

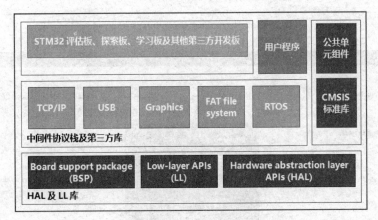

图 3-8 STM32Cube 组织结构

3.3.2 STM32CubeMX 软件安装

STM32CubeMX 软件安装包可以在 ST 公司官网（www.st.com）上搜索"STM32CubeMX"关键字找到下载链接（需要注册），也可以在其他第三方网站下载。如图 3-9 所示，打开 www.st.com 网站，在页面上方的搜索栏中填入"STM32CubeMX"，然后单击 Search 按钮，就可以看到 STM32CubeMX 软件了，本书下载所用 STM32CubeMX 版本为 6.6。

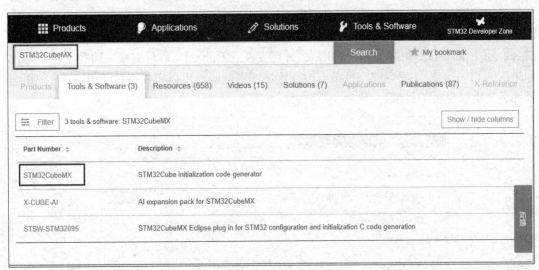

图 3-9 STM32CubeMX 软件下载

由于 STM32CubeMX 软件是基于 JAVA 环境运行的，所以需要安装 JRE 才能使用，如果操作系统之前没有安装过 JAVA 运行环境，安装 STM32CubeMX 时会提示先安装 JAVA 运行环境并自动打开下载页面。

STM32CubeMX 软件安装完成后，启动界面如图 3-10 所示。主界面上方是 File、Window 和 Help 菜单，中间是最近创建的工程列表和 3 种新建工程按钮，右侧是软件和固件包的升级管理按钮。

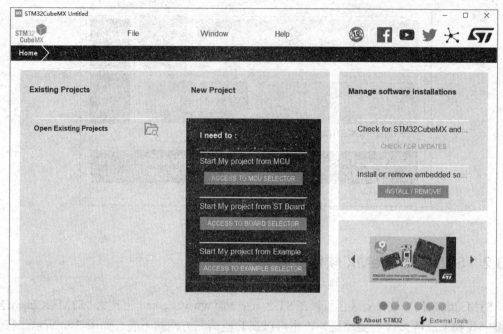

图 3-10　STM32CubeMX 软件启动界面

在使用 STM32CubeMX（以下简称 CubeMX）时，个别情况下 CubeMX 默认的自动更新下载比较慢，等待时间较长，用户可将通过选择主菜单 Help→Updater Settings 选项，如图 3-11 所示在更新设置窗口中关闭自动更新。后期如需更新可以通过选择主菜单 Help→Check for Updates 选项进行手动更新。另外需要注意 CubeMX 软件对中文路径支持不好，如果图 3-11 中的固件库存放路径带有中文汉字或者乱码，可以单击右边的 Browse 按钮选择纯英文不带空格的目录。

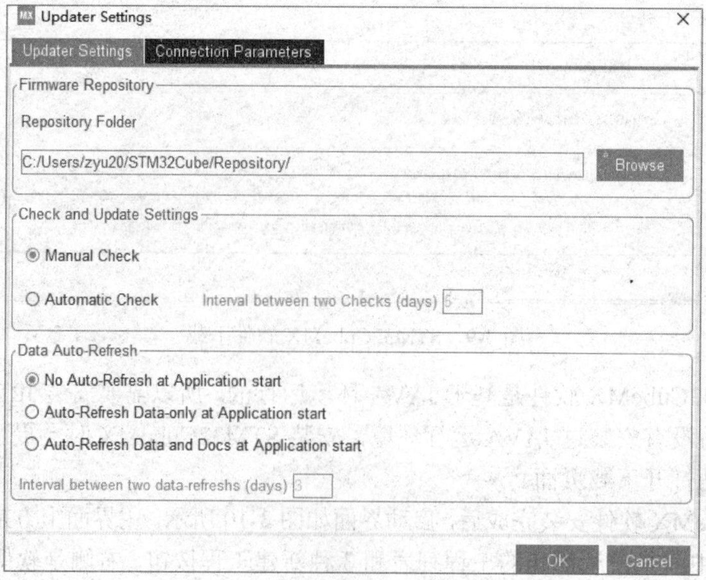

图 3-11　CubeMX 软件设置

CubeMX 软件安装完成后,还需要安装目标硬件平台对应的器件包,该器件包和 MDK 软件中的 Pack 包不同,需要在 CubeMX 中另外安装。如图 3-12 所示,选择 CubeMX 启动界面上的 Help→Manage Embedded Software packages 选项,弹出器件包管理窗口。在该窗口中,单击 STM32F4 标签左侧的黑色三角形按钮,展开 STM32F4 系列器件的可安装器件包。然后如图 3-12 所示勾选最新的一个版本,单击下方的 Install 按钮进行在线安装。如果遇到网络不佳的情况,也可以到 ST 公司官网下载离线安装包,然后单击下方左侧的 From Local 按钮进行安装。

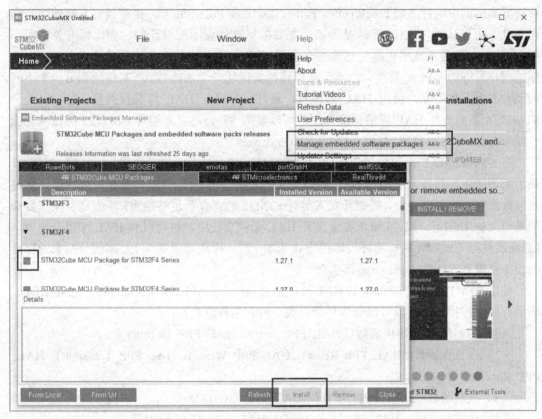

图 3-12　安装目标硬件对应的器件包

3.4　基于 HAL 库的程序设计流程

3.4.1　STM32 HAL 介绍

STM32 开发过程中使用的开发库主要分为标准外设库和 HAL 库两种。

标准外设库(standard peripherals library)是对 STM32 芯片的一个完整的封装,包括所有标准器件外设的器件驱动,之前使用最多的 ST 库就是标准外设库。但是,标准外设库通常是针对某一系列芯片进行优化设计的,使用标准外设库的工程项目可移植性不高。

HAL 是 hardware abstraction layer 的缩写，中文名称即是硬件抽象层。近年来，ST 公司逐步停止了 STM32 器件的标准外设库的更新，最新的 STM32 F7、H7 系列器件甚至没有相应的标准外设库支持了。STM32 HAL 库是 ST 公司为 STM32 最新推出的抽象层嵌入式软件，可以更好地确保跨 STM32 产品的最大可移植性。该库提供了一整套一致的中间件组件，如 RTOS、USB、TCP/IP 和图形等。

STM32 的 HAL 库只要是在 ST 公司的 MCU 芯片上使用，库中的中间件（USB 主机/设备库、STemWin 等）协议栈即被允许随便修改，并可以反复使用。至于其他著名的开源解决方案商的中间件（如 FreeRTOS、FatFs、LwIP 和 PolarSSL），也都具有友好的用户许可条款。可以认为，HAL 库就是为取代之前的标准外设库而设计的。相比标准外设库，STM32 HAL 库能表现出更高的抽象整合水平，其为各个外设的公共函数功能定义了一套通用的用户友好的 API 函数接口，从而可以轻松实现从一个 STM32 产品移植到另一个不同的 STM32 系列产品。使用 HAL 库编程，最好尽量符合 HAL 库编程的整体架构。关于 STM32F4 系列器件 HAL 库的详细介绍，可以参考 ST 公司官方编号 UM1725 的技术文档"Description of STM32F4 HAL and Low-layer drivers"。

在 STM32 HAL 库源码包中还随附有 STM32 LL（low-layer，底层）库，LL 库是 ST 最近新增的库，其技术文档和 HAL 的技术文档为同一个文件。LL 库更接近硬件层，通过直接操作寄存器控制外设，需要开发人员对 STM32 的寄存器足够熟悉，不太适合操作复杂的外设（如 USB）。LL 库可以完全抛开 HAL 库独立使用，也可以和 HAL 库混合使用。LL 库的使用方式和使用标准外设库的方式基本一样，因而可以认为 LL 库就是原来的标准外设库移植到 STM32Cube 下的新实现。

使用 STM32 HAL 库时，根据 HAL 库的命名规则，其 API（application program interface，应用程序编程接口）函数可以分为以下几类（PPP 是外设名）。

（1）初始化/反初始化函数：HAL_PPP_Init()、HAL_PPP_DeInit()等。

（2）IO 操作函数：HAL_PPP_Read()、HAL_PPP_Write()、HAL_PPP_Transmit()、HAL_PPP_Receive()等。

（3）控制函数：HAL_PPP_SET()、HAL_PPP_GET()等。

（4）状态和错误：HAL_PPP_GetState()、HAL_PPP_GetError()等。

HAL 库对所有的函数模型也进行了统一，在 HAL 库中，支持 3 种编程模式：轮询模式、中断模式、DMA 模式（如果外设支持）。其分别对应如下 3 种类型的函数（以 UART 为例）：

```
HAL_StatusTypeDef HAL_UART_Transmit(UART_HandleTypeDef *huart, ...);
HAL_StatusTypeDef HAL_UART_Receive(UART_HandleTypeDef *huart, ...);
HAL_StatusTypeDef HAL_UART_Transmit_IT(UART_HandleTypeDef *huart, ...);
HAL_StatusTypeDef HAL_UART_Receive_IT(UART_HandleTypeDef *huart, ...);
HAL_StatusTypeDef HAL_UART_Transmit_DMA(UART_HandleTypeDef *huart, ...);
HAL_StatusTypeDef HAL_UART_Receive_DMA(UART_HandleTypeDef *huart, ...);
```

其中，带 _IT 的函数表示工作在中断模式下；带 _DMA 的函数表示工作在 DMA 模式下（注意：DMA 模式下也是开启中断的）；什么都没带的就是轮询模式（没有开启中断）。至于使用者使用何种方式,就看实际的应用场合需求了,本书后续内容将给出这 3 种方式的应用示例。

此外,HAL 库架构下统一采用宏的形式对各种中断等进行配置,针对每种外设主要包括以下宏。

- __HAL_PPP_ENABLE_IT(__HANDLE__, __INTERRUPT__):使能一个指定的外设中断。
- __HAL_PPP_DISABLE_IT(__HANDLE__, __INTERRUPT__):关闭一个指定的外设中断。
- __HAL_PPP_GET_IT(__HANDLE__, __INTERRUPT__):获得一个指定的外设中断状态。
- __HAL_PPP_CLEAR_IT(__HANDLE__, __INTERRUPT__):清除一个指定的外设的中断状态。
- __HAL_PPP_GET_FLAG(__HANDLE__, __FLAG__):获取一个指定的外设的标志状态。
- __HAL_PPP_CLEAR_FLAG(__HANDLE__, __FLAG__):清除一个指定的外设的标志状态。
- __HAL_PPP_ENABLE(__HANDLE__):使能外设。
- __HAL_PPP_DISABLE(__HANDLE__):关闭外设。
- __HAL_PPP_XXXX(__HANDLE__, __PARAM__):指定外设的宏定义。
- __HAL_PPP_GET_IT_SOURCE(__HANDLE__, __INTERRUPT__):检查中断源。

通常来说,HAL 库将 MCU 外设处理逻辑中的必要部分以回调函数的形式提供给用户,用户只需要在对应的回调函数中进行修改即可。HAL 库包含如下 3 种用户级别回调函数,绝大多数用户代码都在这些回调函数中实现。

(1)外设系统级初始化/解除初始化回调函数:HAL_PPP_MspInit()和 HAL_PPP_MspDeInit(),用来初始化底层相关的设备 0(如 GPIO 端口、CLOCK 时钟、DMA 和中断等)。

(2)处理完成回调函数:HAL_PPP_ProcessCpltCallback(),其中 Process 指具体某种处理,如 UART 的发送(Tx)和接收(Rx)。当外设或者 DMA 工作完成后触发中断,该回调函数会在外设中断处理函数或者 DMA 的中断处理函数中被调用。

(3)错误处理回调函数:HAL_PPP_ErrorCallback()。当外设或者 DMA 出现错误时触发中断,该回调函数会在外设中断处理函数或者 DMA 的中断处理函数中被调用。

除了 HAL 的外设库操作函数和回调函数,用户常用到的 HAL 库函数还有一些系统控制函数,如表 3-1 所示。

表 3-1 HAL 库常用的系统函数

函 数 名 称	功 能
HAL_GetTick()	获取系统滴答定时器计数(时间戳,单位毫秒)
HAL_Delay()	系统延时一段指定时间(单位毫秒)
HAL_SuspendTick()	暂停系统滴答定时器

续表

函 数 名 称	功 能
HAL_ResumeTick()	恢复系统滴答定时器
HAL_GetUIDw0()	获取器件唯一身份标识数值（UID，96 位二进制数）前 32 位
HAL_GetUIDw1()	获取器件唯一身份标识数值（UID，96 位二进制数）中间 32 位
HAL_GetUIDw2()	获取器件唯一身份标识数值（UID，96 位二进制数）后 32 位

3.4.2 CubeMX 工程创建流程

启动 STM32CubeMX 后，直接单击启动界面中 New Project 标签下的 ACCESS TO MCU SELECTOR 按钮，打开新建工程界面，如图 3-13 所示。

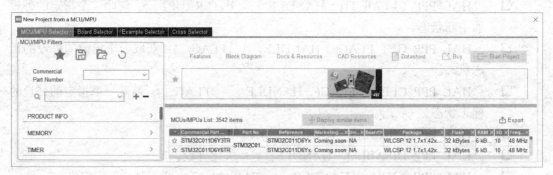

图 3-13　CubeMX 新建工程界面

在图 3-13 所示的新建工程界面中，将要新建的工程是一个 STM32CubeMX 工程（简称 Cube 工程），在左侧的器件搜索栏中直接输入器件型号可以帮助用户快速定位要用来创建工程的 STM32 器件。本书的所有示例都是基于 STM32F4 系列中的 STM32F407VET6 型号器件，对于不同的学习板，使用的 STM32 器件型号可能稍有不同，应用本章示例时要注意修改器件和引脚差别。

如图 3-14 所示，首先在搜索栏中输入选定的工程目标器件的系列型号（如 STM32F407VE），窗口右侧下方的器件列表将检索出两行符合条件的器件型号信息，如图选择第一行器件，窗口中间的一排菜单按钮将变亮为可点击状态。这几个按钮从左到右分别是 "Features（器件特性）" "Block Diagram（器件结构）" "Docs & Resources（参考文档和资源）" "CAD Resources（CAD 资源）" "Datasheet（器件数据手册）" "Buy（购买链接）" "Start Project（开始工程）"。

选中列表中的器件，单击最右侧的 Start Project 按钮，进入 CubeMX 工程初始配置主界面，如图 3-15 所示。

工程配置主界面上方是主菜单和基本的工具按钮，界面中间是标签页形式的配置向导页面，分别为 Pinout & Configuration（引脚配置页面）、Clock Configuration（时钟配置页面）、Project Manager（输出工程管理页面）、Tools（其他工具）页面；最下方则是器件信息栏和消息输出栏。

第 3 章 嵌入式开发工具与设计流程

图 3-14 搜索选定工程目标器件

图 3-15 CubeMX 工程配置主界面

新建一个 Cube 工程时,基本都是在中间的 4 个页面进行初始化配置,配置完成后单击上方的 GENERATE CODE 按钮生成并导出 STM32 工程。关于 STM32CubeMX 的详细使用,参见本章后续内容或按 F1 键参阅 ST 公司编号 UM1718 的技术文档,本小节仅对常见的必要设置做简单介绍。

Pinout & Configuration 页面中,左侧树形列表栏列出了当前所选器件的所有外设和已安装的第三方中间件，右侧视图则是整个器件的端口引脚布局图，每个引脚上都标明了对应的端口名称，这样看起来非常直观明了。如果要在工程中使用 STM32 的某个外设功能时，可以直接在左侧外设列表中选择启用该外设或者选择指定外设功能。如果不使用 STM32Cube 的 HAL 外设库而仅仅使用器件的某些端口（如 GPIO），可以在右侧的器件视图中直接用鼠标左键单击要使用的端口名称，然后在弹出菜单用选择端口模式或复用功能。

右击器件视图上某个已使用的端口，在弹出的快捷菜单中可以选择 Enter User Label（指定该引脚用户名称）、Signal Pinning/Unpinning（固定/松开引脚信号功能）、Pin Stacking/Unstacked（使能/关闭引脚功能堆叠）这几个选项。如果要手动修改某个复用功能所在引脚，先移动鼠标到该复用功能当前所在引脚上，按住 Ctrl 键的同时用鼠标左键将该功能拖动到器件视图上的蓝色可用引脚上即可。

新建一个 Cube 工程时，在 Pinout & Configuration 页面中通常必须要做的设置有：
- 如果使用外部晶振，左侧列表中，展开 System Core 下的 RCC 模块，设置系统所用时钟源 High Speed Clock（HSE）为 Crystal/Ceramic Resonator。如果要使用 RTC 时钟模块，还需设置 Low Speed Clock（LSE）选项。
- 如果要使用硬件仿真/调试器，记得在左侧列表中，展开 SYS 模块，设置 Debug 为 Serial Wire 项。
- 如果使用 FreeRTOS 等嵌入式操作系统，建议将 SYS 模块中的 Timebase Source（系统时基源）设置为 SysTick 之外的其他定时器。
- 左侧列表中开启必要的外设功能，然后在右侧器件视图中设置必要的输入输出端口。

3.5 第一个 LED 点灯程序

本节以设计一个简单的 LED 闪灯工程作为示例，左侧列表中设置 RCC 模块的 HSE 使用外部晶振（Crystal/Ceramic Resonator），其他模块不变。然后在器件视图中选用 PE8（根据实际电路可能不同）作为输出端口连接 LED 灯。RCC 模块和 PE8 端口设置结果如图 3-16 所示。

单击图 3-16 右侧器件视图上方的 System view 按钮，切换器件视图为系统概览，如图 3-17 所示。

在图 3-17 中，根据之前开启的外设模块不同，右侧的中间件和功能模块显示也会不同，中间的 GPIO 配置窗口是单击右侧 GPIO 按钮后显示出来的结果。单击端口列表中的 PE8，如图 3-18 所示。

因为之前在器件视图中仅选择了 PE8 一个输出端口，所以在设置窗口的端口列表中仅有一条端口信息。选中 PE8 端口，下方的端口信息就会依次列出默认输出电平、端口模式、上拉/下拉模式、最大输出速度、用户标签等信息。此处除了修改端口名称为 L1，还修改了端口默认输出电平为高电平，即默认不亮灯。

第 3 章 嵌入式开发工具与设计流程

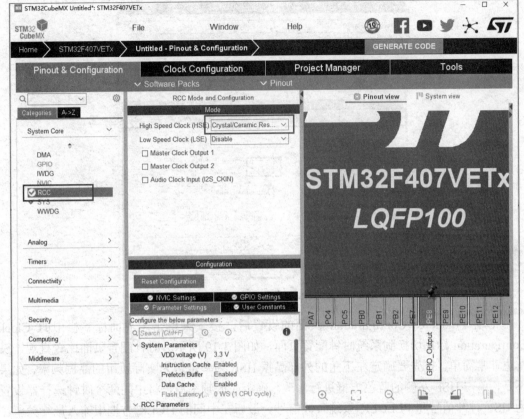

图 3-16 时钟晶振和端口设置

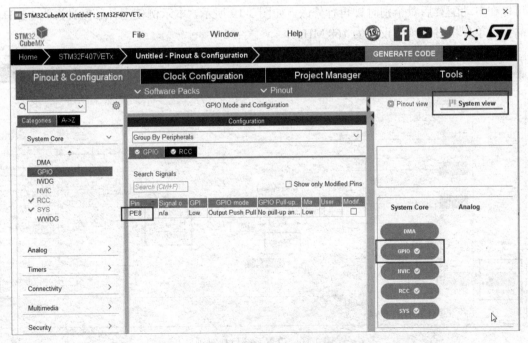

图 3-17 查看 GPIO 列表

图 3-18　设置端口详细属性

完成 Pinout & Configuration 页面的设置后,接下来单击主界面标签栏中的 Clock Configuration 标签切换到系统时钟配置页面,如图 3-19 所示。时钟配置页面比较直观,操作也非常简单。首先要确定左下角的外部晶振 HSE 频率是否为实际所用的晶振频率,如果不是,单击 HSE 左侧的蓝色方框进行修改。确定晶振频率后,将中间两个时钟选择器设置为 HSE 时钟信号和 PLLCLK 系统时钟信号。最后在中间的 HCLK 方框中输入最终频率,然后按回车键,STM32CubeMX 会对整个单片机的时钟系统自动进行配置,如果还要修改,可以在自动配置后对个别时钟再行修改。如图 3-19 所示,本示例使用外部时钟源为 8 MHz 晶振,单片机时钟频率设置为 168 MHz。

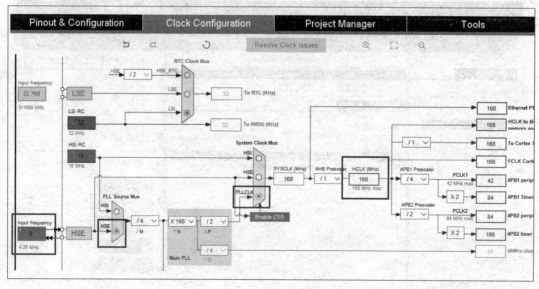

图 3-19　设置系统目标时钟

第 3 章 嵌入式开发工具与设计流程

单击 Tools 标签，页面如图 3-20 所示，该页面可以对整个单片机系统进行功耗预估计算，这个功能在进行低功耗设计时非常有用。

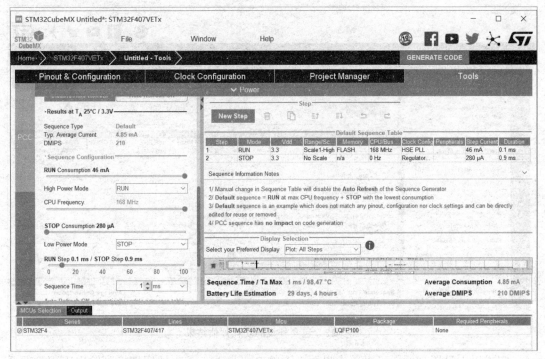

图 3-20 CubeMX 的系统功耗评估界面

双击窗口中间的 Step 列表里的 RUN 步骤，弹出添加功耗设置窗口，如图 3-21 所示。

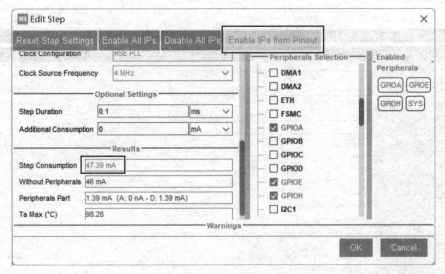

图 3-21 功耗评估参数设置

设置 CPU 时钟频率为 168 MHz，单击上方的 Enable IPs from Pinout 按钮，软件自动选择 GPIOE 和 GPIOH 端口，从窗口左下给出的计算结果可以看到，MCU 在 168 MHz 时钟正常运行时电流约为 47.39 mA。单击 OK 按钮关闭窗口，可以看到 Tools 标签页面变化如图 3-22 所示。

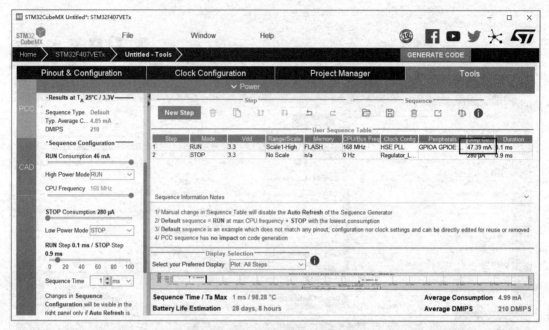

图 3-22 包含外设的功耗评估结果

完成以上设置之后，可以单击界面上方的 Project Manager 按钮切换到输出工程管理页面，如图 3-23 所示。

图 3-23 输出工程设置界面

按照图 3-23 所示操作，设置要生成的 STM32 工程名为 LED，注意选择输出工程的保存路径，不要带中文和空格。选择工程开发环境为 MDK-ARM V5 以上版本，单击右上角的 GENERATE CODE 按钮开始生成工程文件。如果之前没有安装过 STM32F4 系列器件的支持库（STM32CubeF4），开始生成时将弹出消息框提示用户当前没有可用的器件库，询问用户是否需要立即下载，单击 Yes 按钮开始下载。等待下载器件库并安装成功后，软件会继续生成 LED 工程，最后弹出消息框，如图 3-24 所示，询问用户是否打开生成的工程。

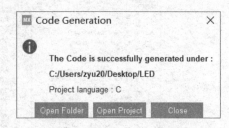

图 3-24 选择工程打开方式

单击 Open Folder 按钮打开工程文件夹，如图 3-25 所示，LED.ioc 文件是 STM32CubeMX 工程文件，双击文件图标即可打开 CubeMX 重新修改工程模块和端口配置。Core 子目录通常存放用户文件如 main.c、gpio.c 文件都存放在 Core 之下的 Src 子目录中。Drivers 子目录存放了 ARM 的 CMSIS 库和 STM32 的 HAL 库相关的驱动源码文件。LED 工程编译后生成的中间文件和目标文件都在 MDK-ARM 子目录中。

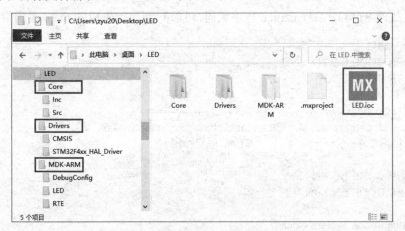

图 3-25 CubeMX 导出工程目标文件夹内容

在图 3-24 中，单击 Open Project 按钮将使用 KEIL MDK 软件打开 LED 工程，如图 3-26 所示。

从图 3-26 中可以看到，生成的 LED 工程除了包含 STM32F4 的启动代码、HAL 驱动、CMSIS 库，还提供了 main.c、stm32f4xx_it.c 和 stm32f4xx_hal_msp.c 这几个用户源程序文件。在右侧编辑窗口显示的 main.c 文件中可以看到，STM32CubeMX 生成的用户文件提供了很多类似 USER CODE BEGIN 和 USER CODE END 这样成对的注释行。这些注释行的一个用处是保护用户代码，即当用户使用 STM32CubeMX 修改 Cube 工程的配置后重新生成 STM32 工程时，成对注释行之间的用户代码将会保留不被覆盖。因此在编辑 CubeMX 生成的源程序时要特别注意，用户代码尽量填写在这些注释对中，也不要破坏这些已有的注释对。

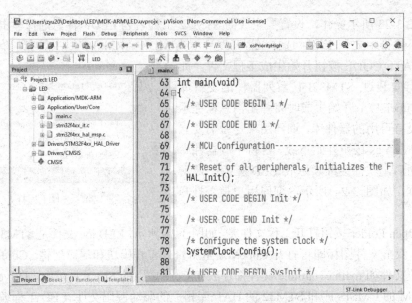

图 3-26 使用 MDK 打开 LED 工程结果

观察生成的 STM32 工程 main.c 程序代码，可以看到自动生成的 main 主函数结构如下：

```
int main(void) {
  /* USER CODE BEGIN 1 */
  /* USER CODE END 1 */

  /* MCU Configuration--------------------------------------------*/
  /* Reset all peripherals, Initializes Flash interface and the Systick. */
  HAL_Init();                    // HAL 库初始化

  /* USER CODE BEGIN Init */
  /* USER CODE END Init */

  /* Configure the system clock */
  SystemClock_Config();          // 系统时钟、滴答定时器初始化

  /* USER CODE BEGIN SysInit */
  /* USER CODE END SysInit */

  /* Initialize all configured peripherals */
  MX_GPIO_Init();                // GPIO 端口初始化
  /* USER CODE BEGIN 2 */
  /* USER CODE END 2 */

  /* Infinite loop */
  /* USER CODE BEGIN WHILE */
  while (1)  {                   // main 函数主循环
    /* USER CODE END WHILE */
    /* USER CODE BEGIN 3 */
```

```
    }
    /* USER CODE END 3 */
}
```

系统上电进入 main 函数后,首先调用 HAL_Init()函数进行外设复位和相关接口初始化动作,然后调用 SystemClock_Config()函数配置系统时钟和滴答定时器,接下来就是对用户指定的各种外设和端口进行配置(本示例只用到了 GPIO 端口,因此调用了 MX_GPIO_Init()函数进行端口初始化),最后进入 while 主循环执行用户代码。有时候因为个别外设硬件需要一定上电时间才能操作,可以在"USER CODE BEGIN SysInit"注释行和"USER CODE END SysInit"注释行之间添加一条延时语句(如 HAL_Delay(100);),等待外设硬件上电完成再对外设模块进行操作。

接下来,在 main 函数中添加 LED 秒闪的程序代码,如图 3-27 所示。

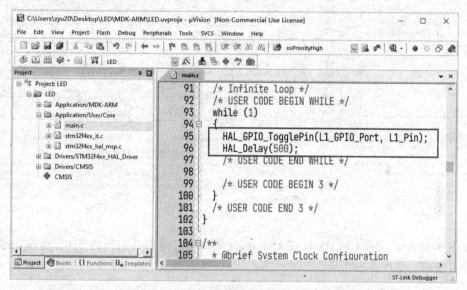

图 3-27 添加 LED 秒闪程序代码

HAL 库对 GPIO 端口的操作提供了几个比较简单的 API 函数,如表 3-2 所示。

表 3-2 HAL 库 GPIO 操作函数一览表

函 数 名 称	说 明
HAL_GPIO_Init	GPIO 端口配置初始化
HAL_GPIO_DeInit	GPIO 端口配置复位默认值(默认浮空输入状态)
HAL_GPIO_ReadPin	读取 GPIO 端口电平
HAL_GPIO_WritePin	GPIO 端口输出指定高低电平
HAL_GPIO_TogglePin	GPIO 端口输出电平翻转
HAL_GPIO_LockPin	锁定 GPIO 端口配置
HAL_GPIO_EXTI_IRQHandler	GPIO 外部中断处理函数
HAL_GPIO_EXTI_Callback	GPIO 外部中断回调函数

这其中端口初始化、读输入、写输出和翻转输出函数都是经常用到的 GPIO 操作函数。

图 3-27 中添加的第一行代码是"HAL_GPIO_TogglePin(L1_GPIO_Port, L1_Pin);",其作用是将名为 L1 的端口输出电平翻转(低变高,高变低)。添加的第二行代码为"HAL_Delay(500);",其作用为延时 500 ms。

按 F7 键或单击工具栏上的 Build 按钮编译工程,编译成功后单击工具栏上的 Options for Target 按钮(或按 Alt+F7 快捷键),打开工程选项设置窗口,如图 3-28 所示。

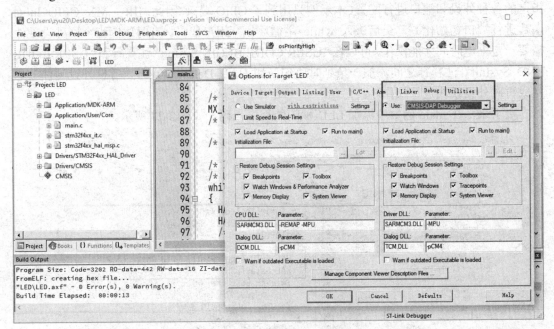

图 3-28 工程选项设置

在图 3-28 中,选择 CMSIS-DAP Debugger 调试器,单击其右侧的 Settings 按钮进入调试器设置窗口,如图 3-29 所示。

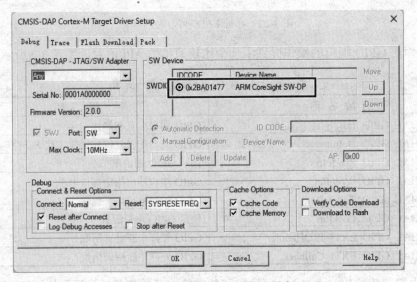

图 3-29 CMSIS-DAP 调试器设置窗口

如图 3-29 所示，学习板连接上电脑 USB 口上电后，在调试器设置窗口中能看到 DAP 调试器已连接，可以进行程序下载和调试了。单击窗口上方的 Flash Download 标签页，打开程序下载设置页面，如图 3-30 所示。

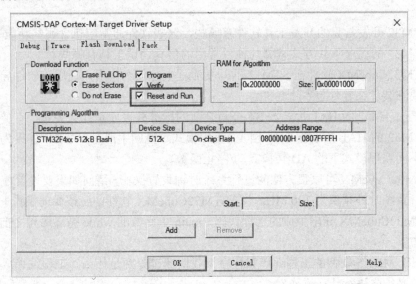

图 3-30　程序下载设置页面

选中 Reset and Run 复选框，单击 OK 按钮确定。最后，单击工具栏上的 Download 按钮 （或按 F8 键）下载程序，就可以看到学习板上的一个 LED 灯实现了秒闪效果，本小节示例完成。

实验 1　按键扫描与流水灯设计

【实验目标】
熟悉基于 HAL 库的 CubeMX 工程创建流程，设计一个多功能按键控制流水灯设计。

【实验内容】
（1）查看硬件学习板原理图，了解所有独立按键和 LED 灯连接到 STM32F4 上的引脚端口。修改本章 LED 示例，在 CubeMX 中设置 3 个输入端口（按键）和 8 个输出端口（LED 灯）。3 个按键分别命名为 RUN、STYLE 和 SPEED，8 个 LED 灯命名为 L1～L8。

（2）添加程序代码，实现 RUN 按键控制流水灯启动/暂停，STYLE 按键切换不同的流水灯样式（至少 5 种），SPEED 按键切换流水灯变换速度（50～500 ms 可调节，总共 10 档）。

（3）STYLE 按键切换流水灯样式时，8 个 LED 灯按样式序号（1～5）闪烁对应的灯数表示当前的样式序号，2 s 后停止闪烁，显示对应的流水灯。

（4）附加要求：禁止使用外部中断、定时中断和 RTOS 进行设计，要求功能按键反应灵敏，没有连按抖动情况，且一直按住按键的时候不影响流水灯运行。

习　题

1. STM32 开发常见的开发工具软件有哪些，这些软件通常应包含哪些功能？
2. STM32 的程序下载方式有哪几种，常用的仿真调试工具有哪些？
3. STM32CubeMX 软件在 STM32 的开发流程中起什么作用，使用该软件导出工程代码时还需要安装什么软件包？
4. 关于 STM32 的 HAL 库，和 ST 公司之前的标准外设库是什么关系，有什么区别？
5. STM32 的 HAL 库有哪 3 种不同的编程模式？查阅手册，以 ADC 外设为例，分别例举 3 种不同编程模式下的 AD 转换启动/停止函数。
6. STM32CubeMX 可以很方便的进行系统时钟设置操作，请问如果要设置使用 8 MHz 外部晶振，系统时钟频率为 120 MHz，在 STM32CubeMX 软件中应该如何操作？
7. STM32CubeMX 导出生成的工程代码，main 主函数的 while 循环语句之前，通常包含哪些操作？
8. KEIL MDK5 软件的工程编译和程序下载快捷键分别是什么？工程编译成功后，下载程序之前必须先进行什么操作？

第 4 章 FreeRTOS 操作系统

早期嵌入式开发没有嵌入式操作系统的概念，直接操作裸机，在裸机上写程序，比如用 51 单片机基本就没有操作系统的概念。裸机程序通常包括一个主程序循环和若干个中断服务程序，主程序循环中调用 API 函数顺序执行相应的操作，循环中的执行程序代码通常被称为后台程序；中断服务程序用于处理系统的异步事件，被称为前台程序。

后台程序在 main 主程序中循环顺序执行，其实时性难以得到保证。前台程序用于响应异步事件，执行较为简短的操作，如果需要进行复杂的事件处理（算法或者延时等操作），则需将这些复杂操作放入后台程序中处理。在大多数中小型项目中，前后台系统如果设计得好，能大大提高程序的实时响应能力。但是随着项目规模和逻辑复杂程度的提升，仅仅依靠前后台系统来达到高实时响应的难度会越来越大。

相比前后台系统，多任务系统通常在任务中完成事件处理操作。因为任务与中断一样也具有优先级，所以优先级高的任务会被优先执行，多任务系统的实时性相对前后台系统又有了提高。对多任务操作系统而言，由于每个任务都是独立、互不干扰且由操作系统调度管理，编程时不需要精心设计程序的执行流，各个功能模块之间的干扰也大为减少，因此基于多任务系统的应用开发难度也相对减小了不少。

4.1 FreeRTOS 系统简介

FreeRTOS 是 Richard Barry 于 2003 年发布的一款"开源免费"的实时操作系统，其作为一个轻量级的实时操作系统内核，功能包括任务管理、时间管理、信号量、消息队列、内存管理、软件定时器等，可基本满足较小系统的需要。在过去的近二十年间，FreeRTOS 历经了 10 个版本，与众多厂商合作密切，拥有数百万开发者，是目前市场占有率相对较高的 RTOS。为了更好地反映内核不是发行包中唯一单独版本化的库，10.4 版本之后的 FreeRTOS 发行时将使用日期戳版本而不是内核版本。

FreeRTOS 大部分代码采用 C 语言（极少数与处理器密切相关的部分代码使用汇编语言）编写，因此其结构简洁、可读性很强，非常适合初次接触嵌入式实时操作系统的学生、开发人员和爱好者学习。

在 STM32CubeMX 软件中，FreeRTOS 作为第三方中间件也加入到了 CubeMX 的 Middleware 列表中，用户使用 FreeRTOS 进行 STM32 开发时可以直接配置添加，省去了移植操作，对嵌入式行业初学者非常友好。

FreeRTOS 的源码和相应官方手册都可以从其官网（www.freertos.org）获得，如图 4-1 所示。

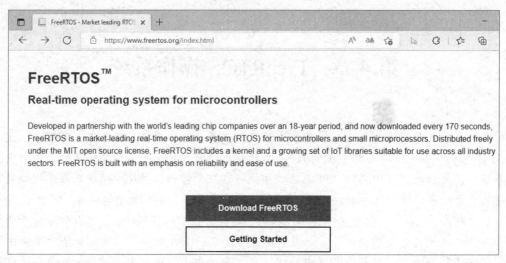

图 4-1 FreeRTOS 官网资源

在浏览器中打开 FreeRTOS 官网主页后，单击图 4-1 中的源码下载按钮，可以下载 FreeRTOS 最新版本的源码包。另外，在 sourceforge 站点中提供有 FreeRTOS 的过往历史版本，有需要的读者可以到版本列表页面中选择下载，网址为：

https://sourceforge.net/projects/freertos/files/FreeRTOS/

4.2 FreeRTOS 系统移植

一般而言，在 KEIL MDK 和 STM32CubeMX 中都集成有 FreeRTOS，仅需在图形化配置界面中勾选 FreeRTOS 就可以向工程当中添加 FreeRTOS 了。如果要向工程中手动添加 FreeRTOS，则需要按表 4-1 中的顺序完成以下几个步骤才行。

表 4-1 手动添加 FreeRTOS 到 MDK 工程

操作步骤	说明
下载源码	到 FreeRTOS 官网下载最新版本源码包，并从中提取 FreeRTOS 内核文件、移植相关 port 文件、内存管理文件
添加到工程	将提取出来的文件复制到工程目录，在 MDK 工程中创建工程分组，添加刚复制的源文件，添加工程选项头文件路径
配置 FreeRTOS 选项	复制并修改 FreeRTOSConfig.h 中的部分参数选项
修改中断	修改 stm32f10x_it.c 中断文件中的部分中断函数
创建任务	在 main 函数主循环之前创建并启动任务

整个操作稍显复杂，幸好 MDK 和 CubeMX 中都已集成了 FreeRTOS 的较新版本，用户可以在图形界面下通过勾选配置就可以向当前工程添加 FreeRTOS。如图 4-2 所示，在 MDK 工程的运行时管理设置窗口界面中添加 FreeRTOS 的勾选设置即可（MDK 需预选安装 ARM CMSIS-FreeRTOS.pack 组件包）。

CubeMX 中添加 FreeRTOS 的操作如图 4-3 所示，在窗口左侧的 Middleware 中间件列表栏中选择添加。

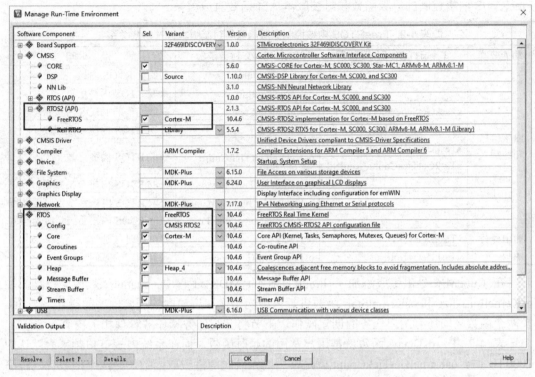

图 4-2　MDK 中通过 RTE 管理器添加 FreeRTOS

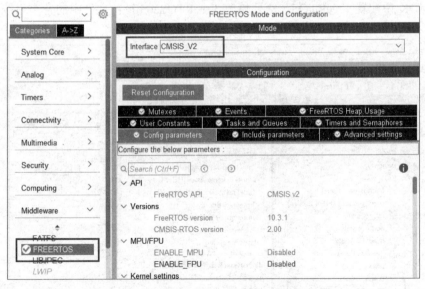

图 4-3　CubeMX 中添加 FreeRTOS

本书示例都是基于 CubeMX 创建的 MDK 工程，后续章节将详细介绍 CubeMX 下的 FreeRTOS 添加操作。另外，要注意的是 CubeMX 下的 FreeRTOS 是经过了 ARM 的 CMSIS 软件接口标准封装过的版本，虽然将 FreeRTOS 添加到工程后，可以直接使用 FreeRTOS

原版的 API 函数，但在 MDK 中还是推荐使用 CMSIS 封装好的 API 函数。表 4-2 所示是 FreeRTOS 内核控制的原版函数和封装版本 API 函数对应关系。

表 4-2　FreeRTOS 内核控制原版函数与封装版本 API 对应关系

功能分类	FreeRTOS 原版函数	CMSIS-V2 封装函数	说　　明
内核信息和控制	无	osKernelInitialize	初始化 RTOS 内核
	无	osKernelGetInfo	获取 RTOS 内核信息
	xTaskGetSchedulerState	osKernelGetState	获取当前的 RTOS 内核状态
	vTaskStartScheduler	osKernelStart	启动 RTOS 内核调度程序
	xTaskGetTickCount xTaskGetTickCountFromISR	**osKernelGetTickCount**	获取 RTOS 内核计数
	无	osKernelGetTickFreq	获取 RTOS 内核节拍频率
	无	osKernelGetSysTimerCount	获取 RTOS 内核系统定时器计数
	无	osKernelGetSysTimerFreq	获取 RTOS 内核系统定时器频率
通用等待函数	vTaskDelay	**osDelay**	等待超时（延时）
	vTaskDelayUntil	osDelayUntil	等到指定的时间

在 CubeMX 导出生成添加了 FreeRTOS 的 MDK 工程中，main 函数内会自动添加 osKernelInitialize 和 osKernelStart 函数进行内核初始化和启动内核调度程序的操作，当然，在两个函数之间还有用户任务的创建操作，下节将介绍任务和任务管理相关内容。

表 4-2 中，osDelay 函数就是用户常用的延时函数，而在系统内核节拍频率为默认的 1000 Hz 时，osKernelGetTickCount 就是常用的系统时间戳获取函数，这两个函数也是程序设计中常用的系统函数。

在 MDK 中配置 FreeRTOS，需要修改 FreeRTOSconfig.h 文件中的各个系统参数，如图 4-4 所示。

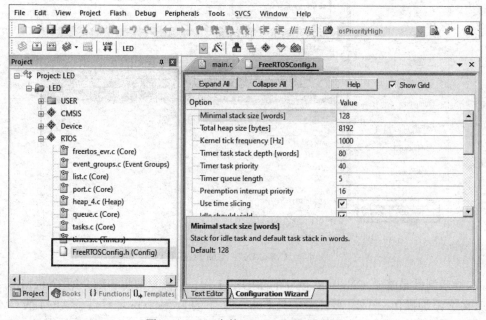

图 4-4　MDK 中的 FreeRTOS 配置页面

在工程文件列表中找到并打开 FreeRTOSConfig.h 文件后，如图 4-4 所示，单击编辑窗口下方的"Configuration Wizard"标签页切换到 FreeRTOS 的配置向导界面。在配置向导界面以表格形式显示了 FreeRTOS 的可配置参数，用户可以选择某个参数修改其数值，这样比纯文本编辑更为直观、方便。

如果是 CubeMX 导出的工程，需要到 CubeMX 的 FreeRTOS 配置页面中进行设置，如图 4-5 所示，注意在 CubeMX 中修改配置后需要重新导出 MDK 工程。

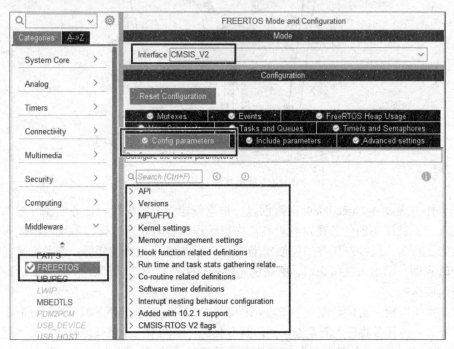

图 4-5 CubeMX 中的 FreeRTOS 配置页面

相对而言，CMSIS-V2 版本封装使得不同 RTOS（RTX5 和 FreeRTOS）的 API 函数接口变得统一，而且个别函数的 CMSIS-V2 封装版本统一了中断内外调用的名称，方便了程序设计人员。因此，本书中用到 FreeRTOS 的示例也都采用 FreeRTOS 的 CMSIS-V2 封装版本。若读者要使用原版 FreeRTOS，可以参照表 4-2 对应函数使用原版 API 函数。

4.3 多任务系统基本概念

4.3.1 任务及任务管理

多任务系统中，设计人员根据功能的不同，把整个系统分割成一个个独立的函数，每个函数内部和裸机程序的 main 函数一样都有一个无限循环，这种函数就称为任务。FreeRTOS 中的任务（Task）在 CMSIS 中又被称为线程（Thread），线程的状态和状态转换如图 4-6 所示。

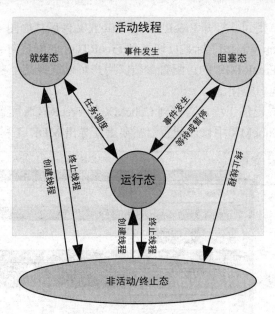

图 4-6　线程状态及状态转换

一个任务通过 osThreadNew 函数创建，根据创建时的优先级，任务创建时进入就绪态或者运行态。就绪态的任务在没有更高优先级线程运行时，通过操作系统内核任务调度可以转换为运行态。运行态任务如果创建/恢复了新的更高优先级的任务，或者更高优先级任务的延时到期自动进入就绪态时，更高优先级任务将获得 CPU 资源，使得当前运行态任务重新进入就绪态。

操作系统内核一次只允许一个任务处于运行态，当运行态的任务被阻塞、延时、等待事件或暂停时，该任务将转入阻塞态，然后具有高优先级的下一个就绪态任务将转为运行态。

FreeRTOS 中关于任务及任务管理的原版及 CMSIS 封装函数如表 4-3 所示。

表 4-3　任务及任务管理函数对照表

功能分类	FreeRTOS 原版函数	CMSIS-V2 封装函数	说　明
任务管理	xTaskCreateStatic xTaskCreate	osThreadNew	创建一个任务并将其添加到活动任务
	pcTaskGetName	osThreadGetName	获取任务的名称
	xTaskGetCurrentTaskHandle	osThreadGetId	返回当前运行任务的任务 ID
	xTaskGetSchedulerState	osThreadGetState	获取任务的当前任务状态
	vTaskPrioritySet	osThreadSetPriority	更改任务的优先级
	uxTaskPriorityGet	osThreadGetPriority	获取任务的优先级
	vTaskSuspend	osThreadSuspend	暂停执行一个任务
	vTaskResume	osThreadResume	恢复任务的执行
	vTaskDelete	osThreadExit	终止当前正在运行的任务
	portYIELD	osThreadYield	将控制权交给下一个就绪态线程
	vTaskDelete	osThreadTerminate	终止任务的执行
	uxTaskGetStackHighWaterMark	osThreadGetStackSpace	获取任务的可用堆栈空间
	uxTaskGetSystemState	osThreadEnumerate	枚举活动任务

图 4-7 是 CubeMX 中的配置任务及任务参数设置页面，用户可以直接在 CubeMX 中配置并生成创建任务代码。

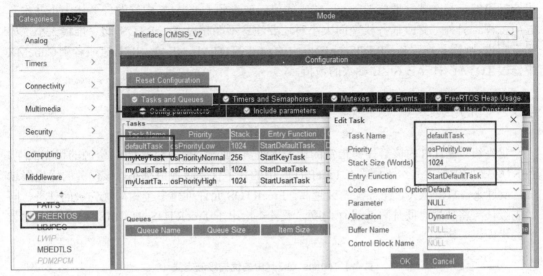

图 4-7 CubeMX 中的 FreeRTOS 任务设置

CubeMX 导出的 MDK 工程中，会在 freertos.c 文件中自动创建一个 MX_FREERTOS_Init 函数，该函数会在 main 函数中 osKernelStart 开启系统调用之前被执行，用户在 CubeMX 中手动配置的 FreeRTOS 任务都在 MX_FREERTOS_Init 函数中被 osThreadNew 函数所创建。osThreadNew 函数创建一个任务示例代码如下：

```
// 定义任务 ID 和任务属性结构体对象
osThreadId_t task_handle;

const osThreadAttr_t task_attr = {
  .name = "defaultTask",                          // 任务名称
  .stack_size = 1024 * 4,                         // 任务栈空间大小
  .priority = (osPriority_t) osPriorityNormal,    // 任务优先级
};

// 定义任务函数
void DefaultTask(void *argument) {
  for(;;) {
    osDelay(10);
  }
}

// 在 main 函数或其他任务函数中创建任务，返回任务 ID
task_handle = osThreadNew(DefaultTask, NULL, &task_attr);
```

任务函数通常是一个不返回的无限循环函数，声明函数时必须要有一个 void *类型的参数，没有返回值。要注意的是，FreeRTOS 不允许任务自行结束——任务函数绝不能有 return，如果一个任务不需要了，需要显式地调用 osThreadExit 或 osThreadTerminate 函数将

其终止。

任务函数中有声明大数组或大量临时变量时要注意创建任务时设置的栈空间大小，如果空间不够，那么就需要修改 stack_size 的值，或者到 CubeMX 中修改任务栈大小并重新导出工程。另外，修改任务栈空间大小时还要注意不能超过 FreeRTOS 的总堆栈大小，如果有超过，则需要修改 FreeRTOSconfig.h 中的 configTOTAL_HEAP_SIZE 值或者到 CubeMX 中修改 TOTAL_HEAP_SIZE 参数的数值。

4.3.2 优先级

优先级是 RTOS 内核给任务指定的优先等级，它决定了任务获取 CPU 资源的优先次序。和 STM32 的中断优先级不同，在 FreeRTOS 中的任务优先级数值越小，该任务的优先级越低；反过来，数值越大，任务优先级越高。FreeRTOS 允许创建多个相同优先级的任务，同优先级任务将使用时间片算法进行调度。表 4-4 给出了 FreeRTOS 的 CMSIS-V2 版本封装中的优先级宏定义。

表 4-4　cmsis_os2.h 中的优先级宏定义

优先级宏定义	数　值	备　注
osPriorityNone	0	系统空闲任务使用
osPriorityIdle	1	
osPriorityLow	8	
…	…	
osPriorityLow7	8+7	
osPriorityBelowNormal	16	
…	…	
osPriorityBelowNormal7	16+7	
osPriorityNormal	24	用户常用优先级（注意不能超过 configMAX_PRIORITIES 宏定义数值）
…	…	
OsPriorityNormal7	24+7	
osPriorityAboveNormal	32	
…	…	
OsPriorityAboveNormal7	32+7	
osPriorityHigh	40	
…	…	
osPriorityHigh7	40+7	
osPriorityRealtime	48	
…	…	…

对于初学者而言，有时候会不确定如何设置任务的优先级。根据不同任务的实时性要求程度，建议按如下规则设置任务优先级。

IRQ 任务：IRQ 任务是在中断中进行触发的任务，此类任务可以设置较高优先级，其优先级数值可以设置为 osPriorityHigh 及其以上的几个优先级。

高优先级后台任务：如按键检测、触摸检测、USB 消息处理、串口消息处理等，都可以归为这一类任务，其优先级数值可以设置为 osPriorityNormal 及其附近的几个优先级。

低优先级的时间片调度任务：如 GUI 界面显示、LED 数码管显示等不需要实时执行的都可以归为这一类任务，这一类任务的优先级可以是 osPriorityLow 及其上下附近的几个优先级。

特别注意的是，IRQ 任务和高优先级任务必须设置为阻塞态（调用消息等待或者延时等函数），只有这样，高优先级任务才会释放 CPU 资源，从而让低优先级任务有机会运行。

4.3.3 消息队列

CMSIS 常见的任务间通信方式有消息队列（Message Queues）、信号量（Semaphores）、互斥量（Mutexes）和任务通知（Notifications）。这几种通信方式中，除了任务通知，其他几种方式都是基于消息队列来实现的。

消息队列作为任务间通信的一种数据结构，支持在任务与任务间、中断和任务间传递消息内容。通常情况下，消息队列的数据结构实现是一种 FIFO（先入先出）缓冲区，即最先写入的消息也是最先被读出的。消息队列可以存储有限个具有确定长度的数据单元，可以保存的最大单元数目被称为队列的"深度"，在消息队列创建时需要设定其深度和每个单元的大小。

当某个任务试图从一个消息队列读取数据时，可以指定一个阻塞超时时间。在这段时间内，如果消息队列为空，该任务将保持阻塞状态以等待新的消息。当其他任务或中断服务例程向其等待的消息队列写入了数据，该任务将自动从阻塞状态转入就绪状态。

当消息队列存储的数据量较大时，队列中建议存放消息数据的指针，而不是存放消息数据本身。因为传递大量数据需要占用较多的 CPU 时间，而传递指针在处理速度和内存空间利用上都更为有效；但是利用消息队列传递指针时，一定要注意两点：指针指向的内存空间必须有效；指针指向的内存空间必须保证不会有任意两个任务同时修改内存空间的数据。

FreeRTOS 中关于消息队列的常用函数如表 4-5 所示。

表 4-5 消息队列函数对照表

功能分类	FreeRTOS 原版函数	CMSIS-V2 封装函数	说　明
消息队列	xQueueCreate	osMessageQueueNew	创建并初始化消息队列对象
	xQueueSendToBack xQueueSendToBackFromISR	osMessageQueuePut	将消息放入队列，如果队列已满，则一直等待到超时
	xQueueReceive xQueueReceiveFromISR	osMessageQueueGet	从队列获取消息，如果队列为空，则一直等待到超时
	uxQueueMessagesWaiting	osMessageQueueGetCount	获取消息队列中排队的消息数量
	uxQueueSpacesAvailable	osMessageQueueGetSpace	获取消息队列中消息的可用插槽数量
	xQueueReset	osMessageQueueReset	将消息队列重置为初始空状态
	vQueueDelete	osMessageQueueDelete	删除一个消息队列对象

如图 4-8 所示，用户也可以在 CubeMX 的 FreeRTOS 设置页面中给工程先配置好要用到的消息队列。

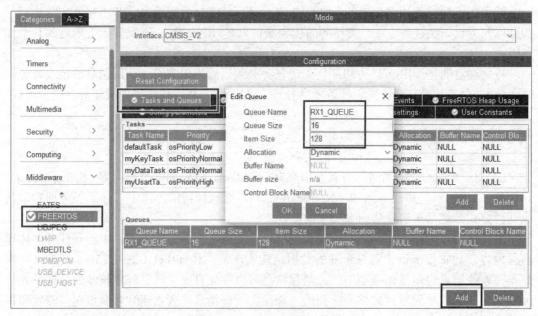

图 4-8 CubeMX 中配置消息队列

CubeMX 导出的 MDK 工程中，会在 freertos.c 文件中自动生成消息队列变量，并在 MX_FREERTOS_Init 函数中自动创建之前配置的消息队列，消息队列应用的示例代码如下：

```
// 定义队列 ID 和队列属性结构体对象
osMessageQueueId_t RX1_QUEUEHandle;
const osMessageQueueAttr_t RX1_QUEUE_attributes = {
   .name = "RX1_QUEUE"
};

// 在 MX_FREERTOS_Init 函数或其他任务函数中创建消息队列
RX1_QUEUEHandle = osMessageQueueNew(16, 128, &RX1_QUEUE_attributes);

// 在消息生成的任务函数或中断服务函数中写入消息
#define MAX_RECV_LEN 128
uint8_t rx1_buff[MAX_RECV_LEN] = {0};                  // 消息数据缓冲
// 生成消息数据
osMessageQueuePut(RX1_QUEUEHandle, rx1_buff, 0, 0);    // 写入消息

// 在其他任务函数中读取消息
uint8_t buff[MAX_RECV_LEN] = {0};                      // 消息数据缓冲
// 读取消息，并设置 10 ms 超时
if (osMessageQueueGet(RX1_QUEUEHandle, buff, 0, 10) == osOK) {
   printf("%s", buff);                                 // 消息数据处理
}
```

如果读取消息的任务需要一直等待消息，上述示例中可以把超时设置参数设置为 osWaitForever，它是一个值为 0xFFFFFFFF 的宏，表示一个足够大的超时等待时间。

4.3.4 信号量

信号量是操作系统中的一个重要概念，其一般用来进行资源管理和任务同步，FreeRTOS 中的信号量又分为二值信号量、计数型信号量、互斥信号量和递归互斥信号量。不同信号量的应用场景不同，但是有些场景又是可以互换着使用的。

信号量用于控制共享资源访问的场景相当于一个上锁机制，程序代码只有获得了这个锁的钥匙才能够执行。当共享资源的数量唯一，其状态就只有两个（使用或未使用），这两个状态就可用一个二值信号量来表示；当共享资源的数量大于 1，其状态值就可用一个计数型信号量表示。

信号量的另一个应用场合就是任务同步，用于任务与任务之间或中断与任务之间的同步。在执行中断服务函数时就可以通过向任务发送信号量来通知任务它所期待的事件发生了，当退出中断服务函数以后，在系统内核的调度下同步的任务就会执行。

在软件设计中，使用普通的全局变量也可以实现任务同步或共享资源互斥访问的功能，但是使用信号量或消息队列相比全局变量有以下几个优点。

❑ 使用全局变量会增加耦合度，降低内聚性，不符合软件设计思想。
❑ 使用全局变量影响封装性、移植性和可读性，使用过多的全局变量会严重降低代码可维护性和稳定性。
❑ 信号量和消息队列等可以将任务阻塞，避免抢占 CPU 资源。

对于初学者而言，通常编写小型项目代码时使用全局变量没有太大问题，因为全局变量的同步操作简单、内存地址固定、读写效率高；但是随着项目规模加大和逻辑复杂度增加，RTOS 的资源管理和任务同步更推荐使用信号量。

FreeRTOS 中关于信号量的常用函数如表 4-6 所示。

表 4-6 信号量函数对照表

功能分类	FreeRTOS 原版函数	CMSIS-V2 封装函数	说　　明
信号量	xSemaphoreCreateBinary xSemaphoreCreateCounting	osSemaphoreNew	创建并初始化信号量对象
	xSemaphoreTake xSemaphoreTakeFromISR	osSemaphoreAcquire	如果信号量令牌可用（计数大于 0），立即返回并减少令牌计数，否则一直等待到超时
	xSemaphoreGive xSemaphoreGiveFromISR	osSemaphoreRelease	释放一个信号量令牌（计数加 1）直到最大计数值
	uxSemaphoreGetCount	osSemaphoreGetCount	获取当前的信号量令牌计数
	vSemaphoreDelete	osSemaphoreDelete	删除一个信号量对象

如图 4-9 所示，用户也可以在 CubeMX 的 FreeRTOS 设置页面中给工程先配置好要用到的信号量。

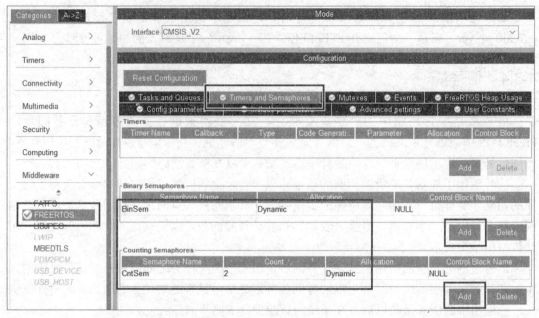

图 4-9 CubeMX 中配置信号量

CubeMX 导出的 MDK 工程中，会在 freertos.c 文件中自动生成信号量变量，并在 MX_FREERTOS_Init 函数中自动创建之前配置的信号量，信号量应用的示例代码如下：

```
// 定义信号量 ID 和信号量属性结构体对象
osSemaphoreId_t BinSemHandle;
const osSemaphoreAttr_t BinSem_attributes = {
   .name = "BinSem"
};
osSemaphoreId_t CntSemHandle;
const osSemaphoreAttr_t CntSem_attributes = {
   .name = "CntSem"
};

// 在 MX_FREERTOS_Init 函数或其他任务函数中创建并初始化信号量对象
// 二值信号量，最大计数为 1，初值为 1
BinSemHandle = osSemaphoreNew(1, 1, &BinSem_attributes);
// 计数信号量，最大计数为 2，初值为 2
CntSemHandle = osSemaphoreNew(2, 2, &CntSem_attributes);

// 生产任务，每秒释放 2 次计数信号量
void StartDefaultTask(void *argument){
  for(;;)  {
    osSemaphoreRelease(CntSemHandle);
    osSemaphoreRelease(CntSemHandle);
    osDelay(1000);
  }
}
```

```c
// 同步任务 1
void StartTask1(void *argument){
  // 先获取二值信号量，保证开始时信号量为空
  osSemaphoreAcquire(BinSemHandle, osWaitForever);

  osSemaphoreAcquire(CntSemHandle, osWaitForever);     // 获取一次计数信号量
  for(;;)  {
    for (int i = 0; i < 10; ++i) {                     // 顺序打印数字 0～9
      printf("%d", i);
      osDelay(i);                                      // 延时 0～9 ms
    }
    osSemaphoreRelease(BinSemHandle);                  // 释放二值信号量
    osSemaphoreAcquire(CntSemHandle, osWaitForever);   // 获取计数信号量
  }
}

// 同步任务 2
void StartTask2(void *argument){
  osDelay(100);                                        // 延时一段时间，保证任务 1 先获取信号量
  osSemaphoreAcquire(CntSemHandle, osWaitForever);     // 获取一次计数信号量
  for(;;)  {
    osSemaphoreAcquire(BinSemHandle, osWaitForever);   // 获取二值信号量
    for (int i = 9; i >= 0; --i)    {                  // 倒序打印数字 0～9
      printf("%d", i);
      osDelay(i);                                      // 延时 0～9 ms
    }
    printf("\n");                                      // 打印换行符
  }
}
```

上述示例代码中有 2 个任务，同步任务 1 开始时获取了二值信号量，然后每执行一次循环释放一次二值信号量并且等待计数信号量可用。同步任务 2 在循环中，每次执行循环时都需要先等待二值信号量可用，这样的设计就保证了两个同步任务的执行顺序是任务 1→任务 2→任务 1→任务 2，如此循环。

因为两个同步任务开始时各获取了一次计数信号量，然后在第一个任务 DefaultTask 中每秒释放一次计数信号量，任务 1 打印字符串 "0123456789" 后同步任务 2 打印字符串 "9876543210\n"，这就实现了在任务同步的同时对打印速度的控制。

如果要用二值信号量实现共享资源的互斥访问，那么将两个同步任务的代码修改如下，可以得到一个共享资源互斥访问的示例，该示例演示了两个任务不停地快速打印字符串时如何通过信号量保证打印信息不混淆。

```c
// 同步任务 1
void StartTask1(void *argument){
  for(;;)  {
    osSemaphoreAcquire(BinSemHandle, osWaitForever);
```

```c
    for (int i = 0; i < 10; ++i) {             // 顺序打印数字 0~9
      printf("%d", i);
      osDelay(i);                              // 延时 0~9 ms
    }
    osSemaphoreRelease(BinSemHandle);          // 释放二值信号量
    osDelay(1);                                // 延时 1 ms，用来释放 CPU 资源
  }
}
// 同步任务 2
void StartTask2(void *argument){
  for(;;)  {
    osSemaphoreAcquire(BinSemHandle, osWaitForever); // 获取二值信号量
    for (int i = 9; i >= 0; --i)     {         // 倒序打印数字 0~9
      printf("%d", i);
      osDelay(i);                              // 延时 0~9 ms
    }
    printf("\n");                              // 打印换行符
    osSemaphoreRelease(BinSemHandle);
    osDelay(1);                                // 延时 1 ms，用来释放 CPU 资源
  }
}
```

4.3.5 互斥量

互斥量是二进制信号量的一个变种，互斥量和信号量的主要区别为：互斥量具有优先级继承机制，而信号量没有。例如，某个临界资源受到一个互斥量保护，如果这个资源正在被一个低优先级任务使用，那么此时的互斥量是闭锁状态，也代表了没有任务能申请到这个互斥量；如果此时一个高优先级任务想要对这个资源进行访问，去申请这个互斥量，那么高优先级任务会因为申请不到互斥量而进入阻塞态，同时系统会将现在持有该互斥量的任务的优先级临时提升到与高优先级任务的优先级相同，这个优先级提升的过程叫作优先级继承。

把互斥量换为信号量，如果上述情况中高优先级任务因为想要访问资源但申请不到信号量进入阻塞态，而系统并没有将持有该信号量的低优先级任务临时提升到高优先级，那么很可能其他中优先级的任务会抢占低优先级任务，导致高优先级任务的阻塞状态延长，这就是"优先级翻转"的一个典型场景。针对这种情况，互斥量的优先级继承机制能确保高优先级任务进入阻塞状态的时间尽可能短，以及将已经出现的"优先级翻转"危害降低到最小。

如果要实现临界资源的多重保护，还有一种互斥量被称为递归互斥量，它和普通互斥量的区别在于：递归互斥量在获取了一次互斥锁之后，没有释放互斥锁之前还可以再次获取互斥锁；而普通互斥量在获取一次互斥锁之后，必须先释放互斥锁才能再次获取互斥锁。因此递归互斥量比较适合在进行某些递归操作时用来做资源保护。

FreeRTOS 中关于互斥量的常用函数如表 4-7 所示。

第 4 章 FreeRTOS 操作系统

表 4-7 互斥量函数对照表

功能分类	FreeRTOS 原版函数	CMSIS-V2 封装函数	说明
互斥锁管理	xSemaphoreCreateMutexStatic xSemaphoreCreateMutex	osMutexNew	创建并初始化一个互斥锁对象
	xSemaphoreTake	osMutexAcquire	获取互斥锁,如果它被锁定,则获取互斥锁或超时值
	xSemaphoreGive	osMutexRelease	释放由 osMutexAcquire 获取的互斥锁
	vSemaphoreDelete	osMutexDelete	删除互斥锁对象

如图 4-10 所示,用户也可以在 CubeMX 的 FreeRTOS 设置页面中给工程先配置好要用到的互斥量。

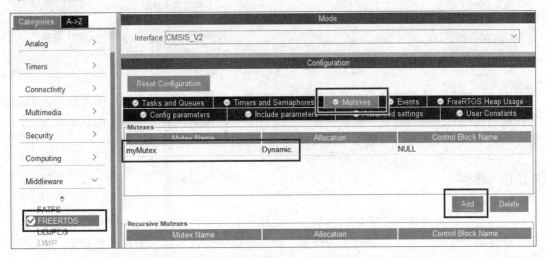

图 4-10 CubeMX 中配置互斥量

CubeMX 导出的 MDK 工程中,会在 freertos.c 文件中自动生成相应的互斥量变量,并在 MX_FREERTOS_Init 函数中自动创建之前配置的互斥量,互斥量应用的示例代码如下:

```
// 定义互斥量 ID 和互斥量属性结构体对象
osMutexId_t myMutexHandle;
const osMutexAttr_t myMutex_attributes = {
  .name = "myMutex"
};
// 在 MX_FREERTOS_Init 函数或其他任务函数中创建并初始化互斥量对象
myMutexHandle = osMutexNew(&myMutex_attributes);

// 访问资源任务 1
void StartTask1(void *argument){
  for(;;)   {
    osMutexAcquire(myMutexHandle, osWaitForever);    // 获取互斥锁
    for (int i = 0; i < 10; ++i) {                   // 顺序打印数字 0~9
      printf("%d", i);
```

```
      osDelay(i);                                    // 延时 0~9 ms
    }
    osMutexRelease(myMutexHandle);                   // 释放互斥锁
    osDelay(1);                                      // 延时 1 ms,用来释放 CPU 资源
  }
}
// 访问资源任务 2
void StartTask2(void *argument){
  for(;;)   {
    osMutexAcquire(myMutexHandle, osWaitForever);    // 获取互斥锁
    for (int i = 9; i >= 0; --i) {                   // 倒序打印数字 0~9
      printf("%d", i);
      osDelay(i);                                    // 延时 0~9 ms
    }
    printf("\n");                                    // 打印换行符
    osMutexRelease(myMutexHandle);                   // 释放互斥锁
    osDelay(1);                                      // 延时 1 ms,用来释放 CPU 资源
  }
}
```

上述代码和二值信号量实现共享资源互斥访问的示例代码比较相似,结果相同。但是要注意的是,互斥量的获取和释放动作在一个任务中必须是成对出现的,而且不能在中断服务函数中使用互斥量,二值信号量则没有这个限制。

4.3.6 事件

事件是一种实现任务间通信的机制,主要用于实现多任务间的同步。与信号量不同的是,事件可以实现一对多、多对多的同步。即一个任务可以等待多个事件的发生:可以是任意一个事件发生时唤醒任务,也可以是几个事件都发生后才唤醒任务进行事件处理。

事件通常具有如下特点:事件只与任务相关联,事件相互独立;事件仅用于同步,不提供数据传输功能;事件无排队性,多次向任务设置同一事件,在任务还未来得及读取事件前,等同于设置一次事件;多个任务可以对同一事件进行读写操作。

FreeRTOS 中关于事件的常用函数如表 4-8 所示。

表 4-8 事件函数对照表

功能分类	FreeRTOS 原版函数	CMSIS-V2 封装函数	说　　明
事件组	xEventGroupCreate	osEventFlagsNew	创建并初始化事件标志对象
	xEventGroupSetBits xEventGroupSetBitsFromISR	osEventFlagsSet	设置指定的事件标志
	xEventGroupClearBits xEventGroupClearBitsFromISR	osEventFlagsClear	清除指定的事件标志
	xEventGroupGetBits xEventGroupGetBitsFromISR	osEventFlagsGet	获取当前的事件标志
	xEventGroupWaitBits	osEventFlagsWait	等待一个或多个事件标志发出信号
	vEventGroupDelete	osEventFlagsDelete	删除事件标志对象

如图 4-11 所示，用户也可以在 CubeMX 的 FreeRTOS 设置页面中给工程先配置好要用到的事件。

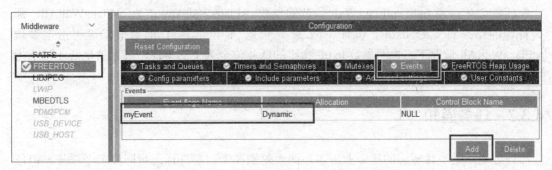

图 4-11 CubeMX 中配置事件

CubeMX 导出的 MDK 工程中，会在 freertos.c 文件中自动生成相应的事件标志变量，并在 MX_FREERTOS_Init 函数中自动创建之前配置的事件对象，事件应用的示例代码如下：

```
// 定义事件标志 ID 和事件标志属性结构体对象
osEventFlagsId_t myEventHandle;
const osEventFlagsAttr_t myEvent_attributes = {
  .name = "myEvent"
};

// 在 MX_FREERTOS_Init 函数或其他任务函数中创建并初始化互斥量对象
myEventHandle = osEventFlagsNew(&myEvent_attributes);

// 任务 1 定时发送事件
void StartTask1(void *argument){
  uint32_t flag = 0;
  for(;;){
    osEventFlagsSet(myEventHandle, flag++);    // 每隔 100 ms 发送一次事件，内容递增
    osDelay(100);
  }
}

// 任务 2 等待指定事件处理
void StartTask2(void *argument) {
  for(;;){
    uint32_t flags = osEventFlagsWait(          // 定义 flags 变量保存接收到的事件
                     myEventHandle,             // 等待 myEventHandle 事件到来
                     0x0F,                      // 只检查低 4 位上的事件是否发生
                     osFlagsWaitAny,            // 低 4 位上任意某位发生事件都可以通过
                     osWaitForever);            // 一直等待
    printf("Event :0x%02X\n", flags);
  }
}
```

上述示例代码演示的结果是任务 2 中打印的 flags 变量数值从 0x01 开始递增，但是

0x10、0x20、0x30 这种低 4 位都为 0 的数值没有打印，说明任务 1 发送的事件必须要低 4 位非 0 才能被任务 2 接收到。

任务 2 中，当 osEventFlagsWait 函数的参数 osFlagsWaitAny 改为 osFlagsWaitAll，那么打印的结果将变为 0x0F、0x1F、0x2F 这种低 4 位全为 1 的数值，说明指定参数 osFlagsWaitAll 情况下将检测参数 0x0F 指定的低 4 位全为 1 的事件，只有满足低 4 位全为 1 的情况下才接收事件进行处理。

4.3.7 任务通知

任务通知是事件标志的更专业版本，两者差别在于：事件标志可同步多个任务，但任务通知只同步指定的单个任务；使用任务通知时不需要另外定义任务通知变量。

每一个任务都有一个 32 位的通知（标志）值，用户可以用这个通知值保存一个 32 位的整数或指针值。大多数情况下，任务通知可以替代二值信号量、计数信号量、事件标志，也可替代长度为 1 的消息队列。而且相对之前使用信号量、消息队列和事件标志时必须先创建（定义）对应的数据对象，使用任务通知不需要另外创建通知变量，显然更为灵活。

FreeRTOS 的 CMSIS-V2 封装中，任务通知又称为线程标志（ThreadFlag），任务通知的常用函数如表 4-9 所示。

表 4-9 任务通知函数对应表

功能分类	FreeRTOS 原版函数	CMSIS-V2 封装函数	说明
任务通知	xTaskNotify xTaskNotifyFromISR	osThreadFlagsSet	设置指定任务的标志
	xTaskNotifyAndQuery xTaskNotify	osThreadFlagsClear	清除当前任务的标志
	xTaskNotifyAndQuery	osThreadFlagsGet	获取当前任务的标志
	xTaskNotifyWait	osThreadFlagsWait	等待当前任务的一个或多个任务标志位被设置过

任务通知应用的示例代码如下：

```
// 使用任务通知不需要定义相关全局变量，任务通知也没有单独的数据类型和结构体
// 任务 1 定时设置任务标志
void StartTask1(void *argument){
    uint32_t flag = 0;
    for(;;)  {
        osThreadFlagsSet(Task2Handle, flag++);    //每隔 100 ms 设置任务标志，内容递增
        osDelay(100);
    }
}

// 任务 2 等待指定任务标志处理
void StartTask2(void *argument) {
    for(;;)  {
```

```
    uint32_t flags = osThreadFlagsWait(0x0F,
                osFlagsWaitAny, osWaitForever);
    printf("Flags :0x%02X\n", flags);
  }
}
```

上述示例代码演示的结果和事件示例代码演示结果打印的数值完全相同，使用起来确实更为灵活。要注意的是，不论是 osEventFlagsWait 函数还是 osThreadFlagsWait 函数，其返回值为 1 的位并不仅仅局限于第一个参数指定的标志位，而且也不一定和设置的标志内容完全相同。原因在于 osEventFlagsWait 和 osThreadFlagsWait 两个函数都只对监测的标志位进行清零，超出监测标志位之外的内容并不会清零，所以两个函数的返回值并不会和任务 1 中的设置值完全相同。要避免出现这种情况，就应该保证任务 1 中设置数值是在任务 2 中监测标志表示数据范围之内。

任务通知用来替代信号量进行任务同步也非常方便，以下是使用任务通知进行任务同步的示例代码：

```
// 同步任务 1
void StartTask1(void *argument){
  for(;;) {
    osThreadFlagsWait(0x01, osFlagsWaitAny, osWaitForever);// 监测 0x01 标志
    for (int i = 0; i < 10; ++i) {                         // 顺序打印数字 0～9
      printf("%d", i);
      osDelay(i);                                          // 延时 0～9 ms
    }
    osThreadFlagsSet(Task2Handle, 0x02);                   // 向任务 2 设置 0x02 通知标志
  }
}

// 同步任务 2
void StartTask2(void *argument){
  osThreadFlagsSet(Task1Handle, 0x01);                     // 向任务 1 设置 0x01 通知标志
  for(;;) {
    osThreadFlagsWait(0x02, osFlagsWaitAny, osWaitForever);//监测 0x02 标志
    for (int i = 9; i >= 0; --i)   {                       // 倒序打印数字 0～9
      printf("%d", i);
      osDelay(i);                                          // 延时 0～9 ms
    }
    printf("\n");                                          // 打印换行符
    osThreadFlagsSet(Task1Handle, 0x01);                   // 向任务 1 设置 0x01 通知标志
  }
}
```

上述示例代码中，任务 1 每次循环等待 0x01 通知标志，任务 2 每次循环等待 0x02 通知标志，任务 2 循环之前首先设置了任务 1 的 0x01 通知标志，这就保证了任务 1 和任务 2 打印字符串的顺序。

4.3.8 内存管理

程序运行时的内存管理包括堆和栈两个概念。

堆是用于存放进程运行中被动态分配的内存段，它的大小并不固定，可动态扩张或缩减。当进程调用 malloc 等函数分配内存时，新分配的内存就被动态添加到堆上（堆被扩张）；当利用 free 等函数释放内存时，被释放的内存从堆中被剔除（堆被缩减）。

栈又称堆栈，用于存放程序临时创建的局部变量，即在函数内部定义的变量（不包括 static 声明的静态变量，static 意味着在数据段中存放变量）。除此以外，在函数被调用时，其参数也会被压入发起调用的任务栈中，调用结束时函数的返回值也会被存放回栈中。由于栈的先进先出（FIFO）特点，所以栈特别方便用来保存/恢复调用现场。

因此，堆和栈可以看成寄存、交换临时数据的不同内存区域。嵌入式系统中，由于内存空间有限，如果设计不当，地址空间向上增长的堆空间和地址空间向下增长的栈空间很可能会发生重叠，一旦堆栈空间重叠，系统程序就会出现莫名跑飞、死机和数据紊乱等异常现象。

关于程序的存储空间，一个程序本质上都是由 bss 段、data 段、text 段 3 个部分组成的，在嵌入式系统的设计中了解这 3 个概念也非常重要，牵涉到嵌入式系统运行时的内存大小分配和存储单元占用空间大小的问题。

bss 段通常是指用来存放程序中未初始化的全局变量的一块内存区域，一般在初始化时 bss 段部分将会被清零。

data 段也称为数据段，程序编译完成之后，已初始化的全局变量保存在 data 段中，未初始化的全局变量保存在 bss 段中。

text 段也称为代码段，通常是指用来存放程序执行代码的一块内存区域。

对于嵌入式系统程序，text 段和 data 段都在可执行文件中（只读存储空间），而 bss 段不在可执行文件中，由系统运行时初始化。一般而言，MDK 工程编译成功后，全局变量和静态变量会存放到 bss 段和 data 段空间，如果是用了 const 修饰的不可变全局变量，会存储到 text 段空间。

如图 4-12 所示，MDK 工程系统上电时的汇编初始化文件中指定了系统初始化堆栈大小。用户在 main 函数中定义临时变量和用 malloc 函数申请动态内存时，就需要注意变量占用空间大小不超过初始化汇编文件中指定的堆栈大小。初始化文件默认的堆栈大小都比较小，有需要的情况下需要适当调大，CubeMX 中导出 MDK 工程时也可以设置这两个值，不需要打开汇编文件手动修改，具体参考 4.4 节中的内容。

当 CubeMX 中开启了 FreeRTOS 操作系统后，用户在任务函数中声明的临时变量和动态申请内存就分配到了 FreeRTOS 内存堆空间上了，图 4-13 给出了 FreeRTOS 内存堆空间分布图示。图中 TCB 是任务控制块（task control block）结构体的简称，每个任务都有一个 TCB，其大小固定，约占 120 字节。用户在任务函数中动态申请的内存分配在任务栈空间之外，声明的临时变量分配在各个任务的栈空间内。

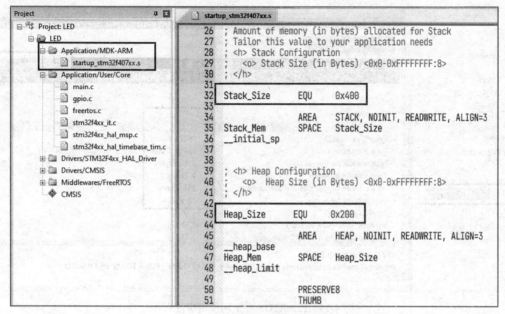

图 4-12　系统初始化堆栈大小

图 4-13　FreeRTOS 内存堆空间分布

如图 4-4 所示，在 CubeMX 的 FreeRTOS 参数设置页面中，可以设置 FreeRTOS 总的堆空间大小。CubeMX 设置好任务后，在堆空间使用情况页面中可以看到各个任务所用内存大小，以及可以动态申请的内存空间大小，如图 4-14 所示。

表 4-10 列出了 FreeRTOS 提供的常用内存管理函数。

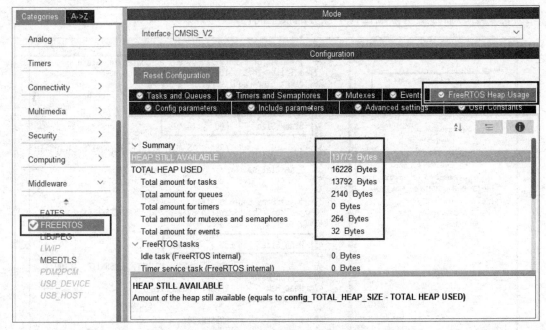

图 4-14　FreeRTOS 堆空间使用情况页面

表 4-10　内存管理函数对应表

功能分类	FreeRTOS 原版函数	CMSIS-V2 封装函数	说明
内存管理	pvPortMalloc	osMemoryPoolNew osMemoryPoolAlloc	在任务堆上动态申请内存
	vPortFree	osMemoryPoolFree osMemoryPoolDelete	释放申请的动态内存
	xPortGetFreeHeapSize	osMemoryPoolGetBlockSize osMemoryPoolGetSpace	获取可用任务堆内存大小
	xPortGetMinimumEverFreeHeapSize		获取最小的未被分配的堆内存大小

要注意的是，CMSIS-V2 版本封装的内存管理函数的用法和原版函数不同，需要先调用 osMemoryPoolNew 函数创建堆上的内存池，并且指定内存池中块的大小和数量，然后再调用 osMemoryPoolAlloc 函数从内存池中动态申请内存。CMSIS 这样的封装做法，一个是为了 API 函数接口统一，另外其号称内存管理效率更高，不过对初学者而言，还是原版函数用起来更简单一点。

如果在任务函数中不使用 pvPortMalloc 或 osMemoryPoolAlloc 函数，而是使用 malloc 函数动态申请内存空间，那么申请的内存空间还是分配在工程的汇编初始化文件中默认的堆空间上，此时要特别注意默认的堆空间大小能不能放下申请的内存空间大小。初学者应该学会每次调用 malloc 函数后检查函数的返回值是否为空，如果为空，则表示申请内存空间失败，后续不可访问。

4.4 创建第一个 RTOS 工程

本节以设计一个简单的按键控制流水灯作为 EX02 示例工程，启动 CubeMX 后，单击启动界面中的 ACCESS TO MCU SELECTOR 按钮，然后选择 STM32F407VE 的器件型号开始一个 CubeMX 工程。

4.4.1 CubeMX 工程配置

在 CubeMX 工程主界面的 Pinout & Configuration 标签页中展开左侧的 System Core 栏目，设置 RCC 模块的 HSE 使用外部晶振（Crystal/Ceramic Resonator），SYS 模块的 Debug 调试选项选择使用 Serial wire 模式，其他模块不变。然后在器件视图中选用 PE8～PE15（根据实际电路可能不同）作为输出端口连接 LED 灯。RCC 模块和 PE8～PE15 端口设置结果如图 4-15 所示。

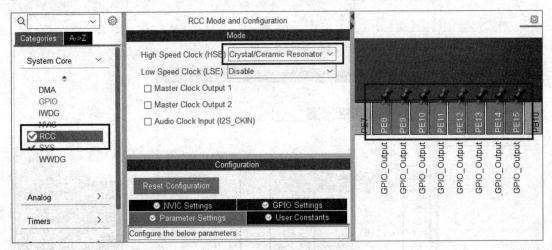

图 4-15 时钟晶振和端口设置

接下来单击左侧列表中的 GPIO 模块，切换显示当前工程中已配置的端口列表，如图 4-16 所示。在该页面中，单击端口列表中的端口名称，下方就会依次列出默认输出电平、端口模式、上拉/下拉模式、最大输出速度、用户标签等信息。此处除了修改 8 个端口名称分别为 L1～L8，还修改了端口默认输出电平为高电平，即默认不亮灯。

接下来，添加设置 6 个功能按键输入端口，在右侧器件视图中将 PE1～PE6 这 6 个引脚设置为输入端口。如图 4-17 所示，然后在 GPIO 端口列表中设置 PE1～PE4 为上拉输入，PE5 和 PE6 为下拉输入。最后，修改 6 个按键的标签名称分别为 K1～K6。

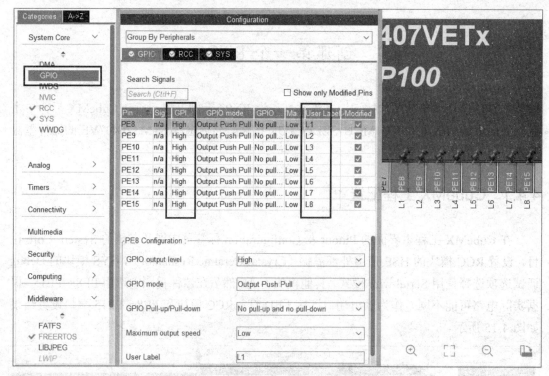

图 4-16 查看并设置 GPIO 列表

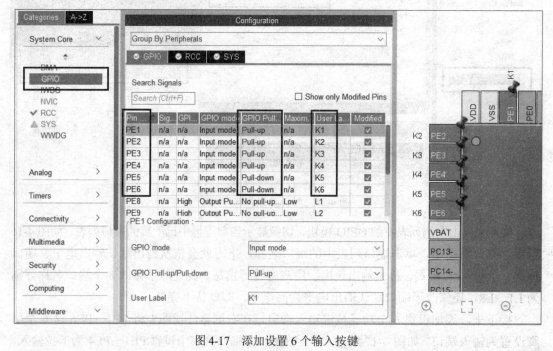

图 4-17 添加设置 6 个输入按键

最后，添加 FreeRTOS 操作系统。展开左侧列表中的 Middleware 中间件栏，选择 FREERTOS 模块，选择 FreeRTOS 接口模式为 CMSIS_V2 版本，查看 FreeRTOS 设置界面，如图 4-18 所示。

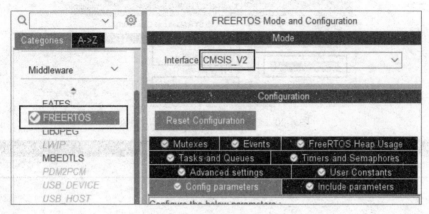

图 4-18　添加 FreeRTOS 操作系统

接下来，单击下方 FreeRTOS 配置标签栏中的 Tasks and Queues 标签，如图 4-19 所示，新添加 TaskLED 和 TaskKey 两个任务。

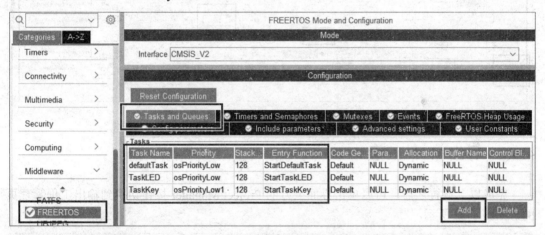

图 4-19　添加 FreeRTOS 任务

演示工程比较简单，在 FreeRTOS 设置界面中除了添加两个任务，其余参数均使用默认值即可。但是因为 FreeRTOS 会自动接管系统滴答定时器中断，因此还需要修改一下左侧 System Core 栏目中的 SYS 设置，将系统 HAL 定时器的时钟源从 SysTick 改为其他定时器。如图 4-20 所示，选择 TIM7 作为新的时钟源。

完成 Pinout & Configuration 页面的设置后，单击主界面标签栏中的 Clock Configuration 标签切换到系统时钟配置页面，如图 4-21 所示。时钟配置页面比较直观，操作也非常简单。首先要确定左下角的外部晶振 HSE 频率是否为实际所用的晶振频率，如果不是，单击 HSE 左侧的蓝色方框进行修改。确定晶振频率后，在中间的 HCLK 方框中输入最终频率，STM32CubeMX 会对整个单片机的时钟系统自动进行配置，如果还要修改，可以在自动配置后对个别时钟再行修改。如图 4-21 所示，本示例使用外部时钟源为 8 MHz 晶振，单片机时钟频率设置为 168 MHz。

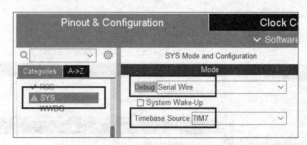

图 4-20 修改 HAL 系统定时器时钟源

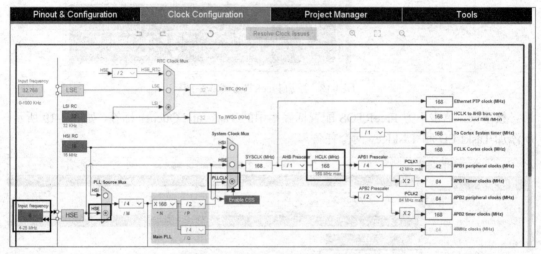

图 4-21 设置系统目标时钟频率

4.4.2 导出 MDK 工程

完成以上设置之后，可以单击界面上方的 Project Manager 按钮切换到输出工程管理页面，如图 4-22 所示。

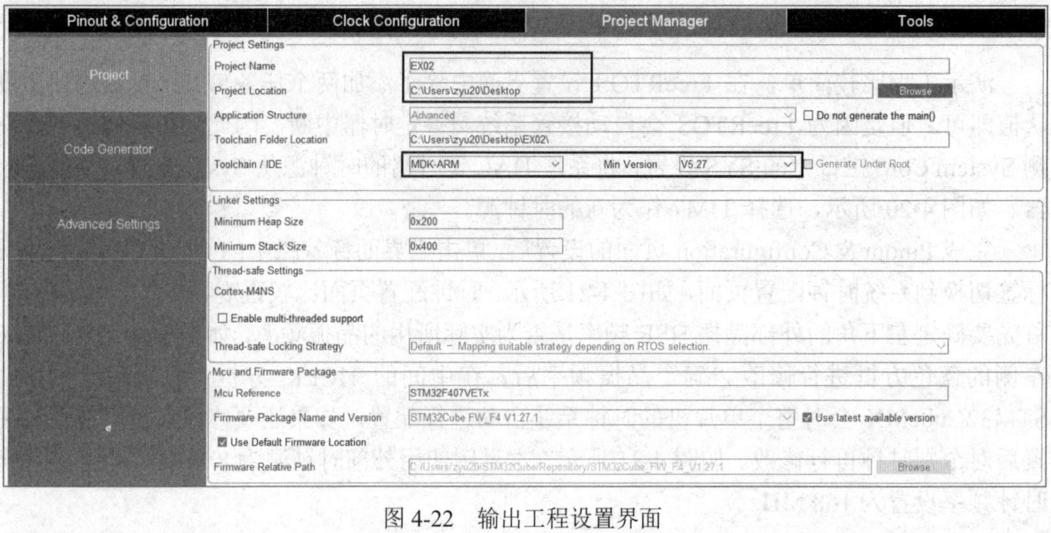

图 4-22 输出工程设置界面

按照图 4-22 所示操作，设置要生成的 STM32 工程名为 EX02，选择工程开发环境为 MDK-ARM V5.27 以上版本，然后单击左侧 Code Generator 页面，如图 4-23 所示，修改两个选项。

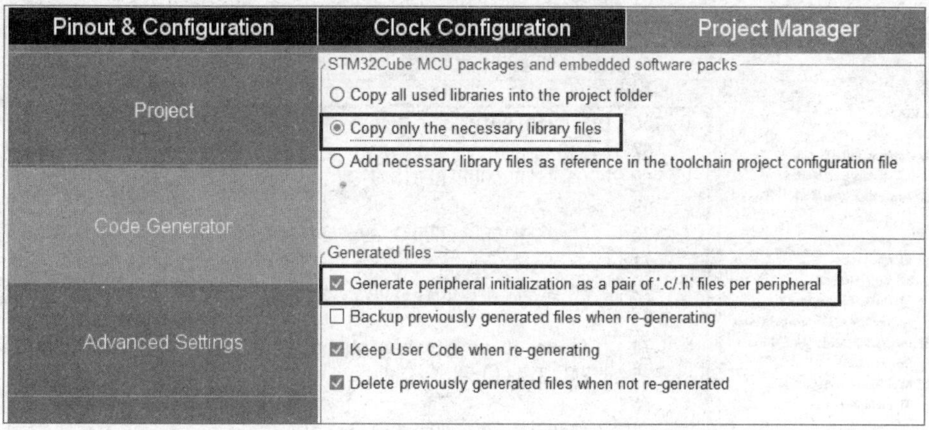

图 4-23 修改代码生成选项

单击右上角的 GENERATE CODE 按钮开始生成工程文件。如果之前没有安装过最新的 STM32F4 系列器件的支持库（STM32CubeF4），开始生成时将弹出消息框提示用户当前没有所选的器件库，询问用户是否需要立即下载，单击 Yes 按钮开始下载。等待下载器件库并安装成功后，软件会继续生成 EX02 工程，最后弹出消息框，如图 4-24 所示，询问用户是否打开生成的工程。

图 4-24 选择工程打开方式

单击 Open Folder 按钮打开工程文件夹，如图 4-25 所示，EX02 工程编译后生成的中间文件和目标文件都在 MDK-ARM 子目录中。从该左侧目录结构树中可以看出，Core 目录下还有 Inc 用户头文件子目录和 Src 用户源文件子目录，工程的 main.c 和 freertos.c 文件都在 Src 子目录中；Middlewares 目录下的 FreeRTOS 子目录存放了 FreeRTOS 的操作系统源码。

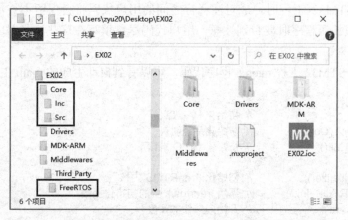

图 4-25 CubeMX 导出工程目标文件夹内容

在图 4-24 中，单击 Open Project 按钮将使用 KEIL MDK 软件打开 EX02 工程，如图 4-26 所示。

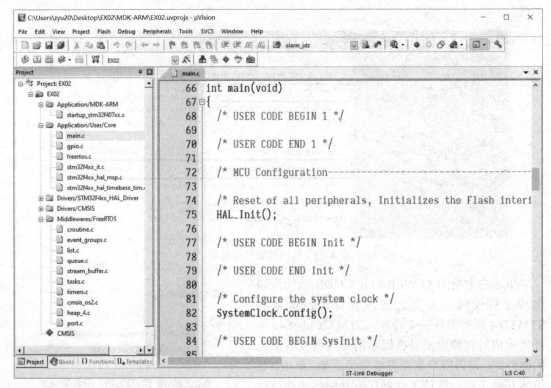

图 4-26　MDK 打开 EX02 工程结果

从图 4-26 中可以看到，生成的 EX02 工程除了包含 STM32F4 的启动代码、HAL 驱动、CMSIS 库，还提供了 main.c、stm32f4xx_it.c 和 stm32f4xx_hal_msp.c 这几个用户源程序文件。在右侧编辑窗口显示的 main.c 文件中可以看到，STM32CubeMX 生成的用户文件提供了很多类似"USER CODE BEGIN"和"USER CODE END"这样成对的注释行。这些注释行的一个用处是保护用户代码，即当用户使用 STM32CubeMX 修改 Cube 工程的配置后重新生成 STM32 工程时，成对注释行之间的用户代码将会保留不被覆盖。因此在编辑 CubeMX 生成的源程序时要特别注意，用户代码尽量填写在这些注释对中，也不要破坏这些已有的注释对。

观察生成的 STM32 工程 main.c 程序代码，可以看到自动生成的 main 主函数结构如下：

```
int main(void){
    HAL_Init();                  // 初始化 HAL 库
    SystemClock_Config();        // 初始化系统时钟
    MX_GPIO_Init();              // 初始化 GPIO 端口

    osKernelInitialize();        // 初始化 FreeRTOS 内核
    MX_FREERTOS_Init();          // 调用 freertos.c 中的初始化函数
    osKernelStart();             // 开始内核任务调度
```

```
    // 原有的 while 循环不再执行了，上行代码一直停留在内核调度循环中执行
    while (1)   {
        // 此处添加代码无效
    }
}
```

系统上电进入 main 函数后，首先调用 HAL_Init()函数进行外设复位和相关接口初始化动作，然后调用 SystemClock_Config()函数配置系统时钟和滴答定时器，接下来就是对用户指定的各种外设和端口进行配置（本例只用到了 GPIO 端口，因此调用了 MX_GPIO_Init()函数进行端口初始化）。和第 3 章示例不同之处在于，端口初始化后马上执行了 3 行 FreeRTOS 操作系统代码，首先初始化 FreeRTOS 操作系统内核，然后调用 freertos.c 中的初始化函数创建 CubeMX 中配置的任务，最后执行 osKernelStart 任务调度函数，后续的程序运行就停留在该函数中一直循环运行。

4.4.3 编写功能代码

接下来，打开左侧工程文件列表中的 gpio.c 源文件，首先添加 LED 亮灯函数和按键扫描函数，两个函数代码如下：

```
/* USER CODE BEGIN 2 */
void SetLeds(uint8_t dat) {
// LED 亮灭控制，低电平亮，高电平灭，8 个灯对应 dat 的低 8 位
HAL_GPIO_WritePin(L1_GPIO_Port, L1_Pin,
                  (dat & 0x01) ? GPIO_PIN_RESET : GPIO_PIN_SET);
HAL_GPIO_WritePin(L2_GPIO_Port, L2_Pin,
                  (dat & 0x02) ? GPIO_PIN_RESET : GPIO_PIN_SET);
HAL_GPIO_WritePin(L3_GPIO_Port, L3_Pin,
                  (dat & 0x04) ? GPIO_PIN_RESET : GPIO_PIN_SET);
HAL_GPIO_WritePin(L4_GPIO_Port, L4_Pin,
                  (dat & 0x08) ? GPIO_PIN_RESET : GPIO_PIN_SET);
HAL_GPIO_WritePin(L5_GPIO_Port, L5_Pin,
                  (dat & 0x10) ? GPIO_PIN_RESET : GPIO_PIN_SET);
HAL_GPIO_WritePin(L6_GPIO_Port, L6_Pin,
                  (dat & 0x20) ? GPIO_PIN_RESET : GPIO_PIN_SET);
HAL_GPIO_WritePin(L7_GPIO_Port, L7_Pin,
                  (dat & 0x40) ? GPIO_PIN_RESET : GPIO_PIN_SET);
HAL_GPIO_WritePin(L8_GPIO_Port, L8_Pin,
                  (dat & 0x80) ? GPIO_PIN_RESET : GPIO_PIN_SET);
}

uint8_t ScanKey(void) {
// 按键按下时，K1～K4 低电平有效，K5、K6 高电平有效
uint8_t key = 0;
if (HAL_GPIO_ReadPin(K1_GPIO_Port, K1_Pin) == GPIO_PIN_RESET)
    key |= KEY1;
if (HAL_GPIO_ReadPin(K2_GPIO_Port, K2_Pin) == GPIO_PIN_RESET)
    key |= KEY2;
```

```c
    if (HAL_GPIO_ReadPin(K3_GPIO_Port, K3_Pin) == GPIO_PIN_RESET)
      key |= KEY3;
    if (HAL_GPIO_ReadPin(K4_GPIO_Port, K4_Pin) == GPIO_PIN_RESET)
      key |= KEY4;
    if (HAL_GPIO_ReadPin(K5_GPIO_Port, K5_Pin) == GPIO_PIN_SET)
      key |= KEY5;
    if (HAL_GPIO_ReadPin(K6_GPIO_Port, K6_Pin) == GPIO_PIN_SET)
      key |= KEY6;

    if (key > 0){
      osDelay(10);          // 按键延时 10 ms 消抖
      uint8_t key2 = 0;
      if (HAL_GPIO_ReadPin(K1_GPIO_Port, K1_Pin) == GPIO_PIN_RESET)
        key2 |= KEY1;
      if (HAL_GPIO_ReadPin(K2_GPIO_Port, K2_Pin) == GPIO_PIN_RESET)
        key2 |= KEY2;
      if (HAL_GPIO_ReadPin(K3_GPIO_Port, K3_Pin) == GPIO_PIN_RESET)
        key2 |= KEY3;
      if (HAL_GPIO_ReadPin(K4_GPIO_Port, K4_Pin) == GPIO_PIN_RESET)
        key2 |= KEY4;
      if (HAL_GPIO_ReadPin(K5_GPIO_Port, K5_Pin) == GPIO_PIN_SET)
        key2 |= KEY5;
      if (HAL_GPIO_ReadPin(K6_GPIO_Port, K6_Pin) == GPIO_PIN_SET)
        key2 |= KEY6;
      if (key == key2)
        return key;         // 返回有效按键
      else
        return 0;
    }
    return 0;
}

/* USER CODE END 2 */
```

上述代码中的 KEY1～KEY6 这几个宏以及两个函数的原型声明，可以在 gpio.h 中添加相关定义：

```c
/* USER CODE BEGIN Private defines */
#include "cmsis_os.h"
#define KEY1        0x01
#define KEY2        0x02
#define KEY3        0x04
#define KEY4        0x08
#define KEY5        0x10
#define KEY6        0x20

/* USER CODE END Private defines */

void MX_GPIO_Init(void);

/* USER CODE BEGIN Prototypes */
```

```c
void SetLeds(uint8_t dat);
uint8_t ScanKey(void);

/* USER CODE END Prototypes */
```

现在准备添加流水灯控制的逻辑功能代码，打开左侧工程文件列表中的 freertos.c 文件，在文件头添加 gpio.h 头文件，然后修改 StartTaskLed 任务函数如下：

```c
/* USER CODE END Header_StartTaskLED */
void StartTaskLED(void *argument) {
  /* USER CODE BEGIN StartTaskLED */
  uint8_t sta = 0x01;                              // 流水灯初始状态（L1 亮）
  uint8_t dir = 1;                                 // 流水灯初始方向（1：右行，0：左行）
  for(;;){
    SetLeds(sta);                                  // 流水灯亮灯
    // 等待 100 ms 按键通知
    if (osThreadFlagsWait(KEY1, osFlagsWaitAny, 100) == KEY1)   // KEY1 按下
      dir = !dir;                                  // 流水灯反向
    if (dir){
      if (sta < 0x80) sta <<= 1;
      else            sta = 0x01;
    }
    else{
      if (sta > 0x01) sta >>= 1;
      else            sta = 0x80;
    }
    osDelay(1);
  }
  /* USER CODE END StartTaskLED */
}
```

在 StartTaskLed 任务函数中，流水灯亮灯动作后，等待 100 ms 的 KEY1 按键通知，如果等待期间收到 KEY1 通知，则流水灯反向流动，否则该任务阻塞 100 ms 直到超时再往下执行。最后，修改 StartTaskKey 任务函数代码如下：

```c
/* USER CODE END Header_StartTaskKey */
void StartTaskKey(void *argument) {
  /* USER CODE BEGIN StartTaskKey */
  for(;;){
    uint8_t key = ScanKey();                       // 扫描按键键码
    if (key > 0) {                                 // 有按键按下
      switch (key) {
        case KEY1:                                 // 如果按下了 KEY1 按键
          osThreadFlagsSet(TaskLEDHandle, KEY1);   // 向流水灯任务发送 KEY1 通知
          while (ScanKey() > 0);                   // 等待按键放开
          break;
        default: break;
      }
    }
    osDelay(1);
```

```
    }
    /* USER CODE END StartTaskKey */
}
```

添加代码完成后，参考 3.5 节示例的 MDK 工程编译和下载操作，按 F7 键或单击工具栏上的 Build 按钮编译工程，编译成功后单击工具栏上的 Download 按钮（或按 F8 键）下载程序，就可以看到学习板上的一个流水灯效果，按下学习板上的 KEY1 按键，测试按键功能可用，本小节示例完成。

实验 2 多任务键盘与流水灯实验

【实验目标】

熟悉基于 HAL 库的 CubeMX 工程创建流程，设计一个多功能按键控制流水灯设计。

【实验内容】

（1）通过 STM32CubeMX 软件创建 STM32 工程，配置添加 LED 灯、按键和蜂鸣器端口。8 个 LED 灯和蜂鸣器都设置为 GPIO 输出端口，6 个按键都设置为 GPIO 输入端口，学习板上蜂鸣器连接引脚为 PB4，设置为输出端口。

（2）通过 STM32CubeMX 软件配置添加 FreeRTOS 组件（选择 CMSIS_V2 版本），并额外添加两个任务，总共 3 个任务，优先级都配置为 Normal，堆栈大小都改为 256。

（3）修改 SYS 系统滴答定时器配置，选择其他时钟源作为滴答定时器时钟源，最后导出 MDK 工程。

（4）添加逻辑代码，实现多任务控制流水灯。

要求：基于已经创建的 3 个任务，分别在每个任务中操作一个外设。

任务 1 操作 LED，实现流水灯功能；任务 2 操作蜂鸣器，实现按键提示音功能，每个按键音调不同，提示音时间为 100 ms 左右；任务 3 读取按键，实现按键扫描功能，按键 1～按键 4 控制流水灯启动、暂停、加速、减速。

按键提示音用蜂鸣器输出 1 kHz 左右连续脉冲实现鸣叫。

定义流水灯状态（run）和速度（speed）变量，用来表示流水灯启动、暂停状态和运行速度档位。在任务 1 中根据 run 和 speed 变量不同控制流水灯启动、暂停以及变换速度。

（5）使用 FreeRTOS 任务管理函数，用 osThreadSuspend 暂停任务，用 osThreadResume 继续任务，对比实验内容（5）中使用 run 变量控制流水灯状态，判断两种控制方法优缺点。

（6）附加要求：使用按键 K5 暂停流水灯任务，并创建一个新的流水灯任务演示不同的流水灯效果，使用按键 K6 删除新建的流水灯任务并恢复之前暂停的流水灯任务。

习　题

1. FreeRTOS 是一款实时操作系统，它有哪些特点？
2. FreeRTOS 作为什么内容集成在 STM32CubeMX 软件中，用户需要如何操作才能向工程中添加 FreeRTOS？

3. FreeRTOS 的任务有几种任务状态，运行态任务在什么情况下会转变为阻塞态？

4. FreeRTOS 的任务函数通常内含一个无限循环，为什么任务函数不能直接返回？

5. FreeRTOS 的任务优先级数值 0 是给什么任务使用的？高优先级任务通常要在任务函数循环中添加什么语句才能让低优先级任务得以执行？

6. 消息队列可以存储有限个具有确定长度的数据单元，什么是消息队列的"深度"？创建消息队列时需要为其设定什么参数？

7. 信号量在操作系统中有什么用途，信号量的分类有哪些？

8. 任务通知和事件都用于不同任务的同步操作，两者的区别是什么？任务通知相比信号量和事件标志进行任务同步，其优势在于？

9. 如果 FreeRTOS 的一个任务函数中，定义并用到了一个长度为 1024 的 char 类型数组（临时变量，非静态变量），那么这个任务创建时给它分配的任务栈空间大小最少应该是多少个字？

10. 一个 STM32 工程使用了 FreeRTOS 系统，创建了两个任务和一个消息队列。如果每个任务的栈空间都是 128 个字，而消息队列的深度为 8，消息单元大小为 16，那么这个 STM32 工程的 FreeRTOS 占用 RAM 空间大小估计是多少字节？把计算结果和 STM32CubeMX 中的 FreeRTOS 设置页里的 Heap Usage 结果对比看看，分析结果不同的原因在哪里。

第 5 章 简单外设应用

基于微控制器的嵌入式系统中常用外设包括 GPIO、数码管、矩阵键盘、ADC 和各种传感器等。STM32 的 HAL 库中提供的 GPIO 操作库函数如表 3-2 所示，数码管、键盘的操作通常都可以归类为普通的 IO 操作。本章将参考第 4 章的 EX02 工程，新建一个 CubeMX 工程，创建相应 FreeRTOS 任务，导出 MDK 工程并命名为 EX03，以此为基础演示数码管、外部中断、ADC、温度传感器和陀螺仪传感器这几种外设应用。

5.1 数码管应用

根据第 2 章表 2-3 所示的数码管引脚列表可知，学习板上的 4 位数码管用到了 STM32F407 的 8 个输出端口，如图 5-1 所示，在 CubeMX 中按照表 2-3 配置相应端口输出模式及其标签名称。

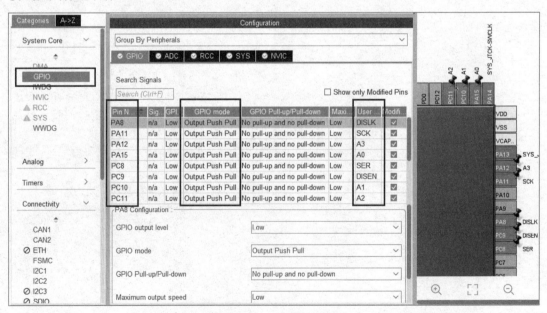

图 5-1 配置数码管所用 8 个引脚端口模式和标签名称

单击 CubeMX 左侧模块列表中的 FREERTOS 模块，显示 FreeRTOS 的设置界面，如图 5-2 所示。在界面上方的移植封装版本下拉列表中选择 CMSIS_V2 版本，CubeMX 会自动添加一个 defaultTask 任务，这个任务不可删除，但是可修改任务名称和任务优先级等参数。

如图 5-2 所示，单击任务列表下方的 Add 按钮，添加一个任务，然后双击任务列表中新添加的这个任务，修改任务名称为 TaskSEG，设置任务优先级为 Normal，任务的入口函数名称也修改为 StartTaskSEG。

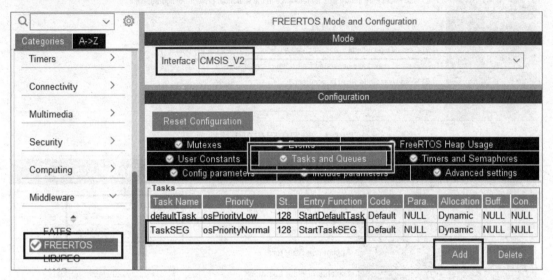

图 5-2 开启 FreeRTOS 并添加数码管任务

添加好 FreeRTOS 模块后，单击左侧的 RCC 模块，确认设置了 HSE 外部晶振，再单击左侧的 SYS 模块，修改 SysTick 定时器的时钟源为 TIM7，如图 5-3 所示。

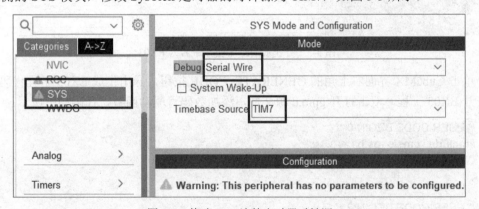

图 5-3 修改 SYS 滴答定时器时钟源

接下来，单击 CubeMX 界面上方的 Clock Configuration 标签页，配置系统时钟与之前的 EX02 示例操作相同，都是设置 8 MHz 外部晶振，经 PLL 锁相环倍频到 168 MHz 作为 HCLK 系统时钟频率。选择 Project Manager 标签页，如图 5-4 所示，在 Code Generator 界面中选择开启两个代码生成选项。

如图 5-5 所示，在 Project 页面中设置导出工程名为 EX03，选择工程类型为 MDK。

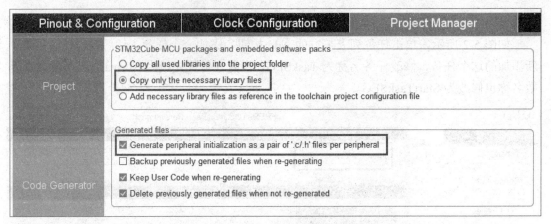

图 5-4 设置工程代码生成选项

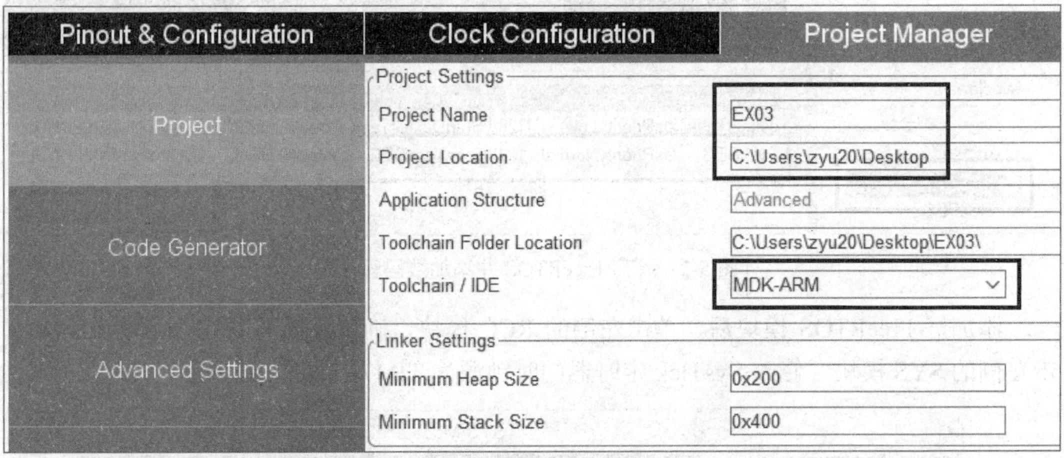

图 5-5 导出 MDK 工程并命名为 EX03

单击 CubeMX 界面右上角的 GENERATE CODE 按钮，导出生成 EX03 工程代码，直接打开 EX03 工程，双击打开 gpio.c 源文件，添加数码管驱动函数，代码如下所示：

```
/* USER CODE BEGIN 0 */
#include "cmsis_os.h"
/* USER CODE END 0 */
...

/* USER CODE BEGIN 2 */
// 单个数码管显示
void Write595(uint8_t sel, uint8_t num, uint8_t bdot)
{
// 共阴数码管，'0'~'9'，'A'~'F' 编码
static const uint8_t TAB[16] = {
    0x3F, 0x06, 0x5B, 0x4F, 0x66, 0x6D, 0x7D, 0x07,
    0x7F, 0x6F, 0x77, 0x7C, 0x39, 0x5E, 0x79, 0x71};

// 74HC138 关数码管显示
```

```c
    HAL_GPIO_WritePin(A3_GPIO_Port, A3_Pin, GPIO_PIN_RESET);

    uint8_t dat = TAB[num & 0x0F] | (bdot ? 0x80 : 0x00);
    if (' ' == num)         dat = 0;               // 空格关闭显示
    else if ('.' == num)    dat = 0x80;            // 单独小数点显示
    else if ('-' == num)    dat = 0x40;            // 负号显示
    else if (num > 0x0F)    dat = num;             // 其余数值按实际段码显示

    // 595 串行移位输入段码
    for (uint8_t i = 0; i < 8; ++i) {
        HAL_GPIO_WritePin(SCK_GPIO_Port, SCK_Pin, GPIO_PIN_RESET);
        HAL_GPIO_WritePin(SER_GPIO_Port, SER_Pin,
                    (dat & 0x80) ? GPIO_PIN_SET : GPIO_PIN_RESET);
        dat <<= 1;
        HAL_GPIO_WritePin(SCK_GPIO_Port, SCK_Pin, GPIO_PIN_SET);
    }
    // DISLK 脉冲锁存 8 位输出
    HAL_GPIO_WritePin(DISLK_GPIO_Port, DISLK_Pin, GPIO_PIN_RESET);
    HAL_GPIO_WritePin(DISLK_GPIO_Port, DISLK_Pin, GPIO_PIN_SET);

    // 4 位数码管片选
    HAL_GPIO_WritePin(A0_GPIO_Port, A0_Pin,
                    (sel & 0x01) ? GPIO_PIN_SET : GPIO_PIN_RESET);
    HAL_GPIO_WritePin(A1_GPIO_Port, A1_Pin,
                    (sel & 0x02) ? GPIO_PIN_SET : GPIO_PIN_RESET);
    HAL_GPIO_WritePin(A2_GPIO_Port, A2_Pin, GPIO_PIN_RESET);

    // 74HC138 开数码管显示
    HAL_GPIO_WritePin(A3_GPIO_Port, A3_Pin, GPIO_PIN_SET);
}

// 4 位数码管动态扫描显示
void DispSeg(char dat[8]) {
    uint8_t sel = 0;                    // 数码管位选
    uint8_t bdot = 0;                   // 是否有小数点
    for(uint8_t i = 0; i < 8; ++i) {
        uint8_t num = dat[i];
        if (dat[i] != '.') {
            if (dat[i + 1] == '.')
                bdot = 1;               // 下一位小数点合并到当前位显示
        }
        else {                          // 小数点处理
            if (bdot) {
                bdot = 0;
                continue;               // 跳过已经合并显示的小数点
            }
        }

        // 十六进制字符显示支持
        if (num >= '0' && num <= '9')       num -= '0';
```

```
        else if (num >= 'A' && num <= 'F')      num = num - 'A' + 10;
        else if (num >= 'a' && num <= 'f')      num = num - 'a' + 10;

        // 点亮对应数码管
        Write595(sel++, num, bdot);
        osDelay(3);                             // 延时 3 ms
        if (sel >= 4)                           // 只显示 4 位数码管
            break;
    }
}
/* USER CODE END 2 */
```

将 DispSeg 函数声明加入 gpio.h 头文件中,方便在数码管任务函数中调用该函数,修改 gpio.h 文件如下:

```
/* USER CODE BEGIN Prototypes */
void DispSeg(char dat[8]);
/* USER CODE END Prototypes */
```

最后,打开 freertos.c 文件,修改 StartTaskSEG 任务函数,实现系统运行时间显示功能:

```
/* USER CODE BEGIN Includes */
#include "stdio.h"
#include "gpio.h"
/* USER CODE END Includes */
...
void StartTaskSEG(void *argument)
{
  /* USER CODE BEGIN StartTaskSEG */
  for(;;)
  {
      char dat[8] = {0};                                  // 定义显示字符数组
      sprintf(dat, "%.3f", osKernelGetTickCount() / 1000.0f);  // 显示秒钟数
      DispSeg(dat);
      osDelay(1);
  }
  /* USER CODE END StartTaskSEG */
}
```

编译工程成功后,参考 3.5 节的图 3-28~图 3-30 的操作内容下载程序到学习板,观察 4 位数码管显示内容,验证程序运行结果是否和上述程序相同。

5.2 按键与外部中断

4.4 节的 EX02 工程中已经演示了基本的按键扫描功能,本节将使用外部中断的方式检测按键动作。关闭 MDK,重新打开 EX03 的 CubeMX 工程,如图 5-6 所示,在 EX03 数码管示例基础上添加 6 个按键 K1~K6。

第 5 章　简单外设应用

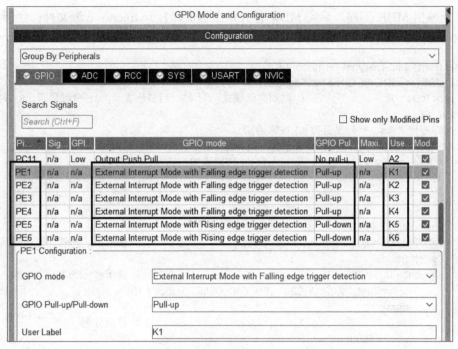

图 5-6　添加 6 个按键引脚，设置为外部中断模式

接下来，选择左侧的 NVIC 模块，勾选使能 6 个按键对应的外部中断，并设置中断优先级都为 5，如图 5-7 所示。

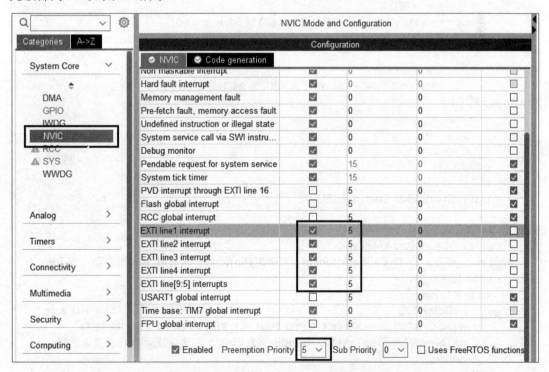

图 5-7　勾选使能 6 个按键对应的外部中断

重新导出 MDK 工程，启动 MDK 打开该工程后，打开 freertos.c 源文件，然后向其后添加 HAL 库的外部中断回调函数，并且修改数码管任务函数，代码如下：

```c
void StartTaskSEG(void *argument){
  /* USER CODE BEGIN StartTaskSEG */
  char mod = 0;              // 时间显示模式，0：秒.百分秒显示，1：分秒显示，2：时分显示
  for(;;) {
    // 等待 1 ms，判断是否有 K1 按键通知
    if (osThreadFlagsWait(K1_Pin, osFlagsWaitAny, 1) == K1_Pin) {
      if (++mod > 2)         // 如果有 K1 按键通知，切换显示模式
        mod = 0;
    }

    char dat[8] = {0};
    uint32_t tick = osKernelGetTickCount();            // 获取系统内核计数（时间戳）
    switch (mod) {
      case 0:                                          // 显示秒.百分秒
        sprintf(dat, "%02d.%02d", (tick / 1000) % 60, (tick / 10) % 100);
        break;
      case 1:                                          // 显示分.秒
        tick /= 1000;
        sprintf(dat, "%02d.%02d", (tick / 60) % 60, tick % 60);
        break;
      case 2:                                          // 显示时.分
        if (tick % 1000 < 500)   {                     // 中间小数点秒闪显示
          tick /= 60000;
          sprintf(dat, "%02d.%02d", (tick / 60) % 24, tick % 60);
        }
        else {
          tick /= 60000;
          sprintf(dat, "%02d%02d", (tick / 60) % 24, tick % 60);
        }
        break;
    }
    DispSeg(dat);
    osDelay(1);
  }
  /* USER CODE END StartTaskSEG */
}

/* USER CODE BEGIN Application */
void HAL_GPIO_EXTI_Callback(uint16_t GPIO_Pin){       // HAL 库外部中断回调函数
  switch (GPIO_Pin) {
    case K1_Pin:
        osDelay(10);                                   // 延时消抖，时间不能太长
        if (HAL_GPIO_ReadPin(K1_GPIO_Port, K1_Pin) == GPIO_PIN_RESET)
          osThreadFlagsSet(TaskSEGHandle, K1_Pin);     // 向数码管任务发送通知
        break;
    default:
```

```
        break;
    }
}
/* USER CODE END Application */
```

编译成功后，下载测试查看是否能用按键 K1 切换不同的时间显示模式。

5.3 麦克风与 ADC 应用

5.3.1 添加串口打印输出

接下来的几个示例，为了方便观察结果，先在 CubeMX 工程中开启串口 1，方便在程序中用 printf 函数打印数据到串口，从而能在电脑上用串口调试助手等工具软件查看信息。

如图 5-8 所示，在 EX03 的 CubeMX 工程中，展开左侧的 Connectivity 栏目，选择 USART1 模块，再选择串口 1 工作模式为异步通信，保持默认波特率为 115200 b/s 不变。

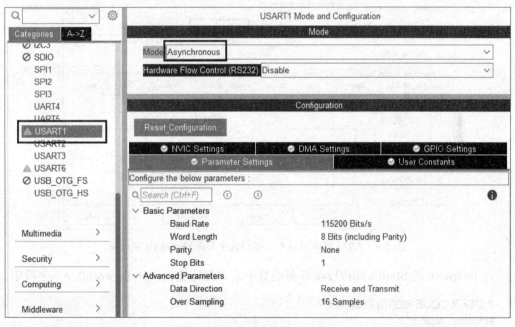

图 5-8 开启串口输出功能

重新导出 MDK 工程，打开导出的 EX03 工程后，可以看到左侧工程文件列表多出了一个 usart.c 源文件，双击打开 usart.c 文件，向文件中添加 printf 打印到串口输出的 fputc 重载函数：

```
/* USER CODE BEGIN 0 */
#include <stdio.h>
#ifndef __GNUC__                          // 如果不使用 ARM CC V6 编译器
#pragma import(__use_no_semihosting)      // 确保没有从 C 库链接使用半主机的函数
```

```
struct __FILE{int handle;};              // 标准库需要的支持函数
void _sys_exit(int x) {x = x;}           // 定义_sys_exit()以避免使用半主机模式
#endif
FILE __stdout;                           // ARM CC V6 版本需要添加支持
int fputc(int ch, FILE *f) {
   HAL_UART_Transmit(&huart1 , (uint8_t *)&ch, 1, 0xFFFF);
   return(ch);
}
/* USER CODE END 0 */
```

注意：上述代码中，如果仅添加 fputc 函数，如图 5-9 所示，可以在 MDK 工程选项中选中 Use MicroLIB 复选框。如果选择使用 ARM CC V6 版本编译器，再添加一行"FILE __stdout;"语句支持，也可以不选中 Use MicroLIB 复选框。

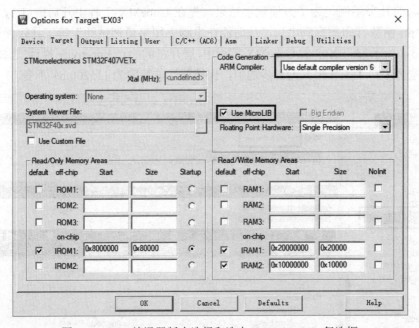

图 5-9　ARM 编译器版本选择和选中 Use MicroLIB 复选框

在 freertos.c 的 StartDefaultTask 任务函数中定时打印输出"Hello world! \n"字符串：

```
/* USER CODE BEGIN Includes */
#include "stdio.h"
#include "gpio.h"
#include "adc.h"
/* USER CODE END Includes */
...

void StartDefaultTask(void *argument) {
  /* USER CODE BEGIN StartDefaultTask */
  for(;;)  {
    printf("Hello world!\n");
    osDelay(1000);
```

```
}
/* USER CODE END StartDefaultTask */
}
```

编译成功后下载程序到学习板，然后在电脑端打开串口调试助手软件（本书使用的串口调试助手软件为 sscom5.13，下载地址为 http://soft.onlinedown.net/soft/637125.html），如图 5-10 所示，选择并打开自动识别的学习板 USB 串口后，在接收窗口中就能看到每秒收到一行字符串了。

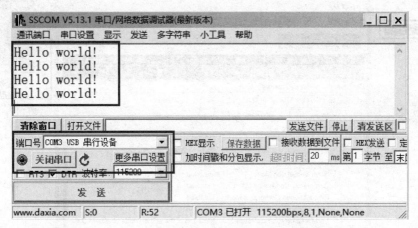

图 5-10　串口调试助手查看学习板打印信息

5.3.2　ADC 模块介绍

AD 是模拟数字转换控制器（ADC）的一种简称，STM32F407 有三路 ADC，分别是 ADC1、ADC2、ADC3，每一路有 18 个通道（16 个外部输入和 2 个内部通道）。事实上 STM32F407 的三路 ADC 中有些通道是公用的，累计外部输入通道共有 23 个可以使用。学习板提供多个 AD 输入通道，常用的输入通道和连接端口如表 5-1 所示。

表 5-1　学习板 AD 输入连接外设端口一览表

STM32F407 端口	AD 通道	连 接 外 设
PA1	ADC1_IN1	麦克风
PB0	ADC1_IN8	触摸按键
PC0	ADC1_IN10	外部模拟信号输入
PC1	ADC_IN11	外部模拟信号输入

ADC 的时钟 ADCCLK 是一个非常关键的因素。ADCCLK 来源于 APB2 上的总线外设时钟 PCLK2，当 HCLK 频率为 168 MHz 时，PCLK2 默认频率为 84 MHz，再将 PCLK2 进行分频就得到 ADCCLK。

在 CubeMX 中添加 ADC 外设时，ADCCLK 默认为 PCLK2 的 4 分频（21 MHz），通过调节 HCLK 和分频系数可以调大频率，注意不要超过 36 MHz。

接下来，关闭 MDK，回到 EX03 的 CubeMX 工程，准备添加 ADC 模块进行麦克风模拟信号采样。如图 5-11 所示，先在器件引脚视图中设置麦克风所连的 PA1 端口为 ADC1 的输入 1 通道，右击 PA1，修改标签名为 MIC。

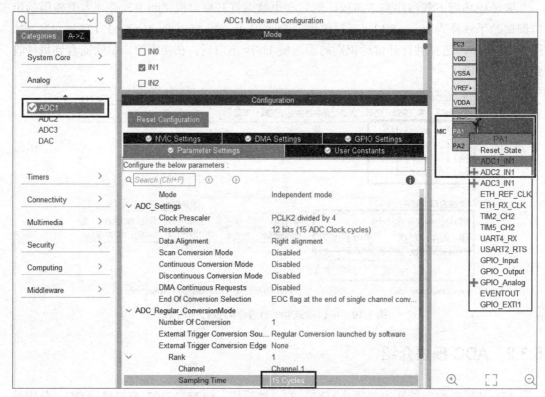

图 5-11 麦克风输入 AD 采样设置

ADC 的采样时间按照如下公式计算：

$$T_{conv}=采样时间+12\ cycles \tag{5-1}$$

当采样时间为 15 cycles 时，总的转换时间为 27 个 ADCCLK 周期，ADCCLK 在 21 MHz 下的采样频率即为 21 MHz/27≈777.8 kHz。

各通道的 A/D 转换可以单次、连续、扫描或间断模式执行。当一次采集由内部软件或者外部信号触发后，可以只采集一次，也可以一直连续采集。如果是扫描采集一组多个通道，采集完最后一个通道时，会回到序列中的第一个通道继续采集。

间断模式是将常规或注入组里的扫描序列再切割成更小的组，一次触发采集完一个小组内的通道后就会停止。在扫描模式和连续模式下，如果每次都将保存采集值的寄存器数据读出来处理很可能来不及。此时就需要采用 DMA 方式进行 AD 采集，可以让每次转换过的数值都经 DMA 传到指定的内存空间里，节省 CPU 时间。

本次示例选择左侧 Analog 栏下的 ADC1 模块，将 ADC 采样转换模式设置为连续转换模式（图 5-11 中的 Continuous Conversion Mode 选项改为 Enable），其他参数保持不变，单击 GENERATE CODE 按钮重新生成 EX03 的 MDK 工程。

STM32 HAL 库对 ADC 外设模块提供了多个函数支持，表 5-2 所示是程序设计时常用的几个 ADC 操作函数。

表 5-2 HAL 库常用 ADC 操作函数

函 数 名 称	说　　明
HAL_ADC_Start()	开始查询方式 AD 采集
HAL_ADC_Stop()	停止查询方式 AD 采集
HAL_ADC_PollForConversion()	查询方式等待 AD 采集完成
HAL_ADC_Start_IT()	开始中断方式 AD 采集
HAL_ADC_Stop_IT()	停止中断方式 AD 采集
HAL_ADC_Start_DMA()	开始 DMA 方式 AD 采集
HAL_ADC_Stop_DMA()	停止 DMA 方式 AD 采集
HAL_ADC_GetValue()	读取 AD 采集结果
HAL_ADC_IRQHandler()	AD 采集中断函数
HAL_ADC_ConvCpltCallback()	AD 采集中断/DMA 方式回调函数

5.3.3 麦克风 AD 采样示例

1. 轮询方式采样

启动 MDK 打开刚才重新导出的 EX03 工程，然后修改 freertos.c 的 StartDefaultTask 任务函数功能代码，在任务循环中，每隔 100 ms 使用 HAL_ADC_Start 启动一次采集，使用 HAL_ADC_PollForConversion 等待转换结束，然后使用 HAL_ADC_GetValue 读取采集数据，实现麦克风数据连续采样并打印输出：

```
void StartDefaultTask(void *argument) {
  /* USER CODE BEGIN StartDefaultTask */
  for(;;) {
    HAL_ADC_Start(&hadc1);                                        // 开始查询方式 AD 采样
      if(HAL_ADC_PollForConversion(&hadc1, 10) == HAL_OK)// 等待采样完成
        printf("mic adval:%d\n", HAL_ADC_GetValue(&hadc1));// 打印采样数据
    osDelay(100);
  }
  /* USER CODE END StartDefaultTask */
}
```

编译成功后下载程序到学习板测试，麦克风采样的打印数据结果如图 5-12 所示，在相对安静的环境下，打印数据比较稳定，对着麦克风说话或者吹气时可以看到打印数据明显变化。

2. 中断方式采样

使用中断方式进行 AD 采集，需要开启 AD 中断，如图 5-13 所示，在 CubeMX 中配置中断，导出 MDK 工程，重新编译。

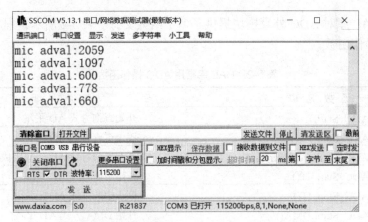

图 5-12 麦克风 AD 采样打印结果

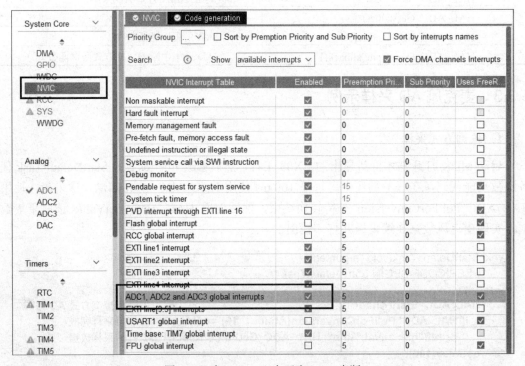

图 5-13 在 CubeMX 中开启 ADC 中断

在 freertos.c 文件最后添加 ADC 采样中断回调函数功能代码，注意函数名称不能错：

```
void HAL_ADC_ConvCpltCallback(ADC_HandleTypeDef* hadc){
if (hadc == &hadc1)        // 如果是 ADC1 的中断，向默认任务发送通知读取采样数据
  osThreadFlagsSet(defaultTaskHandle, 0x01);
}
/* USER CODE END Application */
```

然后修改 StartDefaultTask 任务函数功能代码，启用 ADC 采样同时开启中断，在任务循环中每隔 100 ms 判断是否有任务通知，接收到通知后将通知内容打印出来即为麦克风采样数据：

```
void StartDefaultTask(void *argument) {
  /* USER CODE BEGIN StartDefaultTask */
  /* Infinite loop */
  HAL_ADC_Start_IT(&hadc1);           // 启动 AD 采样，同时开启中断
  for(;;)  {
    osDelay(100);                     // 延时 100 ms
    // 检查是否有任务通知
    if (osThreadFlagsWait(0x01, osFlagsWaitAny, osWaitForever) == 0x01){
      printf("mic adval:%d\n", HAL_ADC_GetValue(&hadc1));   // 打印麦克风数据
      HAL_ADC_Start_IT(&hadc1);       // 再次开启 AD 采样及其中断
    }
  }
  /* USER CODE END StartDefaultTask */
}
```

编译成功后，下载到学习板上测试运行，观察结果是否和之前轮询采样相似。

3. DMA 方式连续采样

查询方式进行 AD 采集需要消耗比较多的 CPU 时间，更高效的方法是通过 DMA 传输方式进行 AD 采集。接下来的示例使用 DMA 对输入通道连续采集 8 次，8 次采满之后触发一次中断，在 ADC 转换完成回调函数中直接读取数据缓冲即可对数据进行处理。

如图 5-14 所示，在 CubeMX 中添加 DMA 设置。

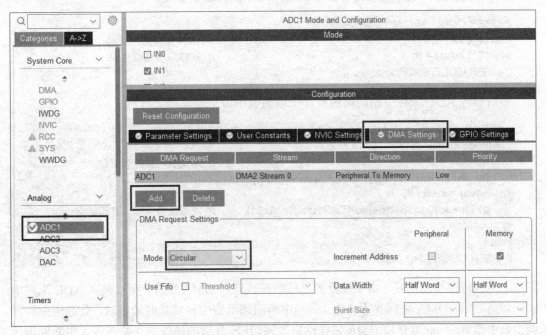

图 5-14 为 AD 采样添加 DMA 设置

然后选择参数页面设置 DMA 连续采样请求，如图 5-15 所示。

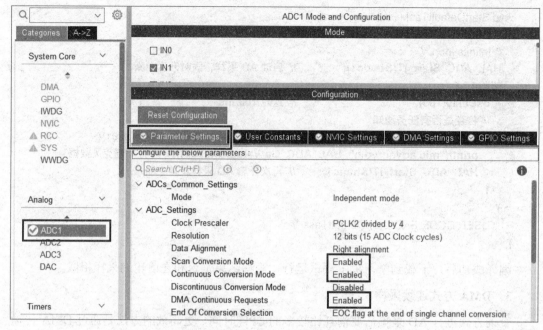

图 5-15 使能 DMA 连续采样请求

设置完成后,重新导出生成 MDK 工程 EX03,打开该工程后,修改 freertos.c 文件,添加 DMA 采样数据缓冲和采样均值滤波结果两个全局变量定义:

```
/* USER CODE BEGIN Variables */
uint16_t val[8];                                // DMA 采样数据缓冲
uint16_t adval = 0;                             // 采样均值滤波结果
/* USER CODE END Variables */
```

然后修改 ADC 采样中断回调函数,在该函数中做均值滤波处理:

```
void HAL_ADC_ConvCpltCallback(ADC_HandleTypeDef* hadc) {
  if (hadc == &hadc1)    {
    int sum = 0;                                // 定义临时累加和变量
    for (int i = 0; i < 8; ++i)    sum += val[i];
    adval = sum / 8;                            // 计算均值
    osThreadFlagsSet(defaultTaskHandle, 0x01);  // 发送任务通知,打印结果
  }
}
/* USER CODE END Application */
```

上述代码要注意的是,由于设置的是环回模式连续 DMA 采样,所以进入 ADC 采样中断回调函数后,DMA 采样并不会停止。当中断回调函数中计算耗时较多时,会造成中断回调函数中读取的 val 数据被 DMA 采样动态改写。比较合适的操作方法是在进入中断回调函数后先暂停 DMA 采样,计算结束后再开启 DMA 采样。

最后,修改 StartDefaultTask 任务函数,在任务循环之前启动 DMA 采样,然后在任务中每隔 100 ms 监测是否有任务通知,有通知时打印采样值:

```
void StartDefaultTask(void *argument) {
  /* USER CODE BEGIN StartDefaultTask */
  /* Infinite loop */
  HAL_ADC_Start_DMA(&hadc1, (uint32_t *)val, 8);   // 启动 DMA 采样
  for(;;) {
    osDelay(100);
    // 判断是否有任务通知，通知来到时打印采样数据
    if (osThreadFlagsWait(0x01, osFlagsWaitAny, osWaitForever) == 0x01)
      printf("mic adval:%d\n", adval);
  }
  /* USER CODE END StartDefaultTask */
}
```

编译成功后，下载程序到学习板上测试运行，与之前的采样示例对比观察结果，本节应用示例演示完成。

5.4 单总线温度传感器应用

DS18B20 数字温度计是 DALLAS 公司生产的 1-Wire，即单总线器件，它具有线路简单、体积小的特点。其电压适用范围宽（3～5 V），用户还可以通过编程实现 9～12 位的温度读数，即具有可调的温度分辨率，因此它的实用性和可靠性比较高。

如图 5-16 所示，为本次示例应用到的 DS18B20 温度采集模块实物图和学习板接口，DS18B20 传感器模块接入学习板插座时，需注意将传感器模块的 VCC 引脚连接到学习板 3.3V 电源接口，不要接反。

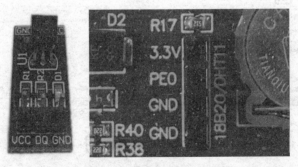

图 5-16　DS18B20 模块图与学习板上接口

本书配套学习板资料中已经提供了 DS18B20 温度传感器的驱动文件包 DS18B20.zip，将该压缩包解压缩能得到一个名为 DS18B20 的文件夹，里面有两个温度传感器驱动程序源码文件：DS18B20.H 和 DS18B20.C 文件。

将 DS18B20 文件夹复制到 EX03 工程目录下的 Drivers 子目录中，如图 5-17 所示。

接下来，如图 5-18 所示，回到 EX03 示例的 CubeMX 工程，添加一个 GPIO 端口，设置 PE0 为输出端口，标签名称命名为 DATA，和 DS18B20 驱动程序中要求的端口标签名称一致。

重新生成 MDK 工程，然后在 MDK 中打开该工程，如图 5-19 所示，将 DS18B20 驱动程序源码添加到工程中。

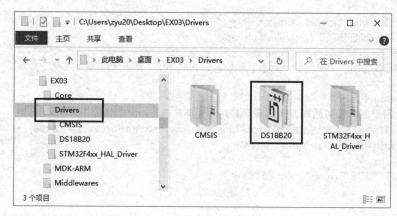

图 5-17 添加温度传感器驱动程序到工程目录下

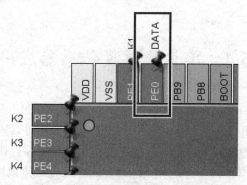

图 5-18 设置温度传感器单总线接口引脚

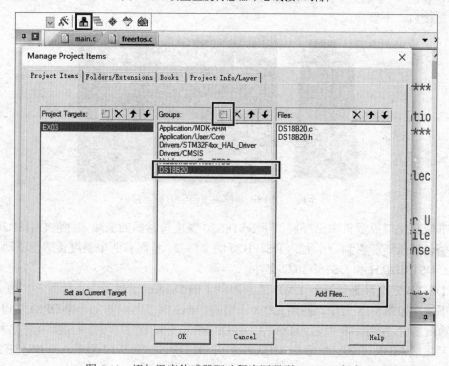

图 5-19 添加温度传感器驱动程序源码到 MDK 工程中

同时，还需要设置工程选项中的 C/C++ 页面，将 DS18B20 源码所在路径添加到工程包含路径列表中，如图 5-20 所示。

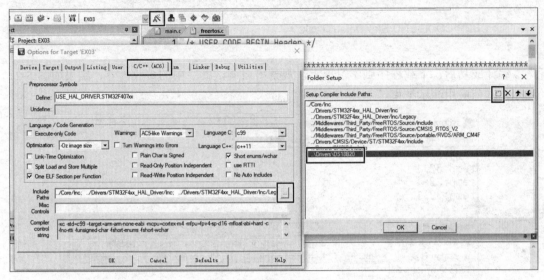

图 5-20　添加温度传感器源码路径到工程包含路径列表中

设置完成后，回到 MDK 主界面，双击左侧工程文件列表中的 DS18B20.h 文件，可以看到，在该头文件中提供了两个可调用函数：

```
#ifndef __DS18B20_H__
#define __DS18B20_H__

#include "main.h"

void ds18b20_init(void);              // 温度传感器初始化
float ds18b20_read(void);             // 读取传感器温度数据，有效范围为-55～125

#endif
```

最后，打开 freertos.c 文件，在 StartDefaultTask 任务函数中添加代码定时打印读取的温度数值：

```
/* USER CODE BEGIN Includes */
#include "stdio.h"
#include "gpio.h"
#include "adc.h"
#include "DS18B20.h"                  // 包含头文件
/* USER CODE END Includes */
...
void StartDefaultTask(void *argument) {
  /* USER CODE BEGIN StartDefaultTask */
  /* Infinite loop */
  ds18b20_init();                     // 初始化温度传感器模块
```

```
for(;;) {
    osDelay(1000);                              // 延时 1 s
    printf("temp:%.1f\n", ds18b20_read());      // 打印读取的温度数据
}
/* USER CODE END StartDefaultTask */
}
```

编译成功后,下载程序到学习板上,观察串口调试助手中的接收内容,结果如图 5-21 所示,本节应用演示结束。

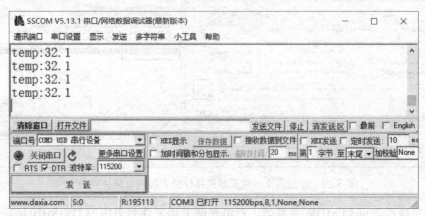

图 5-21 温度传感器应用示例演示结果

5.5 IIC 接口陀螺仪传感器应用

MPU6050 是 InvenSense 公司推出的一款整合性 6 轴运动处理组件,相较于多组件方案,免除了组合陀螺仪与加速器时之轴间差的问题,减少了安装空间。而且 InvenSense 公司的数字运动处理器硬件加速引擎(DMP)能够非常方便地实现姿态结算,降低了运动处理运算对操作系统的负荷。MPU6050 传感器模块实物和学习板右上角对应的 IIC 接口如图 5-22 所示。

图 5-22 MPU6050 传感器模块与学习板对应接口示意图

在图 5-22 中,学习板的 IIC 接口对应传感器模块右边 4 个引脚,PB7 对接模块 SDA 引脚,PB6 对接模块 SCL 引脚,GND 对接模块 GND 引脚,3.3V 对接模块 VCC 引脚,注意不要插反。如果模块左边 4 个引脚也有焊接,注意这 4 个引脚在不使用时不能拉低,否

则会影响模块正常工作。

本书配套学习板资料中已经提供了 MPU6050 陀螺仪传感器的驱动文件包 MPU6050.zip，将该压缩包解压缩能得到一个名为 MPU6050 的文件夹，里面包含了 10 个 MPU6050 的驱动程序和 DMP 加速引擎源码文件。

将整个文件夹复制到 EX03 工程目录下的 Drivers 子目录中，如图 5-23 所示。

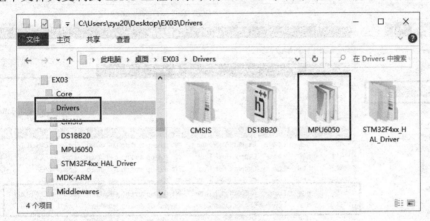

图 5-23　复制 MPU6050 驱动程序到工程目录下

接下来，如图 5-24 所示，回到 EX03 示例的 CubeMX 工程，添加两个 GPIO 端口，设置 PB6 和 PB7 为输出端口，标签名称分别命名为 I2C_SCL（PB6）和 I2C_SDA（PB7），和 MPU6050 驱动程序中要求的端口标签名称一致。

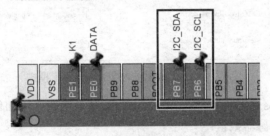

图 5-24　CubeMX 中设置软件 IIC 接口所用引脚

同时，还需要将 PB6、PB7 这两个引脚的输出模式设置为开漏输出，如图 5-25 所示。

重新生成 MDK 工程，然后在 MDK 中打开该工程后，和上一节类似，要在 MDK 工程中添加对应的文件组 MPU6050 并且加入源码文件，然后再将 MPU6050 源码所在目录加入工程包含路径列表，此处参考上一节图 5-19 和图 5-20 的图示操作，不再重复。

设置完成后，回到 MDK 主界面，双击左侧工程文件列表中的 MPU6050.h 文件，可以看到，在该头文件中提供了 3 个可调用函数和几个全局变量：

```
#include "inv_mpu.h"
#include "inv_mpu_dmp_motion_driver.h"
#include "STM32_I2C.h"

int MPU_init(void);                    // 初始化 MPU6050 模块，返回 0 表示失败
```

```
void MPU_getdata(void);                          // 获取六轴数据和姿态角,更新全局变量
void MPU6050_ReturnTemp(float*Temperature);      // 读取 MPU6050 器件温度

extern float q0, q1, q2, q3;                     // 四元数
extern __IO float fAX, fAY, fAZ;                 // 姿态角(pitch 俯仰角, roll 滚转角, yaw 偏航角)
extern __IO short ax, ay, az, gx, gy, gz;        // 三轴加速度、三轴角速度数据
```

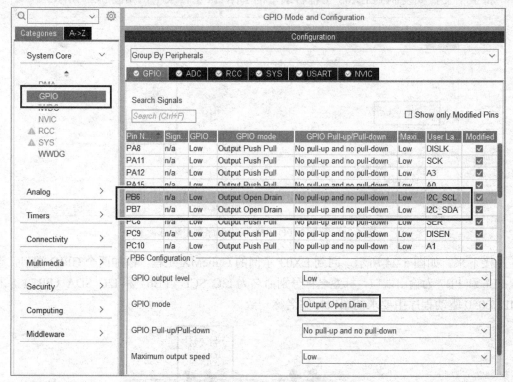

图 5-25　设置 PB6 和 PB7 为开漏输出模式

最后,打开 freertos.c 文件,在 StartDefaultTask 任务函数中添加代码定时打印读取的温度数值和 MPU6050 传感器数值:

```
/* USER CODE BEGIN Includes */
#include "stdio.h"
#include "gpio.h"
#include "adc.h"
#include "DS18B20.h"
#include "MPU6050.h"                             // 添加 MPU6050 头文件
/* USER CODE END Includes */
...

void StartDefaultTask(void *argument) {
  /* USER CODE BEGIN StartDefaultTask */
  /* Infinite loop */
  ds18b20_init();                                // 初始化 DS18B20 温度传感器模块
  int mpuok = MPU_init();                        // 初始化 MPU6050 传感器模块
  int cnt = 0;
```

第 5 章 简单外设应用

```
    while (!mpuok && cnt < 3) {           // 如果 MPU 初始化不成功,再尝试初始化 3 次
        osDelay(500);
        mpuok = MPU_init();
        ++cnt;
    }
    for(;;) {
        osDelay(100);                     // 延时调小,保证 MPU 数据读取正常
        printf("temp:%.1f\n", ds18b20_read());  // 打印读取的温度数据
        if (mpuok) {
            MPU_getdata();                // 读取传感器数据
            printf("axyz:%6d,%6d,%6d, gxyz:%6d,%6d,%6d\n", ax, ay, az, gx, gy, gz);
        }
    }
    /* USER CODE END StartDefaultTask */
}
```

编译成功后,学习板插好传感器模块,然后下载程序到学习板上,调整学习板不同的姿态,观察串口调试助手中的接收内容,结果如图 5-26 所示,本节应用演示结束。

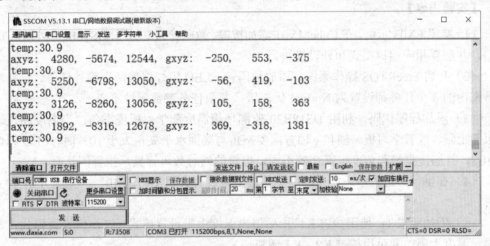

图 5-26 陀螺仪传感器和温度传感器数据读取结果

实验 3 声控延时亮灯实验

【实验目标】

熟悉基于 HAL 库的 ADC 数据采样功能,基于学习板、麦克风、数码管和 LED 灯外设,设计实现一个声控延时亮灯应用。

【实验内容】

(1)参照 EX03 示例,在 CubeMX 中添加 LED 灯、按键、数码管和麦克风端口,并配置相应端口模式和外设模块。

(2)开启 FreeRTOS 操作系统,添加数码管、LED 灯两个额外任务,包括默认任务在内的 3 个任务都设置为 Normal 优先级,其余任务参数保持不变。

（3）添加程序代码，利用麦克风监测环境声音，当采样数据超过某个阈值时点亮 8 个 LED 灯，并在数码管上做 10 s 倒计时显示，倒计时结束时 LED 灯熄灭。

（4）在倒计时过程中，如果采样数据又超过阈值，重新开始 10 s 倒计时，防止 LED 灯过早熄灭。

（5）附加要求：使用按键 K1 进入/退出设置模式，在设置模式，数码管显示阈值大小，并可用按键 K2、K3 调整阈值。设置模式下 LED 灯一直熄灭，退出设置模式后重新开始声控亮灯功能。

实验 4 温度报警与倾角监测实验

【实验目标】

熟悉基于 HAL 库的传感器应用，基于 DS18B20 和 MPU6050 传感器，设计实现一个具有温度报警和倾角监测的传感器应用。

【实验内容】

（1）参照 EX03 示例，在 CubeMX 中添加按键、数码管、LED 灯、DS18B20 和 MPU6050 端口，并配置相应端口模式和外设模块。

（2）开启 FreeRTOS 操作系统，添加数码管、LED 闪灯报警两个额外任务，包括默认任务在内的 3 个任务都设置为 Normal 优先级，其余任务参数保持不变。

（3）添加程序代码，利用 DS18B20 监测环境温度和学习板姿态角，当温度超过设定的报警上限，或者学习板 x 轴和 y 轴方向姿态角与桌面水平夹角大于 10°时，LED 闪灯报警 10 s，且温度报警和角度报警灯效不同，报警的同时数码管显示报警倒计时。

（4）在倒计时过程中，如果温度又超过上限或者夹角又超过 10°，重新开始 10 s 倒计时。

（5）附加要求 1：使用按键 K1 进入/退出温度上限设置模式，在温度设置模式，数码管显示温度上限，并可用按键 K2、K3 调整。

（6）附加要求 2：使用按键 K4 进入/退出角度上限设置模式，在角度设置模式，数码管显示角度上限，并可用按键 K2、K3 调整。

（7）两种设置模式下 LED 闪灯报警关闭，退出设置模式后重新开始进行温度和倾角监测。

习　题

1. STM32 的 GPIO 输入模式，上拉（Pull-up）输入和下拉（Pull-down）输入有什么区别？

2. 查阅资料，STM32 的 GPIO 输出模式，推挽（Push Pull）输出和开漏（Open Drain）输出有什么区别，分别对应什么应用场景？

3. 本章的按键与外部中断示例中,当按键动作触发外部中断后,使用了 FreeRTOS 的什么功能实现了中断与任务之间的通信?中断回调函数中的按键消抖延时如果过长,会对数码管显示造成什么影响?

4. 对于 STM32 的 ADC 外设,当送给 ADC 的时钟频率(PCLK2)为 72 MHz,分频系数为 2,设置通道 1 的采样时间为 3 Cycles,请计算此情况下的 ADC 数据采集频率。

5. 查看学习板手册,STM32 单片机的 PB4 引脚连接了一个无源蜂鸣器,需要单片机输出连续脉冲才能让蜂鸣器鸣叫。设想在不使用定时器的情况下,如何设计任务函数,实现蜂鸣器的鸣叫控制功能?

6. 如果要同时采集温度和麦克风数据,并且能用按键切换数码管上的显示内容,应该如何设计 FreeRTOS 的任务数量和分配各个任务的分工,各任务的优先级如何安排?

第 6 章　串口通信应用

串行接口简称串口，也称串行通信接口（通常指 COM 接口），是采用串行通信方式的扩展接口。串口通信可以分为同步串行通信方式和异步串行通信方式两种，其中同步串行是指 SPI（serial peripheral interface）的缩写，顾名思义，就是串行外围设备接口。SPI 总线系统是一种高速、全双工、同步的通信总线，它可以使 MCU 与各种外围设备以串行方式进行通信和交换信息。

异步串行是指 UART（universal asynchronous receiver/transmitter，通用异步接收/发送）。UART 包含 TTL 电平的串口和 RS232 电平的串口。TTL 电平是 3.3 V 的，而 RS232 是负逻辑电平，它定义+5～+12 V 为低电平，而-12～-5 V 为高电平，通常，PC 串口（RS232 电平）与单片机串口（TTL 电平）之间通信需要添加 MAX232 这样的电平转换芯片。

如图 6-1 所示，因为计算机原有的 DB9 接口太占空间，现今的嵌入式设备和大多数开发板都采用外置 USB 转 232 器件，将单片机这边的 UART 串口转接到计算机 USB 口上，然后在计算机这边使用串口工具软件访问 USB 转接器件虚拟出来的 USB 串口，即可实现计算机和单片机之间的串口通信。

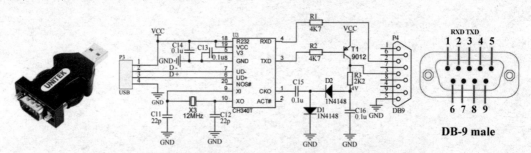

图 6-1　使用 USB 转 232 器件连接单片机 UART 串口与计算机 USB 口

6.1　学习板虚拟串口概述

本书所配学习板上的 DAP 下载器支持将 STM32F4 器件的串口 1 连接到左侧的 USB Type-C 接口并虚拟为一个 USB 串口。如图 6-2 所示，在 Windows 10 系统中可自动识别出该串口（Windows 7、Windows 8 系统上需要安装 USB 虚拟串口驱动）。

本章示例 EX04 将使用 Windows 下的串口调试助手软件和学习板进行串口通信，实现一个串口控制的流水灯演示示例，注意学习板上的调试串口跳线必须接上。

启动 CubeMX 新建一个 STM32F407VET6 的工程，工程命名为 EX04。参考 EX03 工程，添加 8 个 LED 灯输出端口，然后设置好 RCC 外部晶振，SYS 模块启用 SWD 调试和滴答定时器时钟源之后，启用 FreeRTOS 操作系统，添加一个串口任务 TaskUart 和消息队列 QueueUart1，如图 6-3 所示。

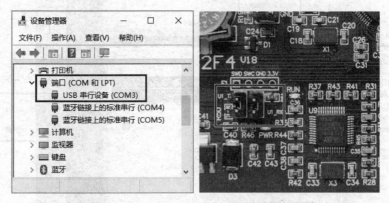

图 6-2　USB 虚拟串口与学习板上的串口跳线

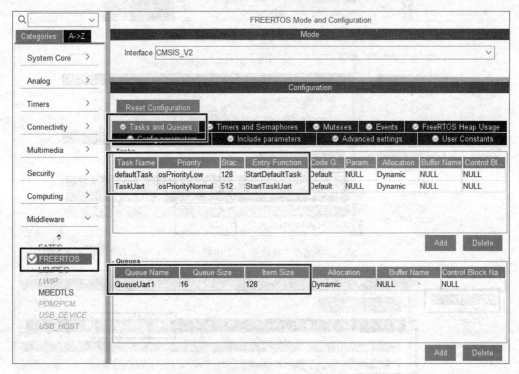

图 6-3　FreeRTOS 任务和队列设置

展开 CubeMX 主界面下的 Connectivity 栏目，如图 6-4 所示，可以看到 STM32F4 器件所提供的串口组件。和 5.3.1 节类似，选择 USART1 模块，并设置其工作模式为异步（Asynchronous）通信模式。保持其默认的参数不变，如图 6-4 所示，可以观察到右侧器件图中自动添加了 PA9 和 PA10 两个收发端口。

如果需要使用中断方式进行数据收发，还需要设置串口中断。如图 6-5 所示，切换到 USART1 的中断设置页面，使能串口中断，设置中断优先级为 5。

为方便后续演示串口 DMA 通信，此处再添加设置串口 DMA 接收请求，如图 6-6 所示。

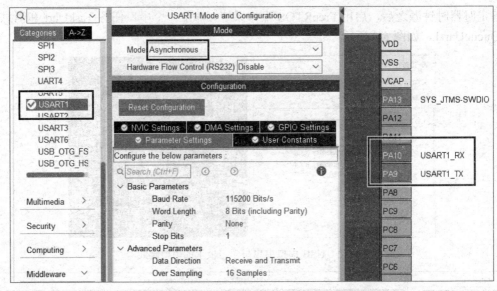

图 6-4 添加 USART1 串口组件

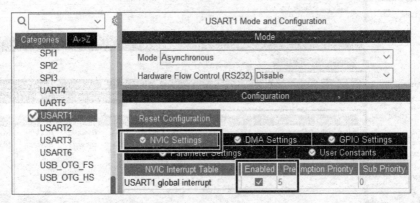

图 6-5 使能串口 1 中断

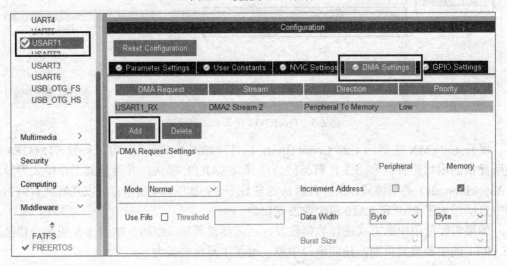

图 6-6 添加串口 1 的 DMA 接收请求

设置完成后，导出 MDK 工程，命名为 EX04，用 MDK 打开该工程，如图 6-7 所示，可以看到左侧工程文件列表中多出了 gpio.c、usart.c 和 dma.c 3 个外设文件。参照 5.3.1 节内容，打开 usart.c 文件，向文件中添加 printf 打印到串口输出的 fputc 重载函数，至此已完成 printf 打印内容到串口 1 的重定向操作。

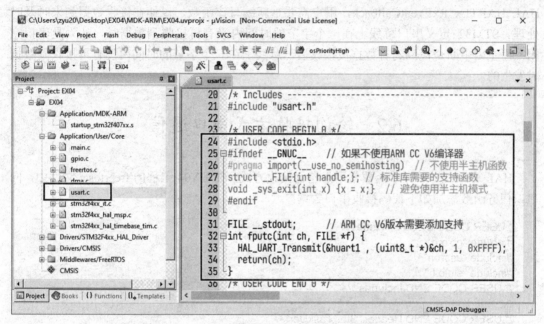

图 6-7　EX04 工程文件列表及添加 printf 输出到串口 1

HAL 库中提供的串口操作函数如表 6-1 所示。发送数据时通常使用 HAL_UART_Transmit 函数，而接收数据时根据接收方法不同，在不同的应用场景采用不同的接收函数。

表 6-1　HAL 库中的串口 API 函数

函数名称	说　明
HAL_UART_Transmit	串口发送数据
HAL_UART_Receive	串口接收数据
HAL_UART_Transmit_IT	串口带中断方式发送数据
HAL_UART_Receive_IT	串口带中断方式接收数据
HAL_UART_Transmit_DMA	串口 DMA 方式发送数据
HAL_UART_Receive_DMA	串口 DMA 方式接收数据
HAL_UARTEx_ReceiveToIdle	串口接收数据，空闲或超时退出
HAL_UARTEx_ReceiveToIdle_IT	串口带中断方式接收数据，空闲时进入中断事件回调函数
HAL_UARTEx_ReceiveToIdle_DMA	串口 DMA 方式接收数据，空闲时进入中断事件回调函数
HAL_UART_IRQHandler	串口中断服务函数
HAL_UART_TxCpltCallback	串口发送中断回调函数
HAL_UART_RxCpltCallback	串口接收中断回调函数
HAL_UARTEx_RxEventCallback	串口接收空闲中断事件回调函数

从表 6-1 中可以看出，STM32 的串口通信方式大致有轮询、中断和 DMA 3 种方式，而且 DMA 接收方式也需要开启串口中断。轮询方式适合简单的串口通信，但是在复杂多任务系统中不适合使用，数据接收会受到高优先级任务影响，或者影响其他低优先级任务。

中断和 DMA 接收方式都需要调用接收中断回调函数 HAL_UART_RxCpltCallback 或者 HAL_UARTEx_RxEventCallback，用户需要重新编写该函数，以便在接收数据到来时及时处理。STM32 定义串口总线上在一个字节的时间内没有再接收到数据时，认为是串口空闲；而空闲中断是检测到有数据被接收后，总线上在一个字节的时间内没有再接收到数据时发生的。

6.2 轮询接收方式串口通信

HAL_UART_Receive 函数常用于轮询接收方式，在 EX04 工程的 freertos.c 文件中，向串口任务函数添加如下代码接收串口数据：

```
* USER CODE BEGIN Includes */
#include "gpio.h"
#include "usart.h"
#include "stdio.h"
/* USER CODE END Includes */
...
/* USER CODE END Header_StartTaskUart */
void StartTaskUart(void *argument) {
  /* USER CODE BEGIN StartTaskUart */
  uint8_t ch;                                          // 临时变量
    for(;;) {
      if (HAL_UART_Receive(&huart1, &ch, 1, 10) == HAL_OK)  // 读取 1 B 数据
        printf("%c", ch);                              // 打印接收字符
  //    osDelay(1);                                    // 不能加延时，加了会丢字符
    }
  /* USER CODE END StartTaskUart */
}
```

添加上述串口任务代码后，编译下载测试结果如图 6-8 所示，程序能把接收到的串口数据从串口回送出来。但是如果把测试字符串加长，就会发现接收数据不全，这是因为在任务函数中，printf 打印数据时如果刚好有串口数据过来就会漏接。

相比每次单个字节的接收处理方式，采用 HAL_UARTEx_ReceiveToIdle 函数进行轮询接收处理的方式会更好一点，修改串口任务函数功能代码如下：

```
/* USER CODE END Header_StartTaskUart */
void StartTaskUart(void *argument) {
  /* USER CODE BEGIN StartTaskUart */
  uint8_t buf[128];                                    // 定义接收缓冲数组
  uint16_t len;                                        // 定义临时变量，表示接收数据长度
    for(;;)  {
      if (HAL_UARTEx_ReceiveToIdle(&huart1, buf, 128, &len, 10) == HAL_OK){
```

```
        buf[len] = '\0';          // 接收数据末尾加字符串结束符
        printf("%s", buf);         // 打印接收字符串
    }
    // osDelay(1);                 // 延时不能加，容易丢数据
}
/* USER CODE END StartTaskUart */
}
```

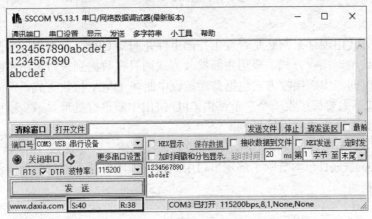

图 6-8 轮询接收方式测试结果

从上述代码可以了解到，HAL_UARTEx_ReceiveToIdle 函数从串口 1 中开始接收数据后，自动将接收数据连续存储到指定的接收缓冲数组内，当接收完指定字节数或者串口空闲函数返回，返回时更新参数 len 变量的数值（实际接收数据长度），最后一个参数表示接收超时等待 10 ms。

重新编译工程，下载测试结果如图 6-9 所示，可以看到，使用空闲超时轮询接收方式的结果比图 6-8 所示方式好很多，没出现数据丢失情况。

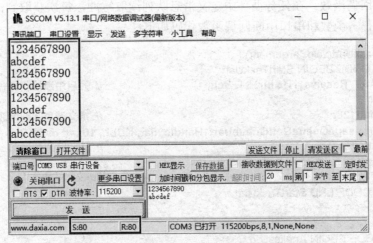

图 6-9 空闲超时轮询接收方式测试结果

串口轮询接收方式的程序设计较为简单，但是因为轮询需要周期地、连续地检查外部事件是否发生，所以轮询会消耗较多的 CPU 处理时间。而且轮询过程因为需要和其他功能

代码结合，当 CPU 需要处理其他事件（可能是无关紧要的）时间较长时，可能会造成轮询丢失关键事件。因此，串口的轮询接收方式适用于处理对时间响应要求较低的场合，在多任务处理场景中不推荐使用轮询接收方式。

6.3 中断接收方式串口通信

中断接收方式由硬件来判断是否发生外部事件并通知 CPU，有专用的中断服务程序来处理事件。相比轮询接收方式，采用中断接收方式则只在数据到来时进出中断，节省了大量的轮询等待时间。中断接收方式包括普通接收中断和 DMA 接收方式，两者区别在于：DMA 接收方式不需要每接收一个字节都由 CPU 进出中断进行处理，减少了中断发生的次数，适合大数据量通信的应用场景。

在本章的 6.1 节中，如图 6-3 所示，已经为工程创建了一个深度 16、单元字节数 128 的消息队列 QueueUart1，本节除了演示串口中断接收，还将基于消息队列演示串口中断和任务之间的数据通信。

6.3.1 串口接收中断示例

中断方式需要用到接收缓冲，可以先在 freertos.c 文件中定义全局变量，代码如下：

```c
/* USER CODE BEGIN Variables */
uint8_t ch;    // 接收缓冲变量
/* USER CODE END Variables */
```

然后在串口任务函数的循环开始前启动串口中断接收方式，每接收到 1 个字节进入中断，调用中断回调函数。在任务循环中定义消息队列读取缓冲，每次获取到消息时将其打印出来。串口任务函数和串口中断回调函数代码如下：

```c
void StartTaskUart(void *argument) {
    /* USER CODE BEGIN StartTaskUart */
    HAL_UART_Receive_IT(&huart1, &ch, 1);        // 开启中断接收方式
    for(;;)   {
        char dat[128];                           // 定义消息队列读取缓冲
        if (osMessageQueueGet(QueueUart1Handle, dat, NULL, 10) == osOK)
            printf("%s", dat);                   // 打印获取的消息
        osDelay(1);
    }
    /* USER CODE END StartTaskUart */
}
...
/* USER CODE BEGIN Application */
void HAL_UART_RxCpltCallback(UART_HandleTypeDef *huart) {
    if (huart == &huart1)   {
        uint8_t buf[128] = {0};                  // 定义消息发送缓冲
        buf[0] = ch;                             // 写入接收的串口数据
```

```
    osMessageQueuePut(QueueUart1Handle, buf, NULL, 0);// 发送消息
    HAL_UNLOCK(huart);                               // 解锁串口状态
    HAL_UART_Receive_IT(huart, &ch, 1);              // 重新开始中断接收
  }
}
/* USER CODE END Application */
```

上述示例代码中,每次串口接收到 1 个字节数据后触发串口中断,调用串口接收回调函数,程序在回调函数中将接收到的 1 个字节内容作为消息发送到消息队列中,同时重新启动中断接收,而在串口任务中循环获取消息队列,有消息则将其内容打印出来。

编译工程,程序下载测试结果表明,测试字符串长度 16 B 以下时,接收数据完整,但是测试字符串长度超过 16 B 时有比较明显的数据丢失现象。原因在于消息队列深度只有 16,而每次接收到 1 个字节数据时就向队列发送一次消息,因此测试字符串长度超 16 B 时很可能因为消息队列填满溢出而导致数据丢失。

对于这种情况,使用 HAL_UARTEx_ReceiveToIdle_IT 函数就比较适合,该函数仅指定接收数据缓冲大小,当开始接收数据并超时空闲后才进入串口中断并调用接收中断空闲回调函数 HAL_UARTEx_RxEventCallback。

修改 freertos.c 文件,在文件开头添加接收缓冲数组定义:

```
/* USER CODE BEGIN Variables */
uint8_t rx_buf[128];                                 // 接收缓冲数组
/* USER CODE END Variables */
```

然后修改串口任务函数,在循环开始前开启空闲超时接收中断方式,并添加空闲回调函数代码:

```
void StartTaskUart(void *argument) {
  /* USER CODE BEGIN StartTaskUart */
  HAL_UARTEx_ReceiveToIdle_IT(&huart1, rx_buf, 127);  // 开启空闲超时接收中断
  for(;;)  {
    char dat[128];
    if (osMessageQueueGet(QueueUart1Handle, dat, NULL, 10) == osOK)
      printf("%s", dat);
    osDelay(1);
  }
  /* USER CODE END StartTaskUart */
}
...
/* USER CODE BEGIN Application */
void HAL_UARTEx_RxEventCallback(UART_HandleTypeDef *huart, uint16_t Size){
  if (huart == &huart1) {
    rx_buf[Size] = '\0';                              // 接收数据末尾添加字符串结束符
    osMessageQueuePut(QueueUart1Handle, rx_buf, NULL, 0); // 发送消息
    HAL_UNLOCK(huart);                                // 解锁串口状态
    HAL_UARTEx_ReceiveToIdle_IT(&huart1, rx_buf, 127); // 再次开启接收
  }
}
/* USER CODE END Application */
```

编译工程后，程序下载测试结果如图 6-10 所示，可以看到测试结果良好。需要注意的是，以上示例代码适用于字符串收发场景，如果要收发任意字节数据，程序还需进行优化调整。

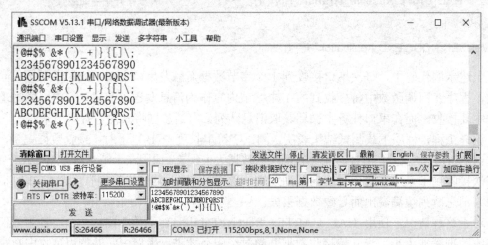

图 6-10 串口空闲中断接收方式测试结果

6.3.2 DMA 空闲中断示例

DMA 全称 direct memory access，即直接存储器访问的简称。DMA 传输将数据从一个地址空间复制到另外一个地址空间，CPU 只需初始化 DMA 即可，传输动作本身是由 DMA 控制器来实现和完成。当 DMA 传输完成的时候将产生一个中断，通知 CPU 它的传输操作已经完成，然后 CPU 就可以去处理数据了。使用 DMA 能够提高 CPU 的利用率，省去了 CPU 搬运数据的时间，对于高效能嵌入式系统算法和网络应用非常重要。

本小节示例，应先参考图 6-6，在 CubeMX 中为串口 1 设置 DMA 接收请求。打开 main.c 文件，确认 main()函数中 DMA 初始化动作先于串口初始化动作执行，如果不是，需要手动调整一下，两条初始化语句顺序如下：

```
/* Initialize all configured peripherals */
MX_GPIO_Init();                    // GPIO 端口初始化
MX_DMA_Init();                     // DMA 初始化
MX_USART1_UART_Init();             // 串口初始化
/* USER CODE BEGIN 2 */
```

对于串口 DMA 接收，可以使用 HAL_UART_Receive_DMA 函数开启 DMA 接收，或使用 HAL_UARTEx_ReceiveToIdle_DMA 函数开启 DMA 接收并同时开启空闲中断。前一个函数功能为设置串口通过 DMA 接收指定长度的数据，对长度不定的数据接收不够方便，推荐使用后一个函数进行 DMA 接收。

使用 HAL_UARTEx_ReceiveToIdle_DMA 函数通常用于接收长度不定的串口数据，该函数开启串口 DMA 接收的同时还开启了串口空闲中断，当 DMA 接收指定数据完成或者串口空闲时将调用 HAL_UARTEx_RxEventCallback 回调函数。在 freertos.c 文件中，接收缓冲数组不变，修改串口任务函数和空闲事件中断回调函数代码如下：

```
void StartTaskUart(void *argument) {
/* USER CODE BEGIN StartTaskUart */
  HAL_UARTEx_ReceiveToIdle_DMA(&huart1, rx_buf, 128);      // 开启 DMA 空闲中断接收
  for(;;)   {
    char dat[128];
    if (osMessageQueueGet(QueueUart1Handle, dat, NULL, 10) == osOK)
      printf("%s", dat);
    osDelay(1);
  }
  /* USER CODE END StartTaskUart */
}
...

void HAL_UARTEx_RxEventCallback(UART_HandleTypeDef *huart, uint16_t Size){
  if (huart == &huart1) {
    HAL_UART_DMAStop(huart);    // 暂停 DMA 接收数据
    rx_buf[Size] = '\0';        // 接收数据末尾补字符串结束符
    osMessageQueuePut(QueueUart1Handle, rx_buf, NULL, 0);  // 发送消息队列
    __HAL_UNLOCK(huart);        // 串口解锁
    HAL_UARTEx_ReceiveToIdle_DMA(&huart1, rx_buf, 128);    // 重新开始接收
  }
}
/* USER CODE END Application */
```

重新编译工程，下载程序到学习板上，设置一次发送字符串长度在 128 B 以内时，无论单次发送还是快速连续发送大量数据，程序都能完整接收。相对而言，使用 DMA 空闲中断接收串口数据效果良好，配合应用消息队列能保证数据接收完整，处理及时。

要注意的是，STM32F4 的 DMA 总线连接的内部 SRAM 存储区只有 IRAM1（地址 0x2000000 开始），这意味着 DMA 接收缓冲使用的缓冲区变量不能放在 IRAM2 存储区（地址 0x1000000 开始）。如果在使用 DMA 方式进行串口数据接收时出现不能接收数据等异常现象，需要先检查接收缓冲区起始地址是否在 IRAM1 存储器上。

6.3.3 流水灯串口通信应用

串口通信测试完成后，接下来在默认任务中添加一个流水灯示例，然后在串口任务中对接收的串口数据进行处理，当接收到字符串"START""STOP"时能够启动、暂停流水灯，然后当接收到字符串"SPEED1"～"SPEED9"时能够实现流水灯速度控制。

首先确认 CubeMX 中已为 EX04 工程添加了 8 个 LED 灯输出端口，然后参照 4.4.3 节在 gpio.c 文件中加入 SetLeds 函数，实现 LED 亮灯函数。接下来回到 freertos.c 文件，修改 StartDefaultTask 任务函数代码如下：

```
void StartDefaultTask(void *argument){
  /* USER CODE BEGIN StartDefaultTask */
  uint8_t sta = 0x01;              // LED 灯初始状态
  SetLeds(sta);
```

```c
    uint8_t dir = 0;                    // 流水灯初始方向
    uint8_t brun = 1;                   // 流水灯工作状态，1 表示运行，0 表示暂停
    uint8_t speed = 5;                  // 流水灯变换速度，1～9 表示变换间隔时间为 0.9～0.1 s
    for(;;) {
        osDelay((10 - speed) * 100);    // 流水灯间隔等待时间
        if (brun) {                     // 如果流水灯运行
            if (dir) {                  // 流水灯左移
                if (sta == 0x01) {      // 左移到底时变换方向
                    sta = 0x02;         dir = 0;
                }
                else    sta >>= 1;
            }
            else {                      // 流水灯右移
                if (sta >= 0x80) {      // 右移到底时变换方向
                    sta = 0x40;         dir = 1;
                }
                else    sta <<= 1;
            }
        }
        SetLeds(sta);                   // 调用亮灯函数，刷新 LED 灯
    }
    /* USER CODE END StartDefaultTask */
}
```

编译工程后，下载程序到学习板上测试运行，可以看到流水灯已经自动运行起来了。接下来修改 StartTaskUart 串口任务函数，添加接收字符串处理代码：

```c
void StartTaskUart(void *argument){
    /* USER CODE BEGIN StartTaskUart */
    HAL_UARTEx_ReceiveToIdle_DMA(&huart1, rx_buf, 128);

    for(;;) {
        char dat[128];
        if (osMessageQueueGet(QueueUart1Handle, dat, NULL, 10) == osOK){
            printf("%s", dat);
            // 对应不同的串口命令，向默认任务发送不同的任务通知
            if (strstr(dat, "START") == dat)
                osThreadFlagsSet(defaultTaskHandle, 0x10);
            else if (strstr(dat, "STOP") == dat)
                osThreadFlagsSet(defaultTaskHandle, 0x20);
            else if (strstr(dat, "SPEED") == dat) {
                uint8_t sp = dat[5] - '0';      // 提取速度数值
                if (sp > 0 && sp < 10)          // 将数值 1～9 发送通知给默认任务
                    osThreadFlagsSet(defaultTaskHandle, sp);
            }
        }
        osDelay(1);
    }
    /* USER CODE END StartTaskUart */
}
```

最后,在默认任务中,添加任务通知获取处理代码如下:

```
void StartDefaultTask(void *argument) {
  /* USER CODE BEGIN StartDefaultTask */
  ...
  SetLeds(sta);

  // 打印 8 个 LED 灯状态
  for (int i = 0; i < 8; ++i)
    printf("%s", (sta & (0x01 << i)) ? "●" : "○");
  printf("\n");

  // 等待并获取任务通知,设置 10 ms 超时,超时返回值大于 0xFF
  uint32_t flag = osThreadFlagsWait(0xFF, osFlagsWaitAny, 10);
  switch (flag) {
    case 0x10:   brun = 1; break;        // 启动流水灯
    case 0x20:   brun = 0; break;        // 暂停流水灯
    default:
      if (flag > 0 && flag < 10)         // 流水灯速度
        speed = flag;
      break;
  }
}
/* USER CODE END StartDefaultTask */
}
```

上述代码中,SetLeds 亮灯函数之后,还使用了一个循环把 8 个 LED 灯的状态打印出来,编译工程下载程序运行结果如图 6-11 所示。

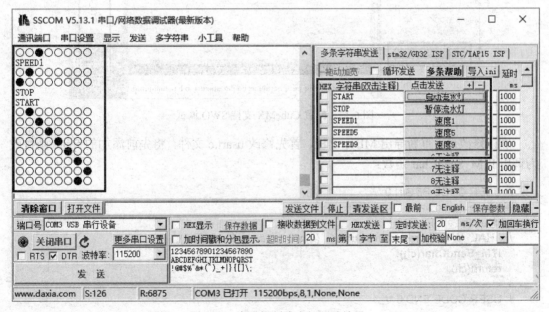

图 6-11 串口控制流水灯测试结果

在串口调试助手中可以看到程序打印出来的流水灯状态，并且向学习板发送对应的控制命令也能够得到及时响应，EX04 示例完成。

6.4 使用 SWO 调试

将调试信息打印输出到串口，通过 PC 上的调试助手等串口终端来查看调试信息，这是嵌入式软件开发的一种常用调试手段。然而在一些特殊的嵌入式应用场景中不能使用串口，从而无法在终端下查看调试信息，此时采用 Cortex-M4 内核的软件调试方法可以达到类似效果。

Cortex-M4 内核提供了一个 ITM（instrumentation trace macrocell，指令跟踪宏单元）接口，通过 SWV（serial wire viewer，串行线查看器）可调试由 SWO 引脚接收到的 ITM 数据。ITM 实现了 32 个通用的数据通道，其中的通道 0 作为终端来输出调试信息。在 core_cm4.h 文件中定义了 ITM_SendChar 函数，因此可通过调用该函数来重写 fputc 函数，从而支持 printf 打印调试信息，并可通过 ITM Viewer 查看这些调试信息。

要使用 SWO 功能，首先硬件设计上需要确认 MCU 的 SWO 引脚和调试器的 SWO 引脚是否相连。本书配套的学习板已经将 STM32F407 的 SWO 引脚（PB3）连接到了板载 DAP 调试器的 SWO 端口，打开 EX04 的 CubeMX 工程后，如图 6-12 所示，在 SYS 模块中将调试选项改为 Trace Asynchronous Sw 模式。

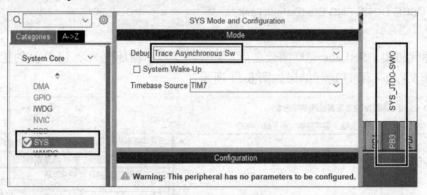

图 6-12 配置 CubeMX 支持 SWO 调试

确认修改后，重新导出 MDK 工程，首先修改 usart.c 文件，将先前添加的 fputc 函数改为调用 ITM_SendChar 函数：

```
/* USER CODE BEGIN 0 */
#include <stdio.h>
int fputc(int ch, FILE *f) {
//   HAL_UART_Transmit(&huart1 , (uint8_t *)&ch, 1, 0xFFFF);
    ITM_SendChar(ch);
    return(ch);
}
/* USER CODE END 0 */
```

重新编译成功后，如图 6-13 所示，修改 EX04 工程调试选项，开启 SWO 调试功能。

第 6 章 串口通信应用

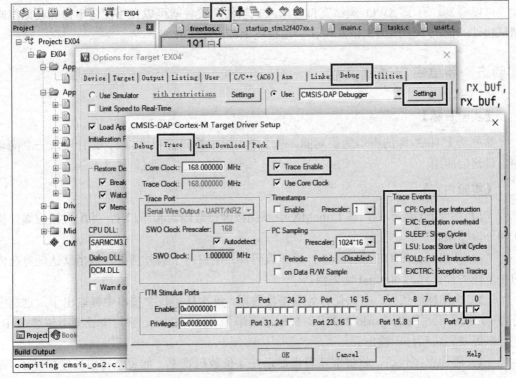

图 6-13 开启 MDK 的 SWO 调试功能

设置完成后，在 MDK 主界面下先按 F8 键下载程序到学习板，然后按 Ctrl+F5 快捷键启动调试模式，按 F5 键连续运行程序，可以看到调试结果如图 6-14 所示。

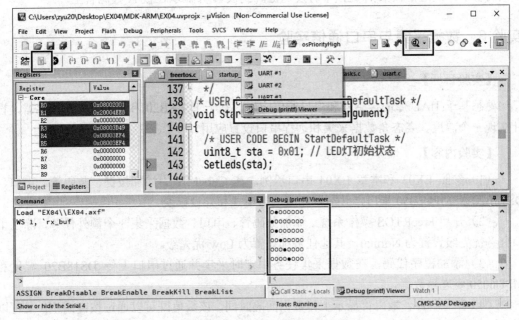

图 6-14 查看 SWO 调试信息

可以看到，有了 SWO 调试支持，嵌入式软件开发者就可以在不配置串口和使用终端调试软件的情况下输出调试信息，在一定程度上减少了工作量。

实验5　简单串口通信实验

【实验目标】

熟悉基于 HAL 库的串口通信功能，基于学习板中数码管和串口1，设计实现一个简单的串口通信应用。

【实验内容】

（1）参照 EX04 示例，在 CubeMX 中添加按键、数码管和串口1，并配置相应端口模式和外设模块。

（2）开启 FreeRTOS 操作系统，添加数码管、串口两个额外任务，包括默认任务在内的3个任务都设置为 Normal 优先级。

（3）添加程序代码，串口任务处理接收数据，每次从接收字符串中提取出十六进制字符串，如接收到"Hello world 2021"，提取字符串为"ED2021"，字符串长度不超过 10 B，字符串提取完成后打印输出。

（4）添加程序代码，将提取字符串显示在4位数码管上，如果字符串长度超过4，那么在数码管上从右往左滚动显示。

（5）附加要求：在 CubeMX 中添加串口2（PA2、PA3），使用杜邦线连接两块学习板串口2（两板交叉对接），设计程序，当板 A 有键按下时发送键码到板 B 并且显示在板 B 数码管上，反之，板 B 有键按下时发送键码到板 A 并显示在板 A 数码管上。

实验6　数据采集与串口通信实验

【实验目标】

熟悉基于 HAL 库的传感器和串口通信应用，基于 DS18B20 和 MPU6050 传感器，设计实现一个温度、姿态角数据采集和远程串口设置应用。

【实验内容】

（1）参照 EX03 和本章 EX04 串口示例，在 CubeMX 中添加按键、数码管、串口、DS18B20 和 MPU6050 端口，并配置相应端口模式和外设模块。

（2）开启 FreeRTOS 操作系统，添加数码管、串口、数据采集3个额外任务，除了串口任务优先级设置为 Normal，其他任务都设置为 Low 优先级。

（3）添加程序代码，在数据采集任务中定时采集并通过串口上传 DS18B20 温度和 MPU6050 姿态角数据。

（4）添加程序，数码管显示上传数据间隔时间，该数值既可以通过按键调整，又可以通过串口下发命令设置。

（5）附加要求：使用另一块学习板 B 接收学习板 A 的上传数据，能提取出温度和 3 个姿态角数据，学习板 B 将提取的数据显示在数码管上，并能通过按键切换显示内容。

习　题

1. 查阅资料，串口通信通常需要设置哪些参数，列举两种常见的串口通信速率？
2. 查看学习板手册和器件资料，统计并列出学习板上能提供的通信串口。
3. STM32 的串口接收方式有轮询、中断和 DMA 3 种方式，这 3 种方式各自有什么优缺点？分别适合哪种应用场景？
4. 什么是 STM32 的串口空闲中断？
5. 什么是 DMA？串口接收中断方式和 DMA 方式有什么区别？
6. 为什么在接收中断回调函数中，接收数据已经保存在接收缓冲数组了，还需要使用消息队列向任务传输接收数据，而不能直接在任务中访问接收缓冲数组？
7. 串口通信容易受到干扰，查阅资料，简述如何在软件层面减少和处理通信干扰带来的数据异常现象。

第 7 章　无线通信应用

嵌入式应用中，受限于场地、接线和应用需求等原因，越来越多的应用场景考虑采用无线通信模块来替代原有的有线通信方式。当前主流的无线通信技术种类繁多、功能各异，包括 RFID、GPRS/LTE、蓝牙、WIFI、ZigBee、LoRa、NB-IoT 和 NFC 等。本章将以蓝牙和 WIFI 两种串口模块的简单应用来进行无线通信实践。

7.1　蓝牙 HC05 通信模块介绍

HC-05 嵌入式蓝牙串口通信模块（以下简称 HC05 蓝牙模块）是由广州汇承信息科技有限公司推出的一款支持蓝牙 2.1+EDR 规范的主从一体的蓝牙串口模块，网上也有一些仿制和兼容 AT 指令的模块，如 BT05 等。当 HC05 蓝牙模块与蓝牙设备配对连接成功后，开发人员可以忽视蓝牙内部的通信协议，直接将蓝牙当作串口用。HC05 具有两种工作模式：命令响应工作模式和自动连接工作模式，在自动连接工作模式下，模块又可分为主（master）、从（slave）和回环（loopback）3 种工作角色。

当模块处于自动连接工作模式时，指示灯快闪，将自动根据事先设定的方式连接数据传输；当模块处于命令响应工作模式时，指示灯慢闪，能执行下述所有 AT 命令，用户可向模块发送各种 AT 指令，为模块设定控制参数或发布控制命令。通过控制模块外部引脚（EN）输入电平，可以实现模块工作状态的动态转换。

常见的 HC05 蓝牙模块有 6 个引脚，其引脚排列如图 7-1 所示，与单片机相连时注意电源不要接错，将 HC05 的 TXD 接单片机串口的 RXD 引脚，HC05 的 RXD 接单片机串口的 TXD 引脚，如果要用到 HC05 的主机模式，还要将 EN 连接到单片机的一个输出端口，STATE 引脚输出蓝牙模块工作状态，仅在从机模式工作时可不接。

图 7-1　HC05 蓝牙模块实物图

如图 7-2 所示，是本书配套学习板上单片机与 HC05 蓝牙模块的连接图，从图中可以看到，HC05 的 EN 与 STM32 单片机的 PD2（输出）相连，VCC 与 3.3V 电源相连，GND 与学习板 GND 地线相连，TXD 与 STM32 单片机的串口 2 接收端（PA3）相连，RXD 与串口 2 发送端（PA2）相连，STATE 与 PD3 端口（输入）相连。如果读者使用其他开发板连接 HC05 模块，也可以自行调整使用的端口，不过要注意在 CubeMX 中重新调整端口配置。

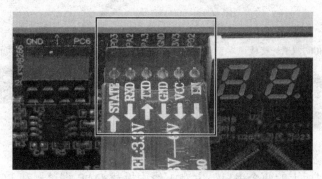

图 7-2　学习板与蓝牙 HC05 模块连接图

7.1.1　HC05 蓝牙模块用法介绍

蓝牙模块通常有两种使用方法。

（1）HC05 蓝牙从设备与手机配对连接。现代智能手机基本都有蓝牙功能，使用手机蓝牙搜索功能找到 HC05 蓝牙模块后即可进行配对，配对成功后就可以使用"蓝牙串口""蓝牙串口助手""蓝牙调试器"等众多安卓 App 与 HC05 蓝牙模块进行通信了。要注意的是，iPhone 手机仅支持 BLE 蓝牙 4.0 以上协议的蓝牙模块，不支持 HC05 蓝牙模块，与 iPhone 手机通信可以考虑用替代型号的 HC04D 蓝牙模块。

（2）HC05 蓝牙从设备与 HC05 蓝牙主设备配对连接。HC05 蓝牙模块可以通过 AT 命令（EN 高电平）将默认的从设备模式改为主设备模式，主设备上电后可以自动连接附近的 HC05 从设备，也可以通过 AT 命令设置要连接的从设备，具体应用可以参考 HC05 指令集。该方法可以实现两个 HC05 蓝牙模块之间的通信，例如，用两块学习板通过蓝牙模块进行无线通信，以互发消息。

7.1.2　HC05 蓝牙模块 AT 指令介绍

要通过 AT 指令设置 HC05，需要在蓝牙模块上电时将模块的 EN 引脚拉高，或者上电时按住模块上 EN 引脚左边的使能按键（见图 7-1），即进入 AT 命令响应状态。命令响应状态下，指示灯每 3 秒慢闪一次，看到指示灯慢闪后，就可以松开使能按键了。

在 AT 命令响应状态下，用户可以通过 HC05 蓝牙模块连接的串口发送 AT 指令进行查询和设置。如果想在电脑的串口调试助手中直接查询和发送 AT 指令给蓝牙模块，有两种方法。

（1）使用专用的 HC05 蓝牙模块 USB 测试转接板，如图 7-3 所示，将模块通过杜邦线插入测试转接板上，然后由转接板接入 PC USB 口，Windows 系统自动识别出一个 USB 串口，用户就可以使用串口调试助手等软件，通过连接这个 USB 串口和蓝牙模块进行查询和设置等操作。

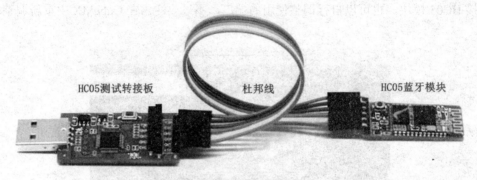

图 7-3　HC05 测试转接板

（2）使用学习板上的两个串口：串口 1 经由板载 DAP 调试器和 PC 相连，虚拟出一个 USB 串口；串口 2 连接 HC05 蓝牙模块。然后编写学习板程序，在串口任务函数中，将串口 1 接收数据转发给串口 2，并将串口 2 接收数据转发给串口 1。这样用户就可以使用串口调试助手软件连接 USB 串口，然后和 HC05 蓝牙模块进行查询和设置操作了。

为方便读者，本章将使用第二种方法，通过编写学习板程序，将串口 1 接收数据转发给 HC05 蓝牙模块，将串口 2 接收到的蓝牙模块数据转发给串口 1，实践过程参见 7.2 节。

AT 指令不区分大小写，均以回车（\r）、换行（\n）结尾，HC05 蓝牙模块的常用 AT 指令如表 7-1 所示，更多的指令介绍参考 HC05 的 AT 指令手册。

表 7-1　HC05 蓝牙模块常用 AT 指令表

功　能	指　　令	响　应	参数说明
测试指令	AT	OK	无
模块复位	AT+RESET	OK	无
恢复默认状态	AT+ORGL	OK	无
获取模块蓝牙地址	AT+ADDR?	+ADDR:\<Param\> OK	Param：模块蓝牙地址
设置模块名称	AT+NAME=\<Param\>	OK	Param：蓝牙设备名称
查询模块名称	AT+NAME?	+NAME:\<Param\> OK	查询名称时 EN 保持高电平
设置模块角色	AT+ROLE=\<Param\>	OK	Param：0 从机角色，1 主机角色，2 回环角色
查询模块角色	AT+ROLE?	+ROLE:\<Param\> OK	
设置配对码	AT+PSWD=\<Param\>	OK	Param：配对码
查询配对码	AT+PSWD?	+PSWD:\<Param\> OK	默认值：1234
设置串口参数	AT+UART=\<Param1\>,\<Param2\>,\<Param3\>	OK	Param1：波特率 Param2：停止位，0~1 Param3：校验位，0~2 默认设置：9600,0,0
查询串口参数	AT+UART?	+UART=\<Param1\>,\<Param2\>,\<Param3\>	

HC05 蓝牙模块恢复出厂后的默认状态为：模块角色为从机角色，串口参数为波特率

38400 b/s、停止位 0、校验位 0，配对码默认为"1234"。因此，如果用户把 HC05 模块恢复出厂状态后，进行 AT 指令设置时，串口 2 连接 HC05 模块的波特率要设置为 38400 b/s。

7.2 蓝牙通信实践

本节将演示 STM32 单片机学习板作为 HC05 蓝牙模块和 PC 之间通信转发器的一个简单示例。首先，复制 6.3 节的 EX04 工程文件夹，将复制文件夹重命名为 EX05（注意路径不要带中文、空格），并将该文件夹中的 EX04.ico 文件重命名为 EX05.ico，将 EX05 中的 MDK-ARM 子目录删除，准备重新生成 STM32 工程。

在 Windows 资源管理器中，双击 EX05.ico 文件启动 STM32CubeMX 打开 Cube 工程，在左侧 Connectivity 栏目中选择 USART2 模块，串口工作模式也设置为 Asynchronous，禁止硬件流控制，器件视图如图 7-4 所示。

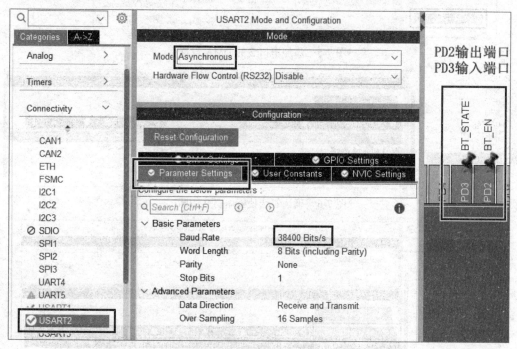

图 7-4　添加串口 2 和两个 GPIO 端口连接 HC05 蓝牙模块

在 USART2 的 Configuration 页面中需要设置 USART2 的波特率，HC05 蓝牙模块的波特率为 38400 b/s（商家或产品来源不同导致默认波特率可能有所不同）。然后在该串口的 DMA 设置页中添加串口收发的 DMA 请求，如图 7-5 所示。

在 USART2 的 NVIC 设置页中，确认勾选使能串口 2 中断，如图 7-6 所示。要注意，USART1 除了波特率保持 115200 b/s，DMA 和中断设置也和 USART2 类似，都是添加接收和发送的 DMA 请求，并且勾选使能串口中断。

打开左侧列表中的 FREERTOS 模块，修改任务队列页面中的设置，如图 7-7 所示。

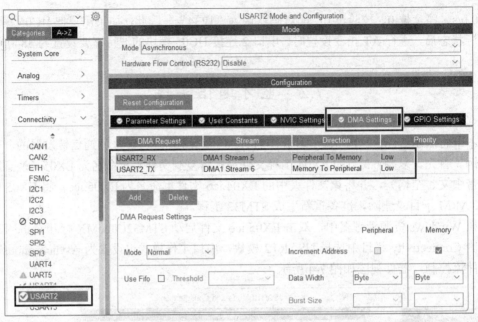

图 7-5 添加串口 2 的 DMA 设置

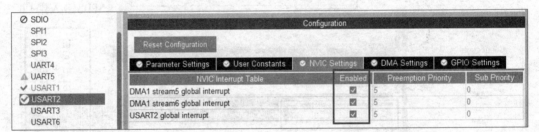

图 7-6 确认勾选使能串口 2 中断

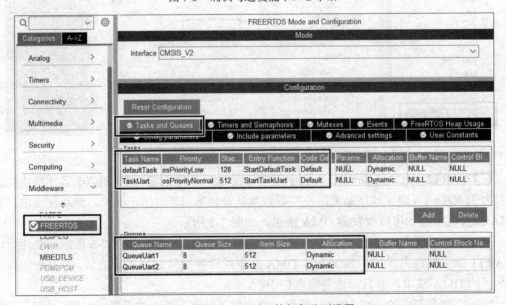

图 7-7 修改 FreeRTOS 的任务队列设置

在 FreeRTOS 任务队列设置中,添加了两个队列,分别对应串口 1 和串口 2 的接收消息传递,单位大小 512 主要考虑到 AT 指令回送的应答消息可能比较长,故而将每次接收消息的大小设定得比较大一点。同理,串口任务的栈空间大小设置为 512 也是基于这个考虑。

最后,导出 EX05 的 MDK 工程后,启动 MDK 打开 EX05 工程,修改 freertos.c 中的串口任务函数,代码如下所示:

```
/* USER CODE BEGIN Variables */
uint8_t rx1_buf[512];                                           // 串口 1 接收缓冲
uint8_t rx2_buf[512];                                           // 串口 2 接收缓冲
/* USER CODE END Variables */
...
void StartTaskUart(void *argument) {
  /* USER CODE BEGIN StartTaskUart */
  HAL_UARTEx_ReceiveToIdle_DMA(&huart1, rx1_buf, sizeof(rx1_buf));
  HAL_UARTEx_ReceiveToIdle_DMA(&huart2, rx2_buf, sizeof(rx2_buf));
  printf("进入 AT 模式!\n");
  HAL_GPIO_WritePin(BT_EN_GPIO_Port, BT_EN_Pin, GPIO_PIN_SET);

  uint8_t dat[512];                                             // 临时数组
  for(;;) {
    // 串口 1 接收数据处理
    if (osMessageQueueGet(QueueUart1Handle, dat, NULL, 10) == osOK) {
      printf("UART1: %s", dat);                                 // 串口 1 打印回显
      HAL_UART_Transmit_DMA(&huart2, dat, strlen((char *)dat)); // 转发串口 2
    }

    // 串口 2 接收数据处理
    if (osMessageQueueGet(QueueUart2Handle, dat, NULL, 10) == osOK)
      printf("UART2: %s", dat);                                 // 串口 1 打印显示

    osDelay(1);
  }
  /* USER CODE END StartTaskUart */
}
```

因为上述代码中用到了 DMA 发送函数 HAL_UART_Transmit_DMA,freertos.c 文件中需要添加 DMA 发送结束回调函数 HAL_UART_TxHalfCpltCallback,在该函数中复位串口状态。然后在串口中断的接收事件回调函数 HAL_UARTEx_RxEventCallback 中,还需要添加串口 2 接收数据的消息队列发送代码。两个函数的添加代码如下:

```
/* USER CODE BEGIN Application */
void HAL_UART_TxHalfCpltCallback(UART_HandleTypeDef *huart) {
  huart->gState = HAL_UART_STATE_READY;                         // 复位串口状态
}

void HAL_UARTEx_RxEventCallback(UART_HandleTypeDef *huart, uint16_t Size){
  if (huart == &huart1) {                                       // 串口 1 接收数据处理
```

```
      HAL_UART_DMAStop(huart);                              // 停止 DMA 请求
      rx1_buf[Size] = '\0';                                 // 末尾加字符串结束符
      osMessageQueuePut(QueueUart1Handle, rx1_buf, NULL, 0); // 发送消息到队列 1
      // 重启串口 1 的 DMA 接收
      __HAL_UNLOCK(huart);
      HAL_UARTEx_ReceiveToIdle_DMA(&huart1, rx1_buf, sizeof(rx1_buf));
    }
    if (huart == &huart2) {                                 // 串口 2 接收数据处理
      HAL_UART_DMAStop(huart);                              // 停止 DMA 请求
      rx2_buf[Size] = '\0';                                 // 末尾加字符串结束符
      osMessageQueuePut(QueueUart2Handle, rx2_buf, NULL, 0); // 发送消息到队列 2
      // 重启串口 2 的 DMA 接收
      __HAL_UNLOCK(huart);
      HAL_UARTEx_ReceiveToIdle_DMA(&huart2, rx2_buf, sizeof(rx2_buf));
    }
  }
/* USER CODE END Application */
```

添加完上述代码后,编译工程,下载程序到学习板上,按住 HC05 模块上的 EN 按钮,重新给学习板上电后再放开 EN 按钮,观察到 HC05 模块指示灯进入 3 s 慢闪状态后,表示模块正在 AT 命令响应工作模式下运行。测试运行结果如图 7-8 所示。

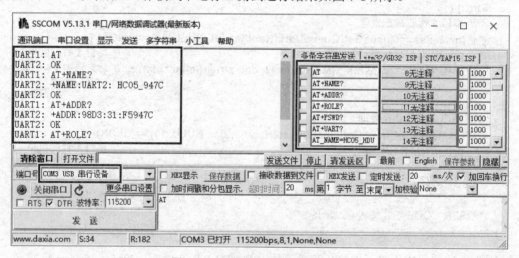

图 7-8 AT 指令转发程序测试结果

如果要在程序启动时先发送 AT 指令进行配置,然后复位到自动连接工作模式,那么在程序中,可以使用 CubeMX 中配置好的 BT_EN 引脚进行设置。修改 freertos.c 文件中的默认任务函数,添加代码如下:

```
/* USER CODE BEGIN FunctionPrototypes */
void SendATCmd(char *cmd, int waitms) {                     // 发送 AT 指令给串口 2
  if (NULL != cmd){
    HAL_UART_Transmit_DMA(&huart2, (uint8_t *)cmd, strlen(cmd));
    osDelay(waitms);                                        // 延时等待 HC05 模块应答时间
  }
}
```

```c
}
void SendBTStr(char *str) {                    // 发送字符串给串口2
  if (NULL != str)
    HAL_UART_Transmit_DMA(&huart2, (uint8_t *)str, strlen(str));
}
/* USER CODE END FunctionPrototypes */
...

void StartDefaultTask(void *argument) {        // 默认任务函数
  /* USER CODE BEGIN StartDefaultTask */
  osDelay(500);
  printf("进入 AT 模式！\n");
  HAL_GPIO_WritePin(BT_EN_GPIO_Port, BT_EN_Pin, GPIO_PIN_SET);
  osDelay(500);
  printf("测试 HC05 模块是否存在...\n");
  SendATCmd("AT\r\n", 500);
  printf("读取 HC05 模块名称...\n");
  SendATCmd("AT+NAME?\r\n", 500);
  printf("读取 HC05 模块蓝牙地址...\n");
  SendATCmd("AT+ADDR?\r\n", 500);
//    printf("设置 HC05 模块为主机工作模式\n");
//    SendATCmd("AT+ROLE=1\r\n", 500);
  printf("设置 HC05 模块为从机工作模式\n");
  SendATCmd("AT+ROLE=0\r\n", 500);
  printf("查询 HC05 模块工作模式...\n");
  SendATCmd("AT+ROLE?\r\n", 500);
  printf("设置 HC05 模块串口参数...\n");
  SendATCmd("AT+UART=38400,0,0\r\n", 500);
  printf("查询 HC05 模块串口参数...\n");
  SendATCmd("AT+UART?\r\n", 500);
  printf("退出 AT 模式！\n");
  HAL_GPIO_WritePin(BT_EN_GPIO_Port, BT_EN_Pin, GPIO_PIN_RESET);
  printf("重启模块！\n");
  SendATCmd("AT+RESET\r\n", 500);

  for(;;)  {
    SendBTStr("HELLO HC05\r\n");                // 每隔1秒发送一条字符串
    osDelay(1000);
  }
  /* USER CODE END StartDefaultTask */
}
```

上述代码在任务函数中，延时 500 ms 后拉高 BT_EN 引脚输出，进入 AT 指令的命令响应模式，后续代码连续发送指令设置 HC05 模块功能。最后拉低 BT_EN 引脚输出，发送复位命令后，模块就进入自动连接工作模式，观察 HC05 模块可以看到指示灯连续闪烁，表示未连接状态。

此时使用手机蓝牙功能搜索 HC05 模块名称，选择模块名称进行配对后，使用安装好的蓝牙 App 应用连接 HC05 模块，可以看到模块上的指示灯从快闪变成了每 3 秒短闪两下的已连接状态。在蓝牙 App 上也可以看到程序每隔 1 秒发出的字符串，使用蓝牙 App 向 HC05 蓝牙模块发送字符串时，在 PC 的串口调试助手中也可以看到 HC05 蓝牙模块接收到的信息。手机端蓝牙 App 和 PC 端串口调试助手测试结果如图 7-9 和图 7-10 所示。

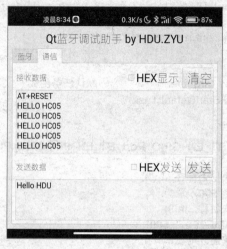

图 7-9　手机端蓝牙 App 测试结果

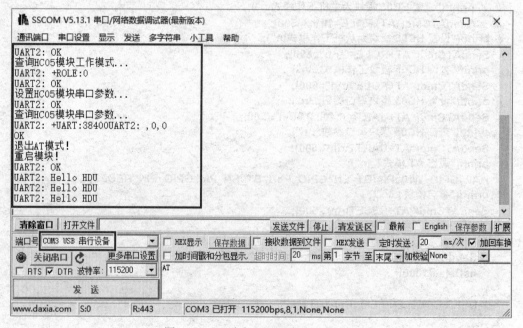

图 7-10　PC 端串口调试助手测试结果

7.3　ESP8266WIFI 通信模块介绍

ESP8266 系列无线模块是基于乐鑫的 ESP8266 芯片设计的一系列高性价比 WIFI SOC 模组，该系列模块支持标准的 IEEE 802.11b/g/n 协议，内置完整的 TCP/IP 协议栈，用户可以使用该系列模块为现有设备添加联网功能,也可以构建独立的网络控制器。本章使用的 ESP8266WIFI 模块是 ESP8266 系列模组中的 ESP-01 型模块(以下简称 ESP01 模块),实物模块图片和管脚分布如图 7-11 所示。

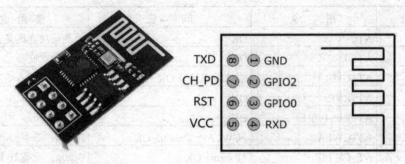

图 7-11 ESP01 模块图片和管脚分布示意图

7.3.1 ESP01 模块用法介绍

配套学习板上有一个 4×2 插座刚好可以插接 ESP01 模块,模块与学习板的连接如图 7-12 所示,注意模块上天线方向朝学习板外。

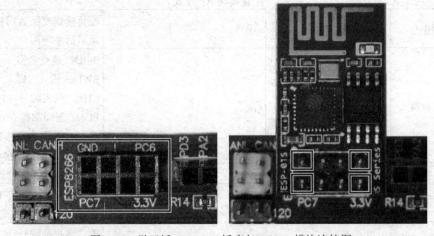

图 7-12 学习板 ESP8266 插座与 ESP01 模块连接图

由图 7-12 可知,学习板在使用该模块时仅仅用到了 PC6 和 PC7 两个引脚。这两个引脚是 STM32F407 的串口 6 收发引脚,因此在学习板上使用 ESP01 模块时,仅需要在 CubeMX 中配置好串口 6 就可以让 STM32 和 ESP01 模块之间进行串口通信。ESP01 模块默认使用 115200 b/s 波特率进行串口通信,8 位数据位,1 位停止位,无校验位。

7.3.2 ESP01 模块 AT 指令介绍

ESP01 模块使用 AT 指令和单片机进行通信,但其使用的 AT 指令语法和上一节的 HC05

蓝牙模块 AT 指令不同，而且 ESP01 模块的 AT 指令需注意区分大小写。ESP01 模块常用的 AT 指令如表 7-2 所示，更多的指令介绍参考 ESP8266 的 AT 指令手册。

表 7-2 ESP01 模块常用 AT 指令表

功能	指令	响应	使用说明
测试指令	AT	OK	检测模块连线是否正确
关回显	ATE0	OK	关闭命令回显
版本信息	AT+GMR	固件版本信息 OK	查看固件版本信息
模块软重启	AT+RST	OK	软件重启
恢复出厂设置	AT+RESTORE	OK	配置乱了时，用于重置模块
查询可搜索热点	AT+CWLAP	+CWLAP:<Param> OK	Param：热点列表
查看已接入设备	AT+CWLIF	<Param> OK	Param：设备 IP 地址列表
查看模块自身的 IP、MAC 地址	AT+CIFSR	+CIFSR:APIP,<Param1> +CIFSR:APMAC,<Param2> +CIFSR:STAIP,<Param3> +CIFSR:STAMAC,<Param4> OK	Param1：AP 模式 IP 地址 Param2：AP 模式 MAC 地址 Param3：STA 模式 IP 地址 Param4：STA 模式 MAC 地址
配置模块 AP 模式			
开启 AP 模式	AT+CWMODE=2 或 3	OK	配置模式要经 AT+RST 命令重启后才可用
配置热点参数	AT+CWSAP="SSID", "PWD",<CHL>,<ECN>, <MCONN>,<SHID> 示例配置： AT+CWSAP="ESP01", "",11,0	OK	SSID：热点名称 PWD：热点密码 CHL：信道编号（1～11） ECN：密码加密方式（0～4） MCONN：最大连接数（1～8） SHID：是否不广播 SSID
设置多连接	AT+CIPMUX=1	OK	只有多连接才能开启服务器
设置服务器端口	AT+CIPSERVER=1, <Port>	OK	0：关闭，1：开启 TCP 服务器，Port：服务器端口号
接收到客户端连接信息		<ID>,CONNECT <ID>,CLOSED	ID：客户端编号 CONNECT：客户端连接进来 CLOSED：客户端连接关闭
接收到客户端发送信息		+IPD,<ID>,<LEN>:DAT	接收到编号 ID 的客户端发送信息，长度 LEN，DAT 为具体内容
向客服端发送数据	AT+CIPSEND=<ID>, <LEN>	OK >	发送 AT 命令后，等待>提示符继续向编号 ID 的客户端发送数据

续表

功　能	指　令	响　应	使 用 说 明
STA 模式			
开启 STA 模式	AT+CWMODE=1 或 3	OK	配置模式要经 AT+RST 命令重启后才可用
连接 AP 热点	AT+CWJAP="SSID", "PWD"	WIFI CONNECTED WIFI GOT IP OK	SSID: AP 热点名称（注意大小写） PWD: 热点密码
设置单连接	AT+CIPMUX=0	OK	准备客户端连接服务器
设置透传模式	AT+CIPMODE=1	OK	透传模式必须选择单连接
连接 TCP 服务器	AT+CIPSTART="TCP", "SIP",<PORT>	ERROR CLOSED 或 CONNECTED	SIP: 服务器 IP 地址 PORT: 服务器端口号
开始传输	AT+CIPSEND	OK >	透传模式下，等待>提示符就可以任意发送数据
结束传输	+++		透传模式传输数据时，单次发送"+++"，不带其他字符，即可退出传输状态
关闭连接	AT+CIPCLOSED	CLOSED OK	断开与 TCP 服务器的连接
开机自动连接服务器并进入透传	AT+SAVETRANSLINK=1, "SIP",<PORT>, "TCP"		模块开机自动连接保存的热点 AP，然后连接该 AP 上的 TCP 服务器，SIP 为服务器 IP 地址，PORT 为端口号
取消自动连接	AT+SAVETRANSLINK=0	OK	

从表 7-2 可以看到，ESP01 模块的应用分 AP 热点和 STA 连接两种方式，想用 ESP01 开启 1 对多连接时可用 AP 热点模式，想用 ESP01 连接远程服务器时可用 STA 连接模式。

7.4　WIFI 通信实践

本节将演示学习板作为 ESP01 模块和 PC 之间通信转发器的一个简单示例。首先，在 7.2 节 EX05 示例的 CubeMX 工程下，左侧 Connectivity 栏目中选择 USART6 模块，串口工作模式也设置为 Asynchronous，禁止硬件流控制，器件视图如图 7-13 所示。

要注意，USART6 除了波特率保持 115200 b/s，DMA 和中断设置也和 USART2 类似，都是添加接收和发送的 DMA 请求，并且勾选使能串口中断。

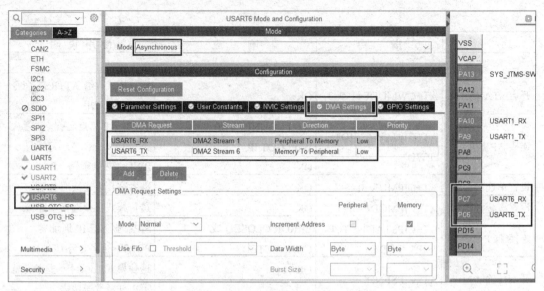

图 7-13 添加串口 6 连接 ESP01 模块

FreeRTOS 任务中的配置暂不修改，重新导出生成 EX05 的 MDK 工程，然后用 MDK 打开该工程。接下来，修改 freertos.c 文件中的部分函数，代码如下：

```
/* USER CODE BEGIN Variables */
uint8_t rx1_buf[512];              // 串口 1 接收缓冲
uint8_t rx6_buf[512];              // 串口 6 接收缓冲
int cid = -1;                      // 客户端 ID 号
/* USER CODE END Variables */
...

/* USER CODE BEGIN FunctionPrototypes */
void SendATCmd(char *cmd, int waitms) {   // 发送 AT 指令给串口 6
  if (NULL != cmd){
    HAL_UART_Transmit_DMA(&huart6, (uint8_t *)cmd, strlen(cmd));
    osDelay(waitms);               // 延时等待 ESP01 模块应答时间
  }
}

void SendESP01Str(char *str) {     // 发送字符串给串口 6
  if (NULL != str)
    HAL_UART_Transmit_DMA(&huart6, (uint8_t *)str, strlen(str));
}
/* USER CODE END FunctionPrototypes */
...

void StartDefaultTask(void *argument)
{
  /* USER CODE BEGIN StartDefaultTask */
  osDelay(500);
```

```c
    printf("测试 ESP01 模块是否存在...\n");
    SendATCmd("AT\r\n", 500);
    printf("关闭模块回显\n");
    SendATCmd("ATE0\r\n", 500);
    printf("查看模块版本信息...\n");
    SendATCmd("AT+GMR\r\n", 1000);
    printf("开启 AP 模式\n");
    SendATCmd("AT+CWMODE=2\r\n", 500);
    printf("配置热点名称 ESP01,无密码...\n");
    SendATCmd("AT+CWSAP=\"ESP01\",\"%s\",11,0\r\n", 500);
    printf("关闭透传模式\n");
    SendATCmd("AT+CIPMODE=0\r\n", 500);
    printf("设置多连接\n");
    SendATCmd("AT+CIPMUX=1\r\n", 500);
    printf("开启 TCP 服务器,端口 666...\n");
    SendATCmd("AT+CIPSERVER=1,666\r\n", 500);

    for(;;)
    {
        if (cid >= 0) {                          // 如果有客户端连接进来,每隔 1 s 向客户端发送一条数据
            char cmd[30];
            char str[] = "HELLO ESP01\r\n";
            sprintf(cmd, "AT+CIPSEND=%d,%d\r\n", cid, strlen(str));
            SendATCmd(cmd, 500);
            SendESP01Str(str);
        }
        osDelay(1000);
    }
    /* USER CODE END StartDefaultTask */
}

void StartTaskUart(void *argument)
{
    /* USER CODE BEGIN StartTaskUart */
    HAL_UARTEx_ReceiveToIdle_DMA(&huart1, rx1_buf, sizeof(rx1_buf));
    HAL_UARTEx_ReceiveToIdle_DMA(&huart6, rx6_buf, sizeof(rx6_buf));

    uint8_t dat[512];                                                  // 临时数组
    for(;;) {
        // 串口 1 接收数据处理
        if (osMessageQueueGet(QueueUart1Handle, dat, NULL, 10) == osOK) {
            printf("UART1: %s", dat);                                  // 串口 1 打印回显
            HAL_UART_Transmit_DMA(&huart6, dat, strlen((char *)dat));  // 转发串口 6
        }

        // 串口 6 接收数据处理
        if (osMessageQueueGet(QueueUart2Handle, dat, NULL, 10) == osOK) {
            printf("UART6: %s", dat);                                  // 串口 1 打印显示
```

```c
            char *str = (char *)dat;
            if (strstr(str, "CONNECT") > str)              // 如果有客户端连接进来，取 ID 号
                cid = atoi(str);
            if (strstr(str, "CLOSED") > str)               // 如果有客户端连接断开，关闭 ID 号
                cid = -1;
        }

        osDelay(1);
    }
    /* USER CODE END StartTaskUart */
}

/* USER CODE BEGIN Application */
...
void HAL_UARTEx_RxEventCallback(UART_HandleTypeDef *huart, uint16_t Size)
{
    if (huart == &huart1) {                                // 串口 1 接收数据处理
        HAL_UART_DMAStop(huart);                           // 停止 DMA 请求
        rx1_buf[Size] = '\0';                              // 末尾加字符串结束符
        osMessageQueuePut(QueueUart1Handle, rx1_buf, NULL, 0);    // 发送消息到队列 1

        // 重启串口 1 的 DMA 接收
        __HAL_UNLOCK(huart);
        HAL_UARTEx_ReceiveToIdle_DMA(&huart1, rx1_buf, sizeof(rx1_buf));
    }
    if (huart == &huart6) {                                // 串口 6 接收数据处理
        HAL_UART_DMAStop(huart);                           // 停止 DMA 请求
        rx6_buf[Size] = '\0';                              // 末尾加字符串结束符
        osMessageQueuePut(QueueUart2Handle, rx6_buf, NULL, 0);    // 发送消息到队列 2

        // 重启串口 6 的 DMA 接收
        __HAL_UNLOCK(huart);
        HAL_UARTEx_ReceiveToIdle_DMA(&huart6, rx6_buf, sizeof(rx6_buf));
    }
}
/* USER CODE END Application */
```

上述代码实现了上电后自动配置 ESP01 模块为 AP 热点模式并开启了一个 TCP 服务器，ESP01 模块开启的 TCP 服务器，IP 地址默认为 192.168.4.1，端口号在代码中设置为 666。

编译工程成功后，下载到学习板上进行测试，上电后在串口调试助手中可以看到如图 7-14 所示的程序运行结果。

这个时候，用 PC 或手机连接 ESP01 的 AP 热点（名称已经设置为 ESP01），然后在 PC 端或手机上用网络调试工具连接 ESP01 的 TCP 服务器，观察调试工具和串口调试助手的打印信息，如图 7-15 和图 7-16 所示。

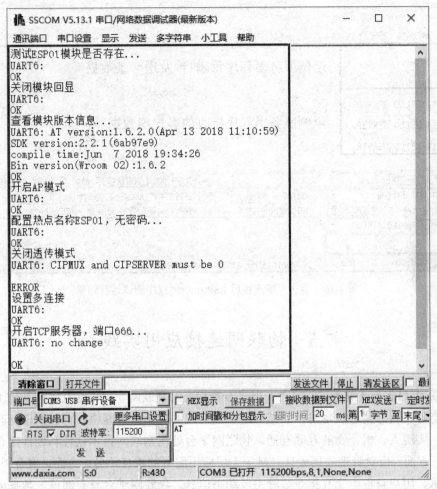

图 7-14　ESP01 示例程序上电运行结果

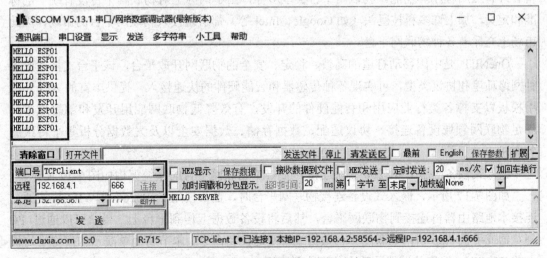

图 7-15　PC 端网络调试工具测试结果

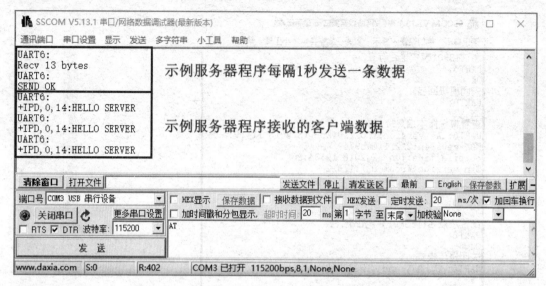

图 7-16 有客户端连接后 ESP01 示例程序测试运行结果

7.5 物联网连接应用实践

物联网（Internet of things，IoT）即"万物相连的互联网"，是在互联网基础上延伸和扩展，将各种信息传感设备与网络结合起来而形成的一个巨大网络，可以在任何时间、任何地点，实现人、机、物的互联互通。物联网平台处在物联网技术软件和硬件结合的枢纽位置，一方面，肩负管理底层硬件并赋予上层应用服务的重任，另一方面，聚合硬件属性、感知信息、用户身份、交互指令等静态及动态信息。物联网平台具有通信、数据流通、设备管理和应用程序等功能。物联网平台类型多样，由于国际上对物联网平台没有统一的标准和定义，加上许多科技巨头（如 Google、Intel 等）都纷纷投入物联网平台的市场，因此市场上充斥着各种物联网平台。

OneNET 是中国移动打造的高效、稳定、安全的物联网开放平台，该平台支持适配各种网络环境和协议类型，可实现各种传感器和智能硬件的快速接入，提供丰富的 API 和应用模板以支撑各类行业应用和智能硬件的开发，有效降低物联网应用开发和部署成本，满足物联网领域设备连接、协议适配、数据存储、数据安全以及大数据分析等平台级服务需求。

嵌入式设备应用 ESP8266 模块连接 OneNET 物联网平台的系统架构如图 7-17 所示。

如图 7-17 所示，嵌入式设备连接物联网平台时，通常使用 ESP8266 等 WIFI 模块通过连接本地路由器再连接到物联网平台，然后将设备数据上传到平台上。用户可以通过 PC 浏览器或手机 App 访问物联网平台数据或者发送控制命令。本节将简单演示如何将学习板上的 DS18B20 温度传感器数据上传到物联网平台。

第 7 章 无线通信应用 · 131 ·

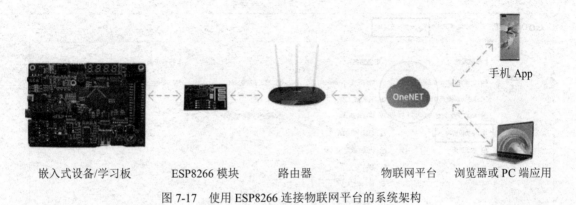

图 7-17 使用 ESP8266 连接物联网平台的系统架构

7.5.1 创建 OneNET 平台设备

如图 7-18 所示，打开浏览器，输入 OneNET 物联网平台地址（open.iot.10086.cn）访问其站点主页。单击右上角的"登录"按钮登录用户账号，如果没有账号，单击最右边的"注册"按钮，使用手机号注册一个账号。

图 7-18 OneNET 物联网平台主页

登录账号后，再单击图 7-18 中"登录"按钮左边的"控制台"按钮，进入控制台首页，如图 7-19 所示。

选择"多协议接入"服务项进入多协议接入管理页面，如图 7-20 所示，选择"HTTP"协议，然后单击"添加产品"按钮。在弹出的添加产品页面中，输入产品名称（如 M4 学习板），选择产品行业为"智能家居"，类别选"其它"，如图 7-21 所示，后续的技术参数选项设置为：联网方式选"wifi"，操作系统选"无"，网络运营商选"电信"。

单击"确定"按钮添加产品成功后，系统会弹出页面提示立即添加设备，如图 7-22 所示。从图中可以看到，刚添加的 M4 学习板已经出现在页面的产品列表中。

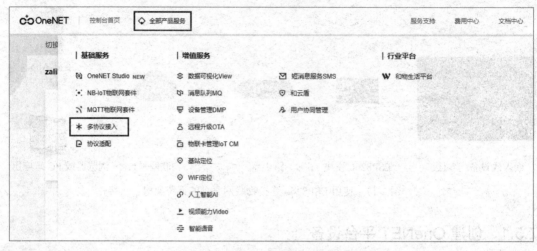

图 7-19 选择"多协议接入"服务项

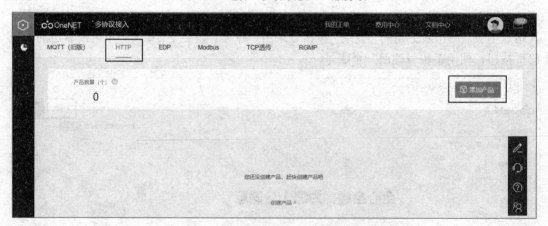

图 7-20 多协议接入的 HTTP 协议页面

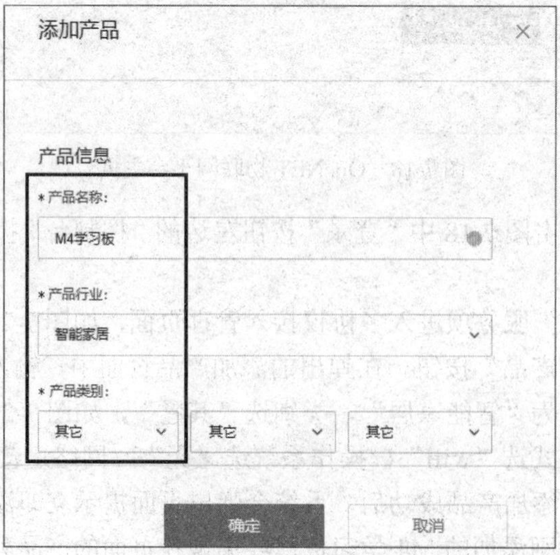

图 7-21 添加 HTTP 协议产品

第 7 章 无线通信应用

图 7-22 产品添加成功提示

单击图 7-22 中的"立即添加设备"按钮，或者单击产品列表中的"M4 学习板"，然后选择左侧功能栏中的设备列表，再单击设备列表中的"添加设备"按钮，系统将弹出如图 7-23 所示的"添加新设备"页面。

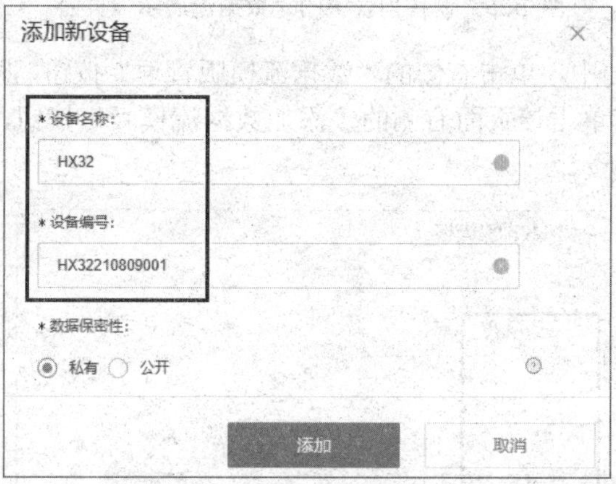

图 7-23 "添加新设备"页面

输入设备名称和设备编号（通常编号都是设备名后面跟上年月日和设备序号），单击"添加"按钮，成功添加设备之后，当前商品的设备列表中就会出现刚添加的 HX32 学习板，如图 7-24 所示。

图 7-24 "设备列表"页面

此时刚添加的 HX32 设备还不能接收数据，需要为该设备添加数据流功能。如图 7-24 所示，单击设备列表中 HX32 设备操作列中的"数据流"按钮，跳转到设备列表的"数据流展示"页面，如图 7-25 所示。

图 7-25 设备列表中的"数据流展示"页面

在图 7-25 所示页面中，单击右侧的"数据流模版管理"按钮，跳转到设备的"数据流模版"管理页面，继续单击该页面右侧的"添加数据流模版"按钮，弹出"添加数据流模版"页面，如图 7-26 所示。

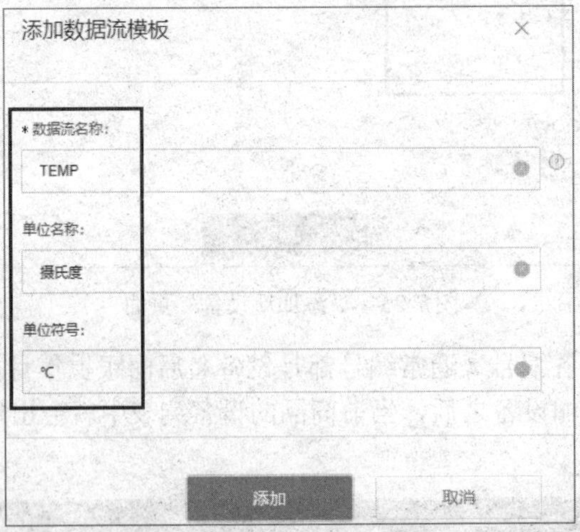

图 7-26 添加数据流模版

添加 TEMP 数据流模版后，再次回到图 7-25 所示的设备列表数据流展示页面，就可以看到 TEMP 数据流已经出现在了页面下方的数据流展示区中，但是当前 TEMP 还没有收到数据，所以显示内容为 null，表示数据流为空。OneNET 平台的设备创建和数据流添加演示完成。

7.5.2 连接 OneNET 平台

接下来，回到 7.4 节 WIFI 通信 EX06 示例的 STM32CubeMX 工程，参考 5.4 节 EX03 示例的内容，在 CubeMX 软件中为 EX06 示例工程添加 DS18B20 温度传感器接口。导出

第 7 章 无线通信应用

MDK 工程后添加 DS18B20 传感器的驱动程序到工程中，设置工程文件组和编译选项后，EX06 示例的 MDK 工程如图 7-27 所示。

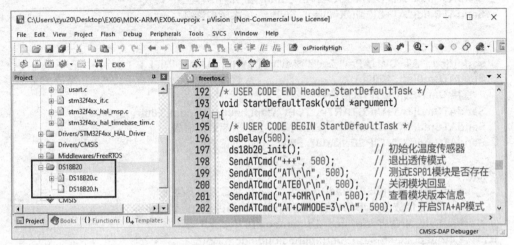

图 7-27 添加 DS18B20 驱动之后的 EX06 示例工程

编译工程成功后，修改 freertos.c 中的默认任务函数，在该函数的 while 循环之前，添加 DS18B20 模块初始化和 ESP01 模块配置连接 OneNET 物联网平台操作。演示代码如下：

```
/* USER CODE BEGIN Includes */
#include "gpio.h"
#include "usart.h"
#include "stdio.h"
#include "string.h"
#include "stdlib.h"
#include "DS18B20.h"
/* USER CODE END Includes */
...

/* USER CODE BEGIN PM */
// 添加宏定义：连接 WIFI 热点的名称和密码，此处需改为读者自己的 WIFI 热点名称和密码
#define WIFI_NAME         "FISH_AP"
#define WIFI_PSW          "123456789"
// 添加宏定义：设备 ID 号和产品 API_KEY，此处需改为读者自己创建设备的 ID 号和 API_KEY
#define DEVICE_ID         758416725
#define API_KEY           "x663Ok=L4=pGh6TIFVe9vMgNUAo="
/* USER CODE END PM */
...

/* USER CODE END Header_StartDefaultTask */
void StartDefaultTask(void *argument) {
  /* USER CODE BEGIN StartDefaultTask */
  osDelay(500);
  ds18b20_init();                          // 初始化温度传感器
  SendATCmd("+++", 500);                   // 退出透传模式
  SendATCmd("AT\r\n", 500);                // 测试 ESP01 模块是否存在
```

```c
    SendATCmd("ATE0\r\n", 500);                    // 关闭模块回显
    SendATCmd("AT+GMR\r\n", 500);                  // 查看模块版本信息
    SendATCmd("AT+CWMODE=3\r\n", 500);             // 开启 STA+AP 模式
    SendATCmd("AT+CIPMUX=0\r\n", 500);             // 关闭多连接

    char str[200];
    sprintf(str, "AT+CWJAP=\"%s\",\"%s\"\r\n", WIFI_NAME, WIFI_PSW);
    SendATCmd(str, 10000);                         // 连接无线路由器或者手机热点，等待 10 s
    // 连接 OneNET 的 HTTP 服务器
    SendATCmd("AT+CIPSTART=\"TCP\",\"api.heclouds.com\",80\r\n", 2000);
    SendATCmd("AT+CIPMODE=1\r\n", 500);            // 开启透传模式
    SendATCmd("AT+CIPSEND\r\n", 500);              // 开始透传

    for(;;) {
        float temp = ds18b20_read();               // 读取传感器温度
        // 格式化上传数据（JSON 格式），sprintf 下两行注意应该顶格
        sprintf(str, "POST /devices/%d/datapoints?type=5 \
HTTP/1.1\r\napi-key:%s\r\nHost:api.heclouds.com\r\n\
Content-Length:13\r\n\r\n,;TEMP,%5.1f\r\n", DEVICE_ID, API_KEY, temp);
        //  printf("Send: %s", str);               // 打印调试信息
        SendATCmd(str, 3000);                      // 上传数据，延时 3 s
    }
    /* USER CODE END StartDefaultTask */
}
```

上述代码中，首先定义了 4 个宏，包括 ESP01 模块要连接的无线路由器或者手机热点名称和密码（读者应根据实际情况自行修改），以及上传数据对应的设备 ID 和对应的产品 API_KEY。设备 ID 可从图 7-24 所示页面中获取，产品 API_KEY 则是如图 7-28 所示，选择相应的产品进入"产品概况"页面后，单击页面中的 Master-APIkey 下的"查看"按钮可以获取。

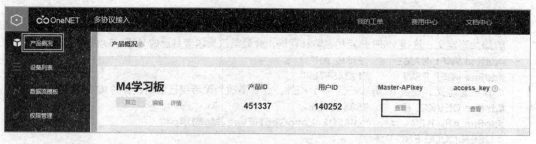

图 7-28 查看产品 API_KEY

然后在默认任务的任务函数中，演示 500 ms 后，先初始化温度传感器，然后配置 ESP01 模块为 STA+AP 混合模式，接下来连接 WIFI 热点、连接 OneNET 平台 HTTP 服务器、进入透传模式，最后在任务循环中每隔 3 s 读取一次传感器温度，并打包为 JSON 格式数据上传给服务器。

要注意的是，任务循环中的格式化上传数据代码可能由于排版问题出现格式错乱的情况，循环代码中的"HTTP"和"Content"单词前面都没有空格或其他符号。如果工程编

译下载后,串口接收内容出现"400 Bad Request""405 Not Allowed""invalid JSON"等错误信息,那么很可能是上传数据格式错误。这时可以先把循环中的上传数据行代码注释掉,把已经注释的 printf 打印调试信息恢复,查看实际上传的数据格式是否和以下发送的数据格式相同:

```
POST /devices/758416725/datapoints?type=5 HTTP/1.1
api-key:x663Ok=L4=pGh6TIFVe9vMgNUAo=
Host:api.heclouds.com
Content-Length:13

,;TEMP, 32.6
```

因为 EX06 工程拥有串口 1 接收转发串口 6 功能,读者也可以修改上述数据内容中的设备 ID 和 api-key,然后使用串口调试助手直接发送给 M4 学习板进行测试,看看发送数据格式是否正确。

如果要一次上传多个数据,发送数据时,可以在"TEMP,32.6"后用英文分号";"追加内容,如下所示一次上传了两个数据给服务器。

```
POST /devices/758416725/datapoints?type=5 HTTP/1.1
api-key:x663Ok=L4=pGh6TIFVe9vMgNUAo=
Host:api.heclouds.com
Content-Length:18

,;TEMP, 32.6;L1,1
```

工程编译成功后,下载测试结果如图 7-29 所示,可以看到串口接收到的返回信息,表明数据上传成功了。

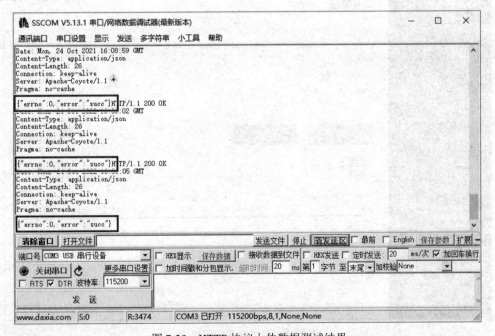

图 7-29 HTTP 协议上传数据测试结果

最后，回到图 7-25 中的"数据流展示"页面，可以看到 TEMP 数据流已经接收到数据了，单击 TEMP 旁边的"..."按钮还可以查看更详细的接收数据列表，如图 7-30 所示。

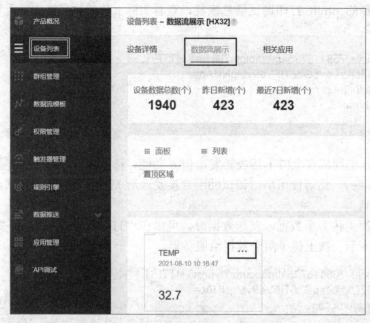

图 7-30　OneNET 页面中展示的接收数据

转到左侧功能栏中的"应用管理"页面，添加并编辑应用后，还可以用图形化的方式查看上传数据，如图 7-31 所示，展示了一个 TEMP 的温度曲线应用。

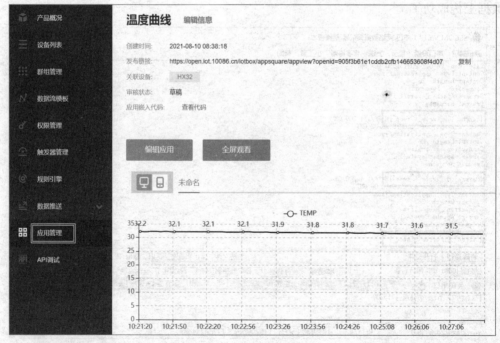

图 7-31　温度曲线应用展示

HTTP 协议用来上传数据还是比较简单方便，如果需要从服务器端下发命令或数据给设备，设备端可以使用多协议接入中的 MQTT 协议或者 EDP 协议连接 OneNET，本书资料也附带了一个 ESP01 的 MQTT 固件，读者使用特定工具软件烧写 MQTT 固件后，就可以使用类似的 AT 指令操作 ESP01 模块和 OneNET 进行通信了，因为 MQTT 以及 EDP 通信涉及的概念较多，本节不再详述，有兴趣的读者可以查看 OneNET 相关文档。

实验 7　蓝牙手机遥控实验

【实验目标】

熟悉基于串口通信的蓝牙通信功能，基于开发板串口和蓝牙模块设计实现一个手机遥控程序。

【实验内容】

（1）参照 EX05 示例，在 CubeMX 中添加 LED、按键、数码管、蜂鸣器、串口 1 和串口 2，并配置相应端口模式和外设模块。

（2）开启 FreeRTOS 操作系统，添加数码管、串口两个额外任务。

（3）添加程序代码，能用手机连接蓝牙模块与学习板进行无线通信，程序接收到手机端 App 发送的控制命令后能执行相应操作。手机端控制命令如下。

- 亮灯控制：LED:ID,VAL。其中，ID 为 LED 灯号（1~8），VAL 为状态（0 或 1）。
- 数码管控制：DISP:xxxx。其中，xxxx 为数码管要显示的十六进制数值。
- 蜂鸣器控制：BEEP:TC,TIME。其中，TC 为蜂鸣器鸣叫次数，TIME 为鸣叫时长。

（4）附加要求：使用两块学习板，相互之间用蓝牙模块进行无线通信，可以用按键分别控制对方的 LED 亮灯、数码管和蜂鸣器动作。

实验 8　数据采集及 WIFI 通信实验

【实验目标】

熟悉基于 HAL 库的串口 WIFI 模块通信应用，基于 DS18B20、MPU6050 传感器和 ESP01 模块，设计实现一个温度、姿态数据采集的远程监测应用。

【实验内容】

（1）参照 EX05 示例，在 CubeMX 中添加串口 1 和串口 6、DS18B20 和 MPU6050 端口，并配置相应端口模式和外设模块。

（2）开启 FreeRTOS 操作系统，添加数码管、串口、数据采集 3 个额外任务。

（3）添加程序代码，在程序开始配置 ESP01 模块为 STA 模式，并自动连接远程 TCP 服务器。

（4）添加程序代码，在数据采集任务中定时采集温度和姿态数据，当 ESP01 顺利连接服务器之后，将采集的数据按特定格式上传给服务器。

（5）添加程序代码，在串口任务中能处理服务器下发字符串，当服务器下发 TIME:<xxxx>格式的命令时，可以根据 xxxx 值（毫秒单位）调节上传时间间隔。

（6）附加要求：将温度和姿态角数据上传到物联网云平台，能在云平台上看到上传数据曲线，甚至能通过云平台下发设置参数控制上传数据的时间间隔。

习　题

1．HC05 蓝牙模块有几种工作模式和几种工作角色，分别是什么？

2．AT 指令中，检查通信模块是否连接正常通常使用什么指令？HC05 模块和手机进行配对连接时，应该设置为什么工作角色？

3．ESP01 模块有哪两种应用模式？ESP8266 模块和手机进行连接时，可以设置为什么模式？

4．ESP01 模块在 AP 热点模式下开启的 TCP 服务器，默认 IP 地址是多少？在开启了 TCP 服务器之后，ESP01 模块能使用透传功能吗？为什么？

5．除了本章提到的 OneNET 物联网平台，查阅资料，列举三家国内物联网平台，并对比 STM32 使用 ESP01 模块接入这些平台的异同点。

6．本章示例的 HC05 模块和 ESP01 模块，与物联网通信常用的 NBIoT 模块或 Lora 模块，有什么区别，对比各有什么优缺点？

第 8 章 GUI 显示应用

嵌入式系统应用中，经常使用 LED、数码管、显示屏等外设来展示设备状态和数据信息等内容。其中，GUI 显示屏经常用于显示大量的文字或图形图像信息。而随着信息技术的发展，在嵌入式设计当中使用 OLED 和液晶显示屏进行人机交互和信息显示的情况会越来越多。OLED 小屏因其体积小巧、接口简单，常用于替代早期的 LCD1602 显示屏。嵌入式应用中的显示屏接口种类繁多，屏幕大小和显示分辨率也多种多样，因此其应用场景各有不同。本章将以嵌入式应用中常见的 OLED 和 LCD 两种显示屏来进行 GUI 显示的应用实践。

8.1 OLED 应用介绍

8.1.1 单色 IIC 接口 OLED 介绍

嵌入式设计中常用的 OLED 屏有白色、蓝色、黄蓝双色等几种（仅颜色不同，均为单色屏）；屏的大小为 0.96 寸，像素点为 128×64，所以我们也称之为 0.96OLED 屏或者 128x64 屏。这种 OLED 屏的内部驱动 IC 为 SSD1306；通信方式一般为 SPI 或者 IIC 总线。如图 8-1 所示，为 IIC 接口的 OLED 显示屏，接入学习板时注意引脚电源位置（可能引脚排列不同）。

图 8-1 IIC 接口 OLED 显示屏接入学习板

和 5.5 节类似，为方便移植，本章的 OLED 应用示例也使用软件 IIC 方法，OLED 显示屏接入学习板 IIC 插座时，用到的也是 PB6 和 PB7 引脚，如果想在使用 OLED 显示屏的同时使用 MPU6050 传感器，可以将 MPU6050 传感器通过杜邦线连接到学习板扩展口上，同时修改 MPU6050 驱动中的 IIC 引脚接口。

8.1.2　OLED 显示屏驱动程序介绍

本书配套学习板提供 OLED 显示屏驱动，文件包名为 oled.zip，解压缩文件后可以得到一个名为 OLED 的文件夹，里面有 7 个文件，如图 8-2 所示。

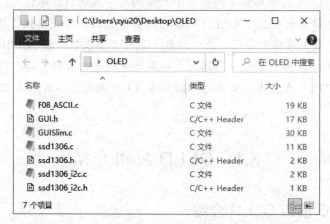

图 8-2　OLED 显示驱动文件列表

OLED 显示驱动的 7 个文件中，首先需要注意的是 ssd1306_i2c.c 源文件中的引脚定义。如图 8-3 所示，该文件的开头定义了 3 个宏，分别对应两个引脚及其相应的端口（一般默认两个引脚都是同一个端口）。

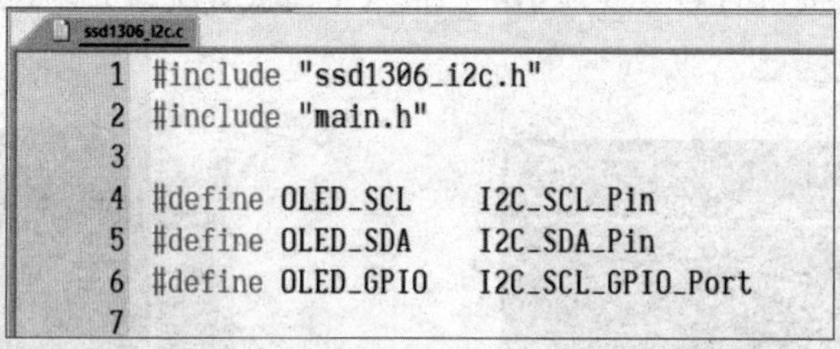

图 8-3　OLED 显示驱动 I2C 接口引脚定义

如果 OLED 显示屏连接到学习板上的其他引脚，那么只需要在 CubeMX 中重新设置连接引脚，并保持两个引脚的名称还是 I2C_SCL 和 I2C_SDA，这样导出的 MDK 工程中 main.h 头文件就会自动定义图 8-3 中的 I2C_SCL_Pin、I2C_SDA_Pin 和 I2C_SCL_GPIO_Port 3 个宏。

ssd1306.c 文件给出了 OLED 屏的显示驱动源码，该文件提供了 OLED 屏幕初始化、写命令、绘图和刷新等一系列驱动函数。OLED 屏幕初始化时，驱动程序为如图 8-1 所示的倒放屏幕做了处理，如果需要正向显示，可以按照如下方式修改 ssd1306.c 源文件中的第 57 行处代码。

```
void SSD1306_init() {
  HAL_Delay(100);
  SSD1306_WriteByte(0xAE,OLED_CMD);
  ...
  SSD1306_WriteByte(0xFF,OLED_CMD);
  SSD1306_WriteByte(0xA0,OLED_CMD);    // 上下翻转  正向显示时改为 0xA1
  SSD1306_WriteByte(0xC0,OLED_CMD);    // 左右翻转  正向显示时注释该行
  SSD1306_WriteByte(0xA6,OLED_CMD);
  SSD1306_WriteByte(0xA8,OLED_CMD);
  SSD1306_WriteByte(0x3F,OLED_CMD);
  ...
```

有兴趣的读者可以查阅 SSD1306 的器件手册，里面有相关的控制命令和应用简介。

GUISlim.c 是 GUISlim 图形库的源码文件，相应的 GUI.h 头文件中提供了图形库初始化、绘图、刷新和相关数据结构的声明。

F08_ASCII.c 文件是 GUISlim 图形库默认的英文点阵字库源文件，其中的英文字符为 6×8 点阵大小。

8.1.3 GUISlim 图形库介绍

GUISlim 图形库是作者从 ucGUI 源码中截取的一小部分功能，将其裁剪适配 OLED 单色显示后，可提供基本的 2D 绘图、点阵文字和单色图形显示功能。如表 8-1 所示，列出了 GUISlim 图形库中的常用数据结构和常用函数。

表 8-1 GUISlim 图形库常用函数及数据结构

名 称	说 明
GUI_POINT	点数据结构体，包含 x 和 y 两个成员变量
GUI_RECT	矩形数据结构体，包含左上角坐标 x0、y0 和右下角坐标 x1、y1
GUI_COLOR	枚举类型，包含 GUI_COLOR_BLACK 和 GUI_COLOR_WHITE 两个颜色
GUI_BITMAP	图片数据结构体，包含图片大小、行字节数、色深和图片数据等信息
GUI_FONT	点阵字库结构体，包含字体高度和相关函数指针等信息
GUI_Init()	图形库初始化，包括 OLED 屏幕初始化动作
GUI_Update()	屏幕显示刷新，一次性把显示缓冲数据写入 OLED 屏幕
GUI_SetColor()	设置前景颜色，参数 color 表示绘图时用到的颜色
GUI_Clear()	清屏函数，用背景色填满屏幕
GUI_ClearRect()	区域擦除函数，用背景色填满指定的矩形区域
GUI_DrawBitmap()	图片显示函数，在指定位置显示图片
GUI_DrawLine()	绘制线段，水平线和垂直线可以分别用 GUI_DrawHLine 和 GUI_DrawVLine 绘制
GUI_DrawPixel()	用前景色在指定位置打点，也可以用 GUI_DrawPoint 指定颜色打点
GUI_DrawRect()	画矩形框函数，填充矩形框用 GUI_FillRect 函数

续表

名 称	说 明
GUI_DrawCircle()	画圆函数，填充圆用 GUI_FillCircle 函数
GUI_DrawEllipse()	画椭圆函数，填充椭圆用 GUI_FillEllipse 函数
GUI_SetFont()	设置当前显示文本所用字体
GUI_DispChar()	显示字符函数，在当前位置显示一个字符
GUI_DispCharAt()	显示字符函数，在指定位置显示一个字符
GUI_DispString()	显示字符串函数，从当前位置开始显示一个字符串
GUI_DispStringAt()	显示字符串函数，从指定位置开始显示一个字符串
GUI_DispStringInRect()	在指定矩形框中显示一个字符串
GUI_SetTextAlign()	设置文本显示时的文本对齐格式，有上、下、左、右、居中等几种格式
GUI_GotoXY()	设置当前文本显示的光标位置

GUISlim 图形库的使用也比较简单，将 OLED 驱动程序目录添加到 MDK 工程后，设置好工程包含路径，注意 OLED 引脚对应的名称定义，并在 freertos.c 文件开头包含 GUI.h 头文件。然后在任务循环之前调用 GUI_Init 函数初始化图形库，接下来就可以调用绘图函数绘制 GUI 图形界面了。最后记得一定要调用 GUI_Update 函数刷新屏幕，这样才能把绘制的内容显示到 OLED 屏幕上。

8.1.4 汉字点阵文件介绍

通常而言，以 MCU 为主的嵌入式平台受限于存储空间有限，在 GUI 显示屏上绘制文字时基本都使用点阵字库（也有自带字库的 GUI 显示屏）。和 ucGUI 图形库相似，GUISlim 也支持 GUI_FONT 结构的点阵字库，GUISlim 中的 GUI_FONT 结构体定义如下：

```
struct GUI_FONT {
    GUI_DISPCHAR*      pfDispChar;
    GUI_GETCHARDISTX*  pfGetCharDistX;
    GUI_GETFONTINFO*   pfGetFontInfo;
    GUI_ISINFONT*      pfIsInFont;
    const tGUI_ENC_APIList* pafEncode;
    U8 YSize;
    U8 YDist;
    U8 XMag;
    U8 YMag;
    union {
        const void GUI_UNI_PTR * pFontData;
        const GUI_FONT_PROP GUI_UNI_PTR * pProp;
    } p;
    U8 d1, d2, d3;
};
```

GUI_FONT 结构体中的前五个函数指针用来区分不同字体的显示方式。因为 GUISlim 对应 OLED 屏的单色显示，这几个函数指针实际上都指向固定的函数。在 GUI.h 头文件中定义了一个名为 GUI_FONTTYPE_PROP_SJIS 的宏，对应实际所用的函数：

```
#define GUI_FONTTYPE_PROP_SJIS        \
    GUIPROP_DispChar,                 \
    GUIPROP_GetCharDistX,             \
    GUIPROP_GetFontInfo,              \
    GUIPROP_IsInFont,                 \
    0
```

除了显示方式，等宽和不等宽的字体在存储上也有差异，这就是 union p 中 pMono、pProp 的由来。为了移植方便，GUISlim 仅支持 pProp 不等宽字体存储，这个 pProp 是一个 GUI_FONT_PROP 类型的指针。GUI_FONT_PROP 是一个单向链表，链表中的每一项包含一个 GUI_CHARINFO 类型指针，指向一个 GUI_CHARINFO 结构体数组；而每一个 GUI_CHARINFO 结构体都包含字符的宽度、间隔、单行字节数和指向字符点阵信息的指针，所有字符的点阵信息又使用了一个二维数组进行定义。

具体示例可以打开 OLED 驱动程序包中的 F08_ASCII.c 点阵字库文件，如图 8-4 所示。

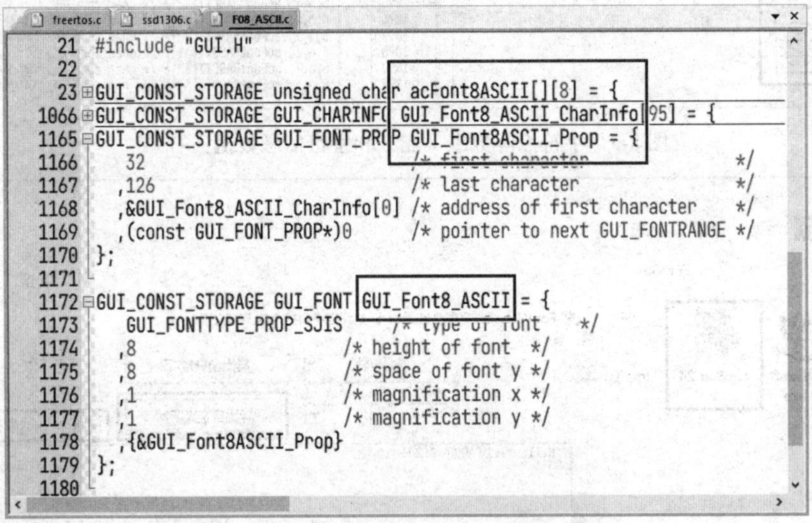

```
   21  #include "GUI.H"
   22
   23 ⊞GUI_CONST_STORAGE unsigned char acFont8ASCII[][8] = {
 1066 ⊞GUI_CONST_STORAGE GUI_CHARINFO GUI_Font8_ASCII_CharInfo[95] = {
 1165 ⊟GUI_CONST_STORAGE GUI_FONT_PROP GUI_Font8ASCII_Prop = {
 1166      32                              /* first character           */
 1167     ,126                             /* last character            */
 1168     ,&GUI_Font8_ASCII_CharInfo[0]    /* address of first character */
 1169     ,(const GUI_FONT_PROP*)0         /* pointer to next GUI_FONTRANGE */
 1170  };
 1171
 1172 ⊟GUI_CONST_STORAGE GUI_FONT GUI_Font8_ASCII = {
 1173      GUI_FONTTYPE_PROP_SJIS          /* type of font    */
 1174     ,8                               /* height of font  */
 1175     ,8                               /* space of font y */
 1176     ,1                               /* magnification x */
 1177     ,1                               /* magnification y */
 1178     ,{&GUI_Font8ASCII_Prop}
 1179  };
 1180
```

图 8-4 F08_ASCII 点阵字库源文件结构

展开 acFont8ASCII 和 GUI_Font8_ASCII_CharInfo 两个数组，如图 8-5 所示，可以看到每个字符的宽度信息和点阵信息。

GUI_FONT 字体定义的字符点阵信息使用了比较形象的图形化表示，字符中的每一个像素点用一个"_"或"X"字符表示空白或者打点，这样，一个字节对应的 8 个点就可以用连续 8 个"_"或"X"混合的字符串进行表示。在 GUI.h 头文件的末尾，定义了 0x00～0xFF 对应的混合字符串表示宏。

开发人员要生成自定义的点阵字库时，可以使用 CubeMX 安装固件包中的 emWin 字库生成工具软件 FontCvtST.exe，或者使用本书提供的字库生成软件 FontGen.exe。如图 8-6 所示，将需要显示的文本复制粘贴到 FontGen 程序的文本输入框中，选择好字体类型、大小高度以及是否导出所有 ASCII 字符（建议勾选），然后单击"导出自定义字库"按钮就能生成指定的字库文件。

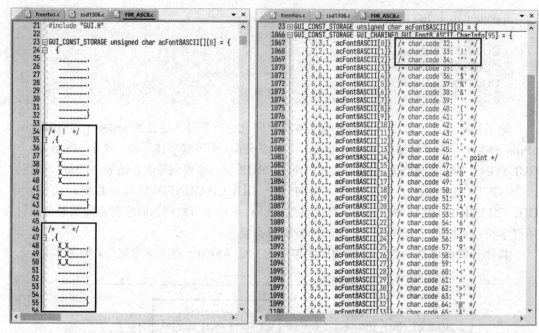

图 8-5 字符点阵数组（左）和字符信息数组（右）

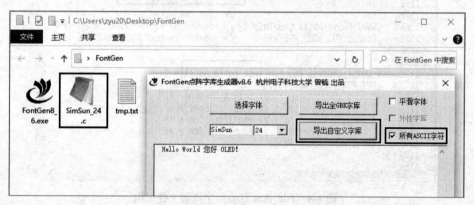

图 8-6 使用 FontGen 工具软件生成字库文件

在 CubeMX 安装的固件包中，还有一个名为 BmpCvtST.exe 的工具软件，这个软件是图像点阵文件生成工具。要生成一个单色的点阵图库文件，先用 BmpCvtST 程序打开图片。

打开图片后，先执行 3 步操作，将图片颜色转为黑白单色模式，如图 8-7 所示。

（1）选择菜单 Image→Scale 选项，在弹出的对话框中设置 Width 和 Height，同时保证不超过 OLED 屏幕大小（128×64），单击 OK 按钮确定缩放，如图 8-8 所示。

（2）选择菜单 Image→Convert to→BW 选项，转换图片颜色模式。

（3）如果所选图片是白底黑字，那么还需要选择菜单 Image→Invert→Indices 选项，将图片索引反相。

最后，选择菜单 File→Save as 选项，导出图片点阵文件，如图 8-9 所示。

第 8 章 GUI 显示应用

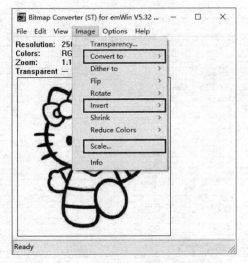
图 8-7 BmpCvtST 转换单色图片设置

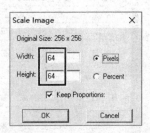
图 8-8 图片缩放到合适大小

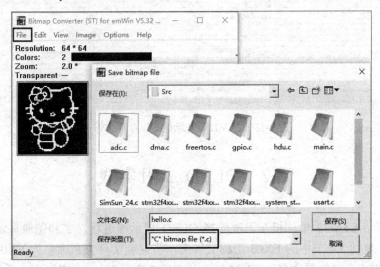
图 8-9 导出图片点阵文件

因为是单色图片，所以导出时的格式选项选择每个点 1 位，并且不带调色板，如图 8-10 所示。导出的图片点阵（.c）文件在 MDK 中打开后如图 8-11 所示，可以直接看出图像内容。

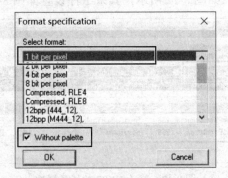
图 8-10 单色图片导出选项

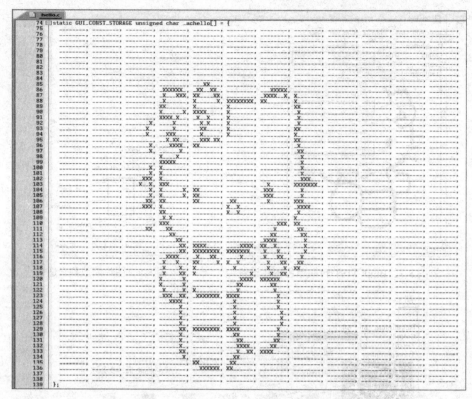

图 8-11 在 MDK 中查看图片点阵文件

8.2 OLED 应用实践

本节将演示 STM32 单片机学习板连接 OLED 显示屏进行文字和图像显示的一个简单示例。首先，复制 5.4 节中的 EX03 工程文件夹，将复制文件夹重命名为 EX07，并将该文件夹中的 EX03.ico 文件重命名为 EX07.ico，将 EX07 中已有的 MDK-ARM 子目录删除，准备重新生成 STM32 工程。

在 Windows 资源管理器中，双击 EX07.ico 文件启动 STM32CubeMX 打开 Cube 工程，修改 FreeRTOS 任务属性，如图 8-12 所示，其余组件设置如图 8-13 所示保持不变。

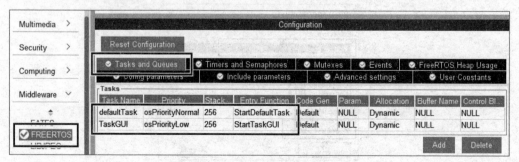

图 8-12 修改 EX07 的任务属性

第 8 章 GUI 显示应用

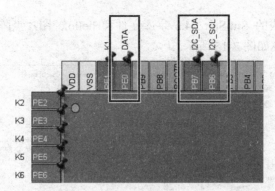

图 8-13 EX07 工程的温度传感器和 OLED 屏幕端口设置

重新导出生成 EX07 的 MDK 工程，复制 OLED 文件夹到 EX07 工程的 Drivers 子目录下。用 MDK 打开工程后，添加 OLED 文件组并将 OLED 驱动程序文件添加到 OLED 文件组中，然后设置工程包含路径添加 OLED 所在路径，如图 8-14 所示。

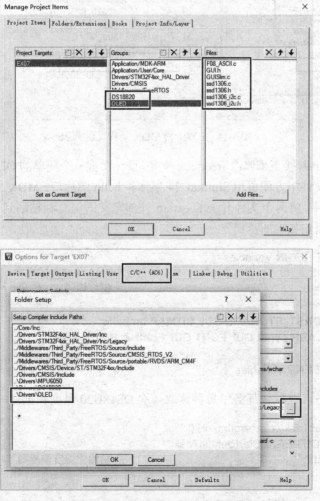

图 8-14 添加 OLED 驱动到工程目录并设置包含路径

最后，把之前生成的 SimSun_24.c 字库文件和 hello.c 图片点阵文件加入工程，EX07 的 MDK 工程文件列表如图 8-15 所示。

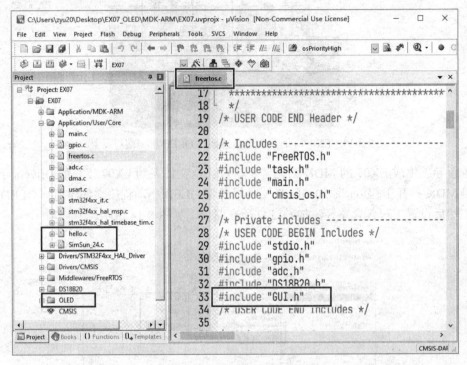

图 8-15　EX07 的 MDK 工程文件列表

编译工程成功后，接下来修改 freertos.c 文件，设计实现一个简单的 OLED 显示温度示例。为了在 freertos.c 文件中方便引用 SimSun_24 字体和 hello 图片，在 MDK 中打开 SimSun_24.c 文件和 hello.c 文件，将两个文件开头的 extern 外部定义语句复制粘贴到 freertos.c 文件的变量定义区，添加语句如下所示：

```
/* USER CODE BEGIN Variables */
uint16_t val[8];                             // DMA 采样数据缓冲
uint16_t adval = 0;                          // 采样均值滤波结果

extern GUI_CONST_STORAGE GUI_BITMAP bmhello;
extern GUI_FLASH const GUI_FONT GUI_FontHZ_SimSun_24;

/* USER CODE END Variables */
```

修改默认任务，在默认任务中每秒读取一次 DS18B20 温度数据：

```
void StartDefaultTask(void *argument) {
  /* USER CODE BEGIN StartDefaultTask */
  ds18b20_init();                            // 初始化温度传感器

  for(;;) {
    osDelay(1000);
```

```c
    float temp = ds18b20_read();                    // 读取温度
    printf("temp:%.1f\n", temp);                    // 打印读取的温度数据
    uint32_t flag = (int16_t)(temp * 10) & 0xFFFF;  // 放大 10 倍转换为整数
    osThreadFlagsSet(TaskGUIHandle, flag);          // 发送温度给 GUI 任务显示
  }
  /* USER CODE END StartDefaultTask */
}
```

在 GUI 任务函数中，添加如下代码，初始化 GUI 图形库，绘制 LOGO 画面，并在循环中接收温度数据进行显示：

```c
void StartTaskGUI(void *argument)
{
  /* USER CODE BEGIN StartTaskGUI */
  GUI_Init();                                      // 初始化 GUI 图形库
  GUI_SetFont(&GUI_FontHZ_SimSun_24);              // 设置 24 号宋体
  GUI_DispString("您好！\nOLED");                   // 显示 LOGO 文本
  GUI_Update();                                    // 刷新 OLED 屏幕显示

  osDelay(2000);                                   // 延时等待 2 s
  GUI_DrawBitmap(&bmhello, 64, 0);                 // 显示 LOGO 图片
  GUI_Update();                                    // 刷新 OLED 屏幕显示

  GUI_SetFont(GUI_DEFAULT_FONT);                   // 设置默认 ASCII 字体
  for(;;)
  {
    // 10 ms 等待主任务发送数据，超时返回
    uint32_t flags = osThreadFlagsWait(0xFFFF, osFlagsWaitAny, 10);
    if (!(flags & osFlagsError)) {                 // 有接收到主任务标志
      int temp = (int16_t)flags;                   // 提取温度数据转为有符号数据
      char str[20];
      sprintf(str, "Temp: %.1f", temp / 10.0f);    // 格式化显示内容

      GUI_ClearRect(0, 50, 64, 60);                // 清空上次显示内容
      GUI_DispStringAt(str, 0, 50);                // 显示温度数据
      GUI_Update();                                // 刷新屏幕显示
    }
    osDelay(1);
  }
  /* USER CODE END StartTaskGUI */
}
```

代码修改结束后，重新编译 EX07 工程，在学习板上的下载测试结果如图 8-16 所示，手指触摸温度传感器时，可以看到屏幕显示的温度数值也随之变化，本小节示例演示完成。

图 8-16 EX07 示例程序测试结果

8.3 MCU 接口 LCD 介绍

随着嵌入式应用的功能提升，在某些需要彩色显示以及更大分辨率的应用场景，彩色液晶屏的应用需求也越来越多。彩色液晶屏种类众多，接口也分 SPI 接口、MCU 并行接口、LVDS 接口、MIPI 接口和 HDMI 接口等。从接口引脚数量和控制方便上考虑，小屏幕上使用 SPI 接口比较多，如果需要更高的刷新速率和更好的显示效果，大屏幕 LCD 使用 MCU 并行接口或者 LVDS 接口比较多，再往上的超高分辨率和音视频数据传输要求，则使用 MIPI 或 HDMI 接口。

限于液晶屏接口板上引脚排列不同，大多数 MCU 接口的液晶屏不一定能通用直插到任一款学习板上。本书配套的学习板和大多数嵌入式开发板类似，虽然支持 MCU 并行接口的彩色液晶屏，但学习板上的 15×2 扩展接口只支持限定型号的液晶屏直插使用。配套的 2.4 寸 LCD 模块与学习板连接方式及模块管脚分布如图 8-17 所示。

图 8-17　2.4 寸 LCD 模块与学习板连接方式及其管脚分布

配套学习板上的 15×2 扩展口原理图如图 8-18 所示。

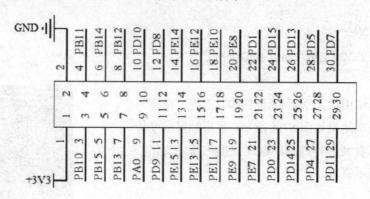

图 8-18　学习板扩展口原理图

因为 STM32 单片机通常使用 FSMC 总线连接并行接口 LCD，因此当 LCD 模块插入学习板的 15×2 扩展口插座时，需要注意扩展口插座上连接 LCD 并行接口的各个引脚必须是 FSMC 总线对应的单片机引脚。扩展口单片机引脚列表如表 8-2 所示。

表 8-2 学习板 15×2 扩展口引脚列表

接口编号	STM32 引脚	功 能	LCD 模块引脚
1	3.3V	3.3 V 供电	3V3
2	GND	接地	GND
3	PB10	TIM2_CH3\I2C2_SCL\USART3_TX	BL
4	PB11	TIM2_CH4\I2C2_SDA\USART3_RX	IQR
5	PB15	SPI2_MOSI\TIM12_CH2	MOSI
6	PB14	SPI2_MISO\TIM12_CH1	MISO
7	PB13	SPI2_SCK\CAN2_TX	SCK
8	PB12	CAN2_RX	T_CS
9	PA0	SYS_WKUP\TIM2_CH1\TIM2_ETR\TIM8_ETR	
10	PD10	FSMC_D15	D15
11	PD9	FSMC_D14\USART3_RX	D14
12	PD8	FSMC_D13\USART3_TX	D13
13	PE15	FSMC_D12	D12
14	PE14	FSMC_D11\TIM1_CH4	D11
15	PE13	FSMC_D10\TIM1_CH3	D10
16	PE12	FSMC_D9\TIM1_CH3N	D09
17	PE11	FSMC_D8\TIM1_CH2	D08
18	PE10	FSMC_D7\TIM1_CH2N	D07
19	PE9	FSMC_D6\TIM1_CH1	D06
20	PE8	FSMC_D5\TIM1_CH1N	D05
21	PE7	FSMC_D4\TIM1_ETR	D04
22	PD1	FSMC_D3\CAN1_TX	D03
23	PD0	FSMC_D2\CAN1_RX	D02
24	PD15	FSMC_D1\TIM4_CH4	D01
25	PD14	FSMC_D0\TIM4_CH3	D00
26	PD13	TIM4_CH2	RST
27	PD4	FSMC_NOE	RD
28	PD5	FSMC_NWE	WR
29	PD11	FSMC_A16	RS
30	PD7	FSMC_NE1	CS

从表 8-2 中可以看出，在使用扩展接口连接 LCD 后，因为占用的引脚过多，和学习板上的 8 个 LED 灯有了冲突，因此在操作 LCD 时 LED 灯也会受到影响。

8.4 LCD 应用实践

接下来，本节将在 EX07 示例的基础上，添加 FSMC 总线连接 LCD 模块，设计实现一个简单的麦克风采样数据动态曲线示例。实践之前，注意先关闭已经打开的 EX07 工程，将整个工程文件夹打包备份。

8.4.1 emWin 图形库介绍

emWin 是 Segger 公司针对嵌入式平台开发的图形软件库，适用于多种 LCD 的操作应用，可输出较高质量的文字和图形。通过调用 emWin 提供的函数接口，开发嵌入式图形界面应用变得较为简单、快捷。

emWin 和 ucGUI 功能比较接近，可以说 ucGUI 是 Segger 为 ucOS 定制的一个早期版本，本章 8.1 节中介绍的 GUISlim 就是 ucGUI 的裁剪版本。CubeMX 软件安装的固件包中已经附带了一份 emWin，省去了图形库源码的下载过程，这是 Segger 公司为 ST 公司定制的一个 emWin 版本，称为 STemWin，适合 STM32 使用。非 ST 的 MCU 使用 emWin 图形库，可以在 MDK 软件的 Manage Run-Time Environment 配置窗口中通过添加 Graphics 项引入 emWin 图形库。

emWin 的特性包括以下几点。

（1）图形库：支持不同色深的位图；可使用位图转换器；绝对无浮点使用；可快速绘制线/点和圆形/多边形；拥有不同的绘图模式。

（2）字体：配备十余种不同的英文字体；可以定义新的字体并只需简单链接；只有应用程序使用的字体才实际链接到生成的可执行程序，从而使 ROM 使用最小；字体可分别在 X 和 Y 方向完全缩放；可使用字体转换器根据任意字体生成自定义字体。

（3）窗口管理器（WM）：完整的窗口管理操作，包括裁剪；窗口客户区以外的区域不可能被覆盖，窗口可以移动和调整大小，支持回调例程；窗口控件的界面风格类似于 Windows 7 界面，因此可以制作出优美的界面，使制作出来的界面更人性化。

（4）支持触摸屏和鼠标：对于按钮小工具等窗口对象，emWin 提供触摸屏和鼠标支持。

（5）提供一系列 PC 端开发工具：位图转换器、字体转换器、编码转换器、界面设计器、界面查看器和界面模拟器等。

以上特性，每一个拿出来细说，篇幅都比较长，本节仅做简单的应用示例，详细内容可参考官方的"emWin 用户参考手册"，网上也有爱好者做的中文翻译版可供查询。

8.4.2 FSMC 总线配置

打开 EX07 的 CubeMX 工程，添加 FSMC 总线接口中，如图 8-19 所示。

除了 FSMC 总线接口，LCD 模块还要添加的端口包括 SPI2 触摸屏接口以及复位、背光等几个 IO 端口。如图 8-20 所示，在 CubeMX 器件视图中，添加 SPI2 外设和 3 个输出端口。要注意端口名称和驱动程序中的端口名称相同，PB10 命名为"LCD_BL"，PB12 命名为"T_CS"，PD13 命名为"LCD_RST"。

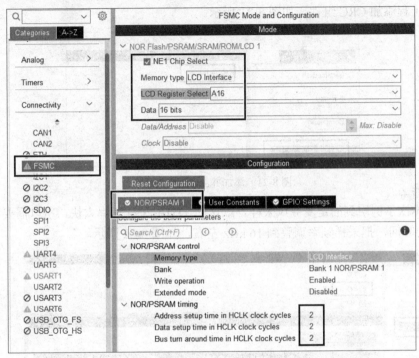

图 8-19　添加 FSMC 总线接口

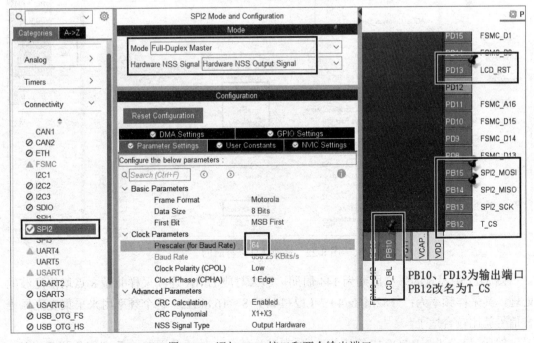

图 8-20　添加 SPI2 接口和两个输出端口

图 8-20 中 SPI2 的设置参数如下：Clock Parameters 栏目中分频系数改为 64，Advanced Parameters 栏目中 CRC Calculation 选项改为 Enabled。

由于 ST 版本的 emWin 有一个 CRC 验证机制，因此如果要使用 CubeMX 附带的 emWin，还需要给工程添加 CRC 组件，如图 8-21 所示。

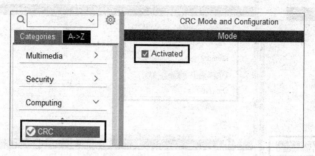

图 8-21　添加并激活 CRC 组件

因为本次示例用到的是麦克风采样，默认的 DMA 采样速率太快，所以需要调整一下 AD 采样的时间，把采样频率调整到 16 kHz 左右，如图 8-22 所示。

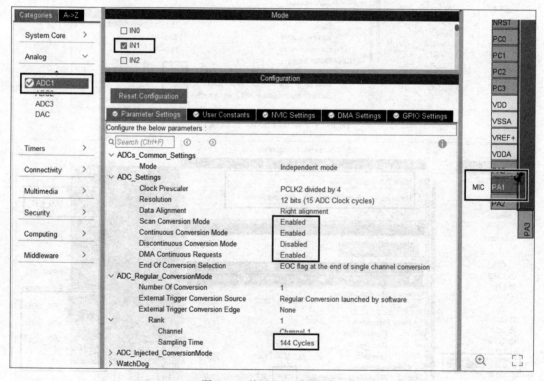

图 8-22　修改 AD 采样时间

图 8-22 中设置的采样周期为 144 周期，那么对应 DMA 连续采样并做 8 点均值滤波的处理，其采样频率为：（82MHz/4）/（12+144）/8≈16.8kHz。这个频率用来采集麦克风语音信号就比较合适了。

然后，修改 FreeRTOS 中的任务设置，在默认任务之外还多添加了 TaskGUI 和 TaskKey

两个任务，如图 8-23 所示。注意这 3 个任务的优先级和栈空间大小设置。

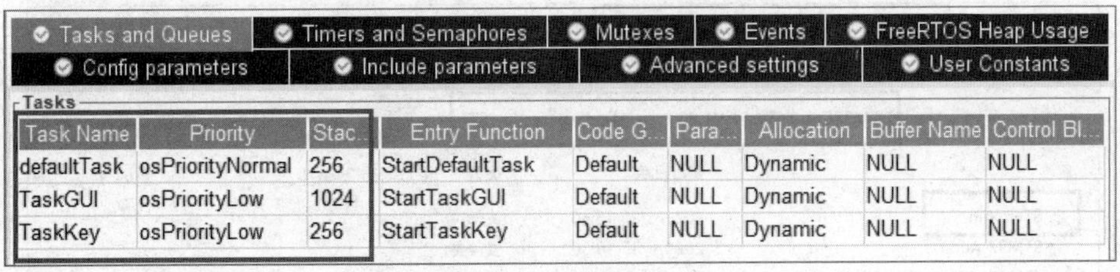

Tasks and Queues
Timers and Semaphores
Mutexes
Events
FreeRTOS Heap Usage
Config parameters
Include parameters
Advanced settings
User Constants
Tasks
Task Name | Priority | Stac... | Entry Function | Code G... | Para... | Allocation | Buffer Name | Control Bl...
defaultTask | osPriorityNormal | 256 | StartDefaultTask | Default | NULL | Dynamic | NULL | NULL
TaskGUI | osPriorityLow | 1024 | StartTaskGUI | Default | NULL | Dynamic | NULL | NULL
TaskKey | osPriorityLow | 256 | StartTaskKey | Default | NULL | Dynamic | NULL | NULL

图 8-23　修改 FreeRTOS 任务设置

最后，为了给曲线绘图时的采样数据做互斥保护，添加了一个名为 binSem 的二值信号量，如图 8-24 所示。因为互斥量不能在中断中使用，所以使用信号量来进行数据同步操作。

Binary Semaphores
Semaphore Name | Allocation | Control Block Name
binSem | Dynamic | NULL
Add
Delete

图 8-24　添加二值信号量

设置完成后，重新导出生成 MDK 工程，接下来准备 LCD 驱动和 emWin 图形库的移植。

8.4.3　LCD 屏驱动移植接口

如图 8-25 所示，启动 CubeMX 软件后，执行菜单 Help→Update Setting 命令，找到 CubeMX_Packs 固件包所在路径。

Updater Settings
Updater Settings
Connection Parameters
Firmware Repository
Repository Folder
C:/Users/zyu20/STM32Cube/Repository/
Browse
Check and Update Settings
Manual Check
Automatic Check
Interval between two Checks (days)
5

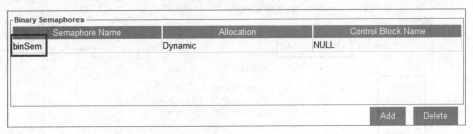

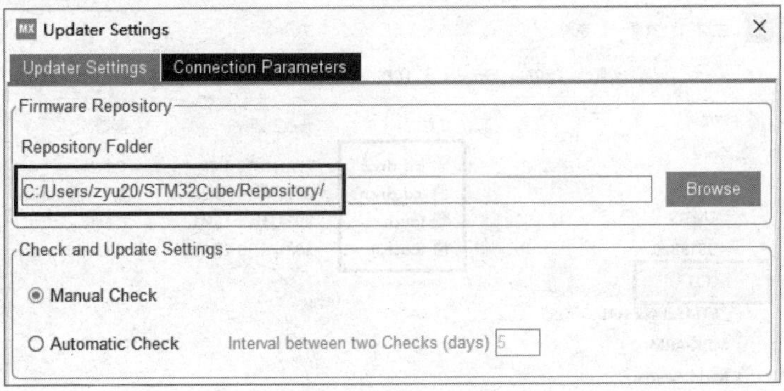

图 8-25　固件安装目录

然后到 Windows 资源管理器中找到固件安装路径，进入其中一个 STM32F4 的固件文件夹，再进入 Middlewares 子目录中的 ST 子目录，如图 8-26 所示，复制 STemWin 文件夹。

再回到 EX07 工程所在目录，将复制的 STemWin 文件夹粘贴到 EX07 工程目录，并且进入刚粘贴的 STemWin 子目录，如图 8-27 所示，仅保留 Config、inc、Lib 和 OS 4 个子目录，其余子目录都删除。

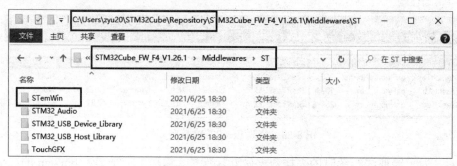

图 8-26 复制 STemWin 文件夹

图 8-27 复制 STemWin 到 EX07 工程

接下来，还需要将 LCD 驱动文件加入 EX07 工程，配套学习板提供有 LCD 模块的驱动文件源码包 LCD.zip。将 LCD.zip 解压缩后得到一个 LCD 文件夹，里面有 LCD 液晶屏和触摸屏的源文件及其头文件，把 LCD 文件夹复制粘贴到 EX07 工程的 Drivers 子目录中，如图 8-28 所示。

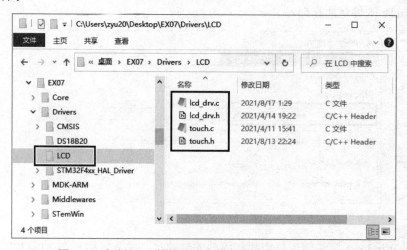

图 8-28 复制 LCD 模块驱动文件夹到工程 Drivers 子目录

最后，打开 EX07 的 MDK 工程，继续在 MDK 中对工程进行设置。如图 8-29 所示，将刚添加的 STemWin 和 LCD 源码添加到工程的文件组，并删除之前的 OLED 文件组。

第 8 章 GUI 显示应用

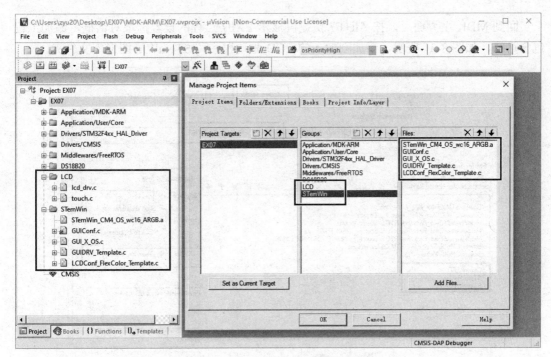

图 8-29 添加 LCD 和 STemWin 文件组

STemWin 文件组中添加了其下的 Config 子目录中的 GUIConf.c、GUIDRV_Template.c 和 LCDConf_FlexColor_Template.c 3 个源文件，OS 子目录中的 GUI_X_OS.c 源文件，以及 Lib 子目录中的 STemWin_CM4_OS_wc16_ARGB.a 库文件。注意，.a 库文件添加完成后需要另外设置其文件属性。在 MDK 主界面的工程文件列表中，右击该库文件，选择 Options of file 选项，进入文件选项对话框，修改文件类型为 Library file，如图 8-30 所示。

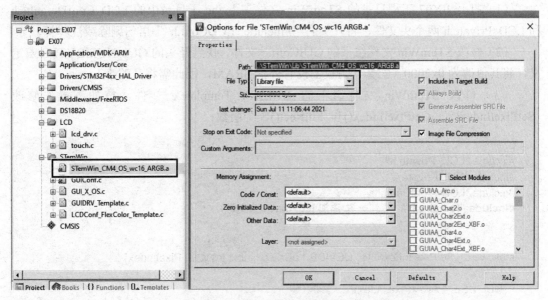

图 8-30 修改 .a 文件类型为库文件

回到 MDK 主界面后，按 Alt+F7 快捷键显示 EX07 工程的设置选项对话框，添加工程包含路径，如图 8-31 所示，添加刚加入的 LCD 驱动程序和 STemWin 图形库文件夹。

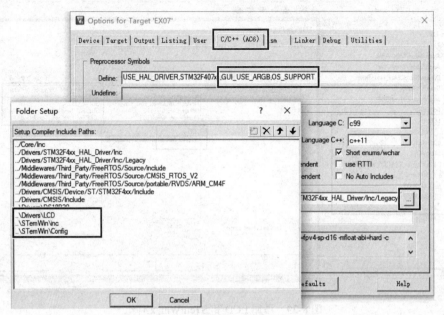

图 8-31　添加工程包含路径

图 8-31 中还添加了两个工程定义，这两个定义都是 STemWin 图形库的配置定义，GUI_USE_ARGB 表示图形库要用到的颜色格式，OS_SUPPORT 表示图形库支持多任务特性。

添加完 STemWin 和 LCD 驱动文件后，接下来准备 STemWin 图形库的接口移植，主要修改包括以下几个步骤。

（1）打开 EX07 工程目录的 STemWin 文件夹下 inc 了目录中的 LCD_ConfDefaults.h 和 LCD_Private.h 两个头文件，将开头的 "#include "LCDConf.h"" 语句删除或注释掉。

（2）修改 STemWin 文件组下的 GUIConf.c 文件，找到开头的 GUI_NUMBYTES 宏定义，将其值改为 0x2000（配套学习板上没有外扩 SRAM，因此需将其改小）。

（3）修改 STemWin 文件组下的 GUIDRV_Template.c 文件，按如下操作修改 _SetPixelIndex()、_GetPixelIndex()和_FillRect() 3 个函数：

```
...
#include "LCD_Private.h"
#include "GUI_Private.h"
#include "LCD_ConfDefaults.h"
#include "lcd_drv.h"              // 添加 lcd_drv.h 头文件
...
static void _SetPixelIndex(GUI_DEVICE * pDevice,int x, int y, int PixelIndex) {
  ...
  GUI_USE_PARA(PixelIndex);
  {
```

```
        //
        // Write into hardware ... Adapt to your system
        //
        // TBD by customer...
        //
        DrawPixel(x, y, PixelIndex);              // 添加打点操作
    }
    ...
}
...
static unsigned int _GetPixelIndex(GUI_DEVICE * pDevice, int x, int y) {
    ...
    GUI_USE_PARA(y);
    {
        //
        // Write into hardware ... Adapt to your system
        //
        // TBD by customer...
        //
//      PixelIndex = 0;
        PixelIndex = (int)GetPoint(x, y);         // 清零操作改为读取颜色操作
    }
    ...
}

static void _FillRect(GUI_DEVICE * pDevice, int x0, int y0, int x1, int y1) {
    ...
    } else {
//      for (; y0 <= y1; y0++) {
//          for (x = x0; x <= x1; x++) {
//              _SetPixelIndex(pDevice, x, y0, PixelIndex);
//          }
//      }
        // 循环打点操作改为调用 LCD 驱动函数，提高填充效率
        LCD_Fill(x0, y0, x1 - x0 + 1, y1 - y0 + 1, PixelIndex);
    }
}
```

（4）修改 STemWin 文件组下的 LCDConf_FlexColor_Template.c 文件，修改 LCD_X_Config()和 LCD_X_DisplayDriver()两个函数：

```
#include "GUI.h"
#include "GUIDRV_FlexColor.h"
#include "lcd_drv.h"                              // 添加 lcd_drv.h 头文件
...
```

```
#define XSIZE_PHYS    320                          // 屏幕宽度 240 改为 320
#define YSIZE_PHYS    240                          // 屏幕高度 320 改为 240

...
void LCD_X_Config(void) {
  // 只保留以下 3 行代码
  GUI_DEVICE_CreateAndLink(GUIDRV_TEMPLATE, GUICC_565, 0, 0);
  LCD_SetSizeEx (0, XSIZE_PHYS , YSIZE_PHYS);
  LCD_SetVSizeEx(0, VXSIZE_PHYS, VYSIZE_PHYS);
}

...
int LCD_X_DisplayDriver(unsigned LayerIndex, unsigned Cmd, void * pData) {
  ...
  case LCD_X_INITCONTROLLER: {
    Lcd_Initialize();                              // 添加液晶屏初始化函数
    return 0;
  }
  ...
}
```

按以上步骤修改之后，LCD 屏的驱动接口移植就完成了，不过之前的 EX07 工程是在 OLED 屏幕上的应用演示，两边应用的图形库不太一样，编译之前还需要简单修改一下 freertos.c 中的功能代码：

```
...
extern GUI_CONST_STORAGE GUI_BITMAP bmhello;
extern const GUI_FONT GUI_FontHZ_SimSun_24;       // 去除 GUI_FLASH 关键字

...
void StartTaskGUI(void *argument) {
  ...
  GUI_Init();
  GUI_SetFont(&GUI_FontHZ_SimSun_24);
  GUI_DispString("您好！\nLCD");                    // OLED 改为 LCD
  // GUI_Update();                                 // GUI_Update 语句不再需要了
  osDelay(2000);
  GUI_DrawBitmap(&bmhello, 64, 0);
  // GUI_Update();                                 // GUI_Update 语句不再需要了
  ...
}
```

修改完成后，重新编译工程，编译成功后下载程序到学习板上，测试结果如图 8-32 所示。

可以看到，之前在 OLED 屏幕上显示的单色画面，现在在 LCD 屏幕上也显示出来了，由此说明 LCD 驱动和 emWin 图形库接口移植成功。

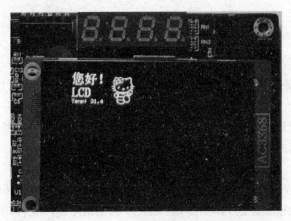

图 8-32　EX07 的 LCD 驱动和图形库移植测试结果

8.4.4　GUI 应用设计

在 GUI 界面比较多的时候，通常使用多级菜单的形式来设计 GUI 程序界面。例如，程序上电启动后显示 LOGO，然后进入 GUI 任务主循环中，默认显示功能主菜单页面，主菜单页面中显示有不同的功能项，通过按键可以切换进入某个功能项，在功能项界面中，用户又可以通过不同的按键进入功能子项界面或者返回主菜单界面。整个 GUI 应用的程序结构如图 8-33 所示。

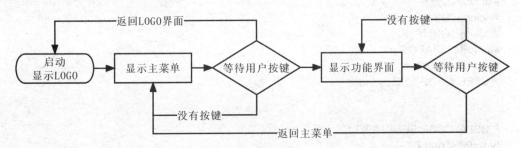

图 8-33　GUI 应用程序常见结构

程序设计时，可以定义一个整数或枚举变量来表示当前显示的界面，然后在按键任务中对应不同的按键和界面状态来修改变量的值。

在 GUI 任务主循环中使用 switch 语句对该变量进行分支判断，不同的界面调用不同的界面显示子函数。

EX07 的 GUI 应用示例虽然没有太复杂的界面设计，但仍然有 3 个显示页面。

（1）页面 1：上电启动后的主界面，显示程序标题、功能按键、温度和 AD 采样的即时数据。页面 1 状态下，单击"曲线"按钮，跳转到页面 2。

（2）页面 2：AD 采样数据曲线的动态显示页面，显示内容包括程序标题、功能按键、AD 采样数据曲线。页面 2 状态下，单击"数据"按钮，跳转到页面 1，单击"曲线"按钮，跳转到页面 3。

（3）页面 3：温度记录曲线显示页面，显示内容包括程序标题、功能按键和温度记录曲线。页面 3 状态下，单击"数据"按钮，跳转到页面 1，单击"曲线"按钮，跳转到页面 2。

此时，EX07 工程的 3 个任务分工如下。

（1）默认主任务：每隔 1 s 读取一次 DS18B20 采样温度，读取数据保存到 temp 全局变量，并通知 GUI 任务记录和刷新显示。

（2）GUI 显示任务：初始化 GUI 图形库后，显示程序标题，然后在循环中等待任务通知到来时记录数据并刷新页面显示。

（3）按键任务：等待 GUI 初始化之后，创建"数据"和"曲线"两个按钮控件，并在循环中检测按钮或按键动作，同时循环中每隔 20 ms 扫描一次触摸屏和刷新一次控件显示。

此外，麦克风数据采样因为使用的是 ADC1 的 DMA 连续采样功能，每采样一定数量后会触发一次 DMA 采样完成中断回调函数。因为采样速率比较快，不可能每采样一个数据就刷新一次显示，因此程序设计在该回调函数中，每当采样记录完成一条数据曲线后通知 GUI 任务刷新显示。

接下来开始修改 freertos.c 中的程序代码，添加数据曲线相关数据结构和全局变量定义：

```
...
/* USER CODE BEGIN Includes */
#include "stdio.h"
#include "string.h"
#include "gpio.h"
#include "adc.h"
#include "DS18B20.h"
#include "GUI.h"
#include "DIALOG.h"
#include "touch.h"
/* USER CODE END Includes */

...
/* USER CODE BEGIN PTD */
typedef struct {
    uint16_t points[320];   // 每条曲线记录 320 个数据点
    uint16_t cnt;           // 已记录数据点个数
    int oy;                 // 绘制曲线时的左上角纵坐标，横坐标默认为 0
    int sw;                 // 绘制曲线时的总宽度（320）
    int sh;                 // 绘制曲线时的总高度
} LINES;                    // 结构体类型名称 LINES
/* USER CODE END PTD */

...
/* USER CODE BEGIN Variables */
uint16_t val[8];            // DMA 采样数据缓冲
uint16_t adval = 0;         // 采样均值滤波结果
float temp = 0;             // DS18B20 读取温度
LINES ls1, ls2;             // AD 采样数据曲线
LINES tls;                  // 温度记录数据曲线
```

```
int gui_idx = 0;                    // 0：数据显示，1：麦克风曲线显示，2：温度曲线显示

extern GUI_CONST_STORAGE GUI_BITMAP bmhello;        // 单色图片改为彩色 24 位
extern const GUI_FONT GUI_FontHZ_SimSun_24;         // 两个按钮控件使用字体
extern const GUI_FONT GUI_FontHZ_SimSun_24AA4;      // 宋体 24 号平滑字体
extern const GUI_FONT GUI_FontHZ_STFangSong_72AA4;  // 仿宋 72 号平滑字体
/* USER CODE END Variables */
```

以上代码，包含头文件中有一个 DIALOG.h 文件，此头文件用来在程序界面上添加按键控件所用。AD 采样数据曲线和温度记录数据曲线不太一样，AD 曲线的变量有 ls1 和 ls2 两个。因为 DMA 连续 AD 采样速率很快，曲线显示和数据记录不能同步进行，因此需要定义两个曲线变量，ls1 用来在 AD 采样中断回调函数中记录每次均值滤波的结果，ls2 用来在 GUI 任务中绘图显示所用。

另外，为了 LCD 显示的界面美观，程序中修改了 hello 图片，将之前的单色位图改为了 24 位真彩色图片数据。程序还另外添加了两个点阵平滑字体：24 号宋体和 72 号仿宋体。这两个字体的.c 文件也需要另外创建和添加到工程中。

修改默认主任务函数代码如下，每隔 1 s 读取一次温度，发送通知给 GUI 任务：

```
void StartDefaultTask(void *argument) {
  /* USER CODE BEGIN StartDefaultTask */
  ds18b20_init();                                    // 初始化温度传感器
  HAL_ADC_Start_DMA(&hadc1, (uint32_t *)val, 8);     // 开启 DMA 连续 AD 采样
  ls1.cnt = ls2.cnt = tls.cnt = 0;                   // 初始化曲线记录数据点数为 0
  ls1.oy = ls2.oy = tls.oy = 90;                     // 设置曲线绘图左上角 y 坐标为 90
  ls1.sw = ls2.sw = tls.sw = 320;                    // 设置曲线绘图宽度为屏幕宽度
  ls1.sh = ls2.sh = tls.sh = 240 - 90;               // 设置曲线绘图高度为 150

  for(;;) {
    osDelay(1000);
    temp = ds18b20_read();
    printf("adval:%d, temp:%.1f\n", adval, temp);   // 打印读取的温度数据

    osThreadFlagsSet(TaskGUIHandle, 0x01);          // 发送 0x01 任务通知
  }
  /* USER CODE END StartDefaultTask */
}
```

在主任务中，除了初始化温度传感器，还初始化了 3 个数据曲线结构体变量的成员初值，这个初始化操作必须在使用 3 个曲线数据变量之前进行。

应用程序的显示功能，初始化图形库，显示标题、图片，循环等待任务通知，修改 GUI 任务函数代码如下：

```
void StartTaskGUI(void *argument) {
  /* USER CODE BEGIN StartTaskGUI */
  GUI_Init();
  GUI_SetBkColor(GUI_WHITE);  GUI_Clear();          // 以白色底色清屏
  GUI_DrawBitmap(&bmhello, 0, 0);                   // 左上角显示 LOGO 图片
```

```c
    GUI_SetFont(&GUI_FontHZ_SimSun_24AA4);              // 选用平滑字体
    GUI_SetColor(GUI_RED);                              // 设置前景色为红色
    GUI_DispStringAt("EX07 LCD 应用", 75, 13);           // 显示程序标题

    GUI_RECT rc = {0, 90, 320, 240};                    // 定义动态绘图区域矩形变量
    for(;;) {
      // 10 ms 等待其他任务发送通知标志 0x01、0x02 或 0x04，超时返回
      uint32_t flags = osThreadFlagsWait(0x07, osFlagsWaitAny, 10);
      if (!(flags & osFlagsError)) {      // 如果接收任务通知标志成功
        if (flags & 0x01)   {             // 如果是主任务的通知标志，存储温度
          if (tls.cnt < tls.sw)           // 如果曲线数组还没存满
            tls.points[tls.cnt++] = tls.sh - (temp - 25) * tls.sh / 10;
          else {                          // 曲线数组已经存满，剔除第一个数据，追加最新的数据
            memcpy(tls.points, &(tls.points[1]),
                   (tls.sw - 1) * sizeof(tls.points[0]));
            // 使用算式(temp - 25)*tls.sh/10，表示显示温度范围 25～35℃
            tls.points[tls.sw - 1] = tls.sh - (temp - 25) * tls.sh / 10;
          }
        }

        osSemaphoreAcquire(binSemHandle, osWaitForever);// 数据同步
        // 内存设备绘图，防止画面闪烁
        GUI_MEMDEV_Draw(&rc, FrameDraw, NULL, 0, GUI_MEMDEV_NOTRANS);
        osSemaphoreRelease(binSemHandle);               // 释放信号量，同步结束

        GUI_SetFont(&GUI_FontHZ_SimSun_24AA4);          // 设置字体
        GUI_SetColor(GUI_RED);                          // 设置颜色

        // 显示页面标题
        if (1 == gui_idx)
          GUI_DispStringAt("AD 采样曲线    ", 75, 58);
        else if (2 == gui_idx)
          GUI_DispStringAt("温度记录曲线", 75, 58);
        else
          GUI_DispStringAt("即时采样数据", 75, 58);
      }
      osDelay(1);
    }

    /* USER CODE END StartTaskGUI */
}
```

在 GUI 任务函数中，开始初始化 GUI 图形库后，显示了 LOGO 图片和程序标题，然后就在任务循环中等待其他任务或中断发送过来的任务通知。当接收到 0x01、0x02 或 0x04（合并值为 0x07）任一通知时刷新屏幕显示。

如果在循环中接收到主任务的通知标志 0x01，那么将刚读取的温度数据存储到温度曲线变量 tls 的数组之中。AD 采样数据的存储在 AD 采样中断回调函数中进行，当存储完一整条曲线的数据时中断回调函数会发送通知标志 0x02 给 GUI 任务。之前已经添加的中断

回调函数 HAL_ADC_ConvCpltCallback() 的功能代码修改如下：

```c
void HAL_ADC_ConvCpltCallback(ADC_HandleTypeDef* hadc) {
    static int cnt = 0;                        // 定义静态局部变量 cnt，用来做简单的延时处理
    if (hadc == &hadc1) {
        int sum = 0;
        for (int i = 0; i < 8; ++i)
            sum += val[i];
        adval = sum / 8;

        if (ls1.cnt < ls1.sw && ++cnt >= 180)  // 数据未存满（约 500 个数据）
            ls1.points[ls1.cnt++] = ls1.sh - adval * ls1.sh / 4096;
        if (ls1.cnt >= ls1.sw &&               // 数据已存满，且已获得同步信号量
            (osSemaphoreAcquire(binSemHandle, 0) == osOK)){
            memcpy(&ls2, &ls1, sizeof(ls1));   // 复制 ls1 到 ls2
            osThreadFlagsSet(TaskGUIHandle, 0x02);  // 通知 GUI 任务刷新显示
            osSemaphoreRelease(binSemHandle);  // 释放同步信号量
            ls1.cnt = 0;
            cnt = 0;
        }
    }
}
```

在 GUI 任务函数中，数据曲线的绘图用到了内存设备绘图方法 GUI_MEMDEV_Draw() 函数，因为中断回调函数发送的 0x02 任务通知标志非常快（按之前设计的 16 kHz 采样频率，发送标志的间隔时间为 500/16≈31 ms），如果不使用内存设备绘图方法，刷新时的屏幕闪烁情况就会比较明显。

在 freertos.c 文件中，添加 3 个页面状态的绘制函数 FrameDraw()，代码如下：

```c
/* USER CODE BEGIN FunctionPrototypes */
void FrameDraw(void *para);                    // 文件开头的函数原型区添加函数声明
/* USER CODE END FunctionPrototypes */

...
void FrameDraw(void *para) {                   // 文件末尾添加函数定义
    char str[20];                              // 格式化字符串
    GUI_Clear();                               // 清屏（内存绘图的清屏只会清除指定内存绘图区域）
    GUI_SetColor(GUI_BLUE);                    // 设置前景色为蓝色（画笔颜色）
    if (0 == gui_idx)   {                      // 显示即时采样数据
        GUI_SetFont(&GUI_FontHZ_STFangSong_72AA4);  // 使用大号字体
        sprintf(str, "温度:%.1f°C", temp);
        GUI_DispStringAt(str, 0, 90);
        sprintf(str, "AD 值:%d", adval);
        GUI_DispStringAt(str, 0, 160);
    }
    else if (1 == gui_idx)                     // 显示麦克风采样曲线
        GUI_DrawGraph((short *)ls2.points, ls2.cnt, 0, ls2.oy);
    else if (2 == gui_idx)                     // 显示温度记录曲线
```

```
    GUI_DrawGraph((short *)tls.points, tls.cnt, 0, tls.oy);
}
/* USER CODE END Application */
```

绘制麦克风采样曲线时,因为考虑到中断回调函数中在不停地记录存储采样数据,为了保证绘制曲线数据完整,使用了信号量同步数据的操作。在内存设备绘图之前,先调用 osSemaphoreAcquire() 函数获取 binSemHandle 信号量,此时在中断回调函数中再次获取该信号量就会失败,那么就不会更新 ls2 数据曲线。当 FrameDraw() 绘制完成,GUI 任务中就调用 osSemaphoreRelease 释放 binSemHandle 信号量,此时在中断回调函数中再次获取该信号量就会成功,然后就可以更新 ls2 数据曲线了。

最后,修改 TaskKey 任务函数,添加创建按钮组件和触摸屏扫描功能,代码如下:

```
void StartTaskKey(void *argument) {
  /* USER CODE BEGIN StartTaskKey */
  osDelay(500);                          // 延时,保证创建按钮控件之前 GUI 已经初始化
  BUTTON_Handle btnData = BUTTON_CreateAsChild(     // 创建数据按钮
      GUI_GetScreenSizeX() - 90, 5, 80, 40, 0, 'D', WM_CF_SHOW);
  BUTTON_SetFont(btnData, &GUI_FontHZ_SimSun_24);
  BUTTON_SetText(btnData, "数据");

  BUTTON_Handle btnLine = BUTTON_CreateAsChild(     // 创建曲线按钮
      GUI_GetScreenSizeX() - 90, 50, 80, 40, 0, 'L', WM_CF_SHOW);
  BUTTON_SetFont(btnLine, &GUI_FontHZ_SimSun_24);
  BUTTON_SetText(btnLine, "曲线");

  for(;;) {
    GUI_Exec();                          // 控件显示刷新
    TouchProcess();                      // 触摸屏扫描
    switch (GUI_GetKey()) {              // 获取按键信息
      case 'D':                          // 如果是数据按钮动作
        gui_idx = 0;                     // 跳转到页面 1
        osThreadFlagsSet(TaskGUIHandle, 0x04);     // 通知 GUI 任务刷新显示
        break;
      case 'L':                          // 如果是曲线按钮动作
        if (++gui_idx > 2)               // 页面索引加 1,如果超过 2,跳回到 1
          gui_idx = 1;
        osThreadFlagsSet(TaskGUIHandle, 0x04);     // 通知 GUI 任务刷新显示
        break;
      default:
        break;
    }
    osDelay(20);                         // 延时 20 ms
  }
  /* USER CODE END StartTaskKey */
}
```

上述代码中,使用了 emWin 的窗口管理功能,在任务循环之前创建了两个按钮控件。创建按钮控件的 BUTTON_CreateAsChild() 函数中,前面 4 个参数用来指定控件所在矩形位

置,第 5 个参数用来指定控件 ID。在程序代码中为两个按钮控件指定的控件 ID 分别是'D'和'L',当 GUI 检测到按钮控件被单击后,将会把按钮的任务 ID 作为按键动作的键码存储起来,然后在任务循环之中获取 GUI 的按键信息时,就能根据获取的按键键码是否为控件 ID 判断某个按钮控件被单击了。

重新编译工程成功后,下载程序到学习板上,单击按钮控件切换显示页面,对着学习板说话,观察 AD 采样曲线,测试运行结果如图 8-34 所示,GUI 应用设计演示完成。

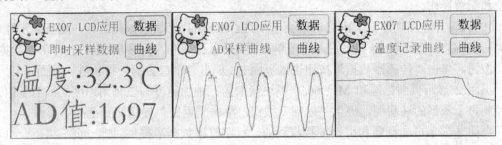

图 8-34　GUI 应用设计测试结果

实验 9　OLED 显示屏数据曲线绘制实验

【实验目标】

掌握 IIC 接口的 OLED 显示驱动使用方法,了解 GUI 界面中的图像、汉字点阵显示和基本 2D 绘图方法,设计实现一个数据音频采样数据曲线显示程序。

【实验内容】

(1) 参照 EX07 示例,在 CubeMX 中添加麦克风、按键、OLED 和串口 1,并配置相应端口模式和外设模块。

(2) 开启 FreeRTOS 操作系统,添加 OLED 显示和按键扫描任务。

(3) 向 MDK 工程添加 OLED 显示驱动文件,在 GUI 任务中添加 GUI 初始化动作,并在任务开始后显示 3 s LOGO 图片(如学校校徽),然后显示姓名和实验名称,保持显示 2 s 后,进入主页面,显示麦克风音频采样数据曲线。主页面除了显示数据曲线,还应在最上方显示一行"当前 AD 值:××××"这样的即时数据信息。

(4) 附加要求:设计实现按键跳转功能。主页面状态下,按下按键 K1 可以返回最开始 LOGO 图片显示;LOGO 图片显示和姓名显示过程中,按下按键 K2 可以直接跳转到主页面显示。

实验 10　LCD 液晶屏 GUI 设计实验

【实验目标】

掌握 LCD 液晶显示驱动使用方法,了解 emWin 图形库基本功能和使用方法,了解复杂 GUI 界面应用设计方法,设计实现一个 GUI 显示应用程序。

【实验内容】

（1）参照 EX07 示例，在 CubeMX 中添加 LCD、串口 1 和 MPU6050 端口，并配置相应端口模式和外设模块。

（2）开启 FreeRTOS 操作系统，添加 GUI 显示、串口数据处理两个额外任务。

（3）向 MDK 工程添加 LCD 液晶驱动文件和 STemWin 图形库文件，完成图形库接口移植和配置操作。

（4）设计程序功能，上电启动后显示 3 s LOGO 图片（如学校校徽），然后显示姓名和实验名称，保持显示 2 s 后，进入主菜单页面，显示标题和"传感器数据"与"串口数据"两个按钮。单击"传感器数据"按钮进入页面 2，单击"串口数据"按钮进入页面 3。

页面 2 显示页面标题和 MPU6050 模块读取的三轴加速度与三轴角速度的当前数值，并绘制每个数据的柱状图，提供"返回"按钮，单击"返回"按钮回到主菜单页面。

页面 3 显示页面标题和串口 1 接收到的一行字符串数据，提供"上一页""下一页""清空""返回"按钮。当接收字符串一页显示不下时，可通过翻页按钮上下翻页（最多 10 页），单击"清空"按钮时返回第 1 页并清除缓存字符串，单击"返回"按钮回到主菜单页面。

（5）附加要求 1：页面 2 中，单击页面上的某个数值时，进入显示数据名称及其数据曲线状态，再次单击屏幕任意位置时返回显示当前数值状态。

（6）附加要求 2：页面 3 可以显示串口 1 接收到的多行字符串数据，同样总共不超过 10 页。当有新的字符串过来时，如果超过 10 页，应该丢弃最早接收的一行字符串，保留最新接收的字符串。

习　题

1. 分辨率为 128×64 点阵的单色 OLED 屏幕，如果其驱动程序用了一个 uint8_t 类型的数组来存储所有像素点颜色信息，请计算这个数组长度的最小值。

2. GUI 应用设计中，最常用的功能是文字和图形图像的显示功能，请列举 GUISlim 图形库中提供的文字、图形和图像 API 函数。

3. GBK 汉字编码共收录了 21003 个汉字，请计算说明为什么 STM32F407VET6 使用 GUISlim 库时不能在芯片内部放下 16×16 大小的全 GBK 汉字点阵。

4. 本章示例用到的 LCD 液晶屏，使用什么接口和 STM32 单片机进行通信？其屏幕分辨率是多少？显示屏上带有一个触摸屏，该触摸屏和 STM32 单片机的通信接口又是什么？

5. 本章示例 EX07 工程，演示了什么方法将默认任务中采集的温度数据传递给显示任务，这种方法相比使用全局变量，有什么优势？

6. 一般而言，在多任务系统中，GUI 任务的优先级都比较低，这是为什么？

第 9 章 定时器应用

定时器可以看作对周期脉冲信号的计数单元，在单片机中定时器通常是对外设时钟信号进行计数。使用定时器时通常需要注意 3 点：位宽、计数值和计数溢出操作。位宽指的是计数单元的位宽，影响定时器的计数范围，如 16 位定时器的计数范围是 0~65535。定时器的计数值要特别注意两个，一个是定时器开始计数时的计数初值，另一个是定时器产生溢出信号时的计数终值。计数溢出操作是定时器计数溢出产生溢出信号时需要完成的操作，对单片机而言即是定时中断服务函数中的执行动作。

传递给定时器的周期性时钟信号，其频率通常称为定时器的时钟频率，定时器计数单元计一次数花费的时间即是该时钟频率的倒数。定时器的定时周期通常是指定时器的定时中断间隔时间，定时周期的计算方法一般如下：（计数终值-计数初值+1）/时钟频率。如 168 MHz 的时钟频率下，计数初值为 0、终值为 167 时，定时周期=(167-0+1)/168 MHz=1 μs。通常定时器时钟频率较高时还会引入一个分频系数，先将时钟频率降低，这样可以避免当需要较大的定时周期时因计数终值太大而超出计数范围的问题。

9.1 STM32F4 定时器介绍

STM32 的定时器丰富多样，按照定时器所在位置可分为内核定时器和外设定时器。内核定时器即指系统节拍定时器（SysTick 定时器），外设定时器又根据功能应用分为常规定时器和专用定时器两大类。常规定时器包括基本定时器、通用定时器和高级定时器，专用定时器则包括低功耗定时器、RTC 实时时钟和看门狗定时器等。本章主要介绍常规定时器应用，后续章节用到专用定时器时将会对应介绍。

9.1.1 常规定时器

常规定时器中，基本定时器几乎没有任何输入/输出通道，通常用作时基，提供基本的定时/计数功能。通用定时器则具备多路独立的捕获和比较通道，可以完成定时/计数、输入捕获、输出比较等功能。高级定时器除具备通用定时器的功能之外，还具备互补信号输出、关断输入等功能，可用于电机控制和数字电源设计等应用场景。

STM32F407 有 14 个常规定时器，其中，有 12 个 16 位定时器，2 个 32 位定时器。除了 TIM6 和 TIM7，其他定时器都有通用定时计数、PWM 输出、输出比较和输入捕获等功能。TIM1 和 TIM8 两个高级定时器带有互补输出功能，常用于电机控制。TIM2 和 TIM5 两个 32 位定时器可用于信号周期频率的高精度测量。这几个定时器的区别如表 9-1 所示。

表 9-1 STM32F407 常规定时器分类

名称	分类	位数	计数模式	捕获/比较通道	互补输出	默认时钟频率/MHz
TIM1、TIM8	高级定时器	16	向上、向下、双向	4	有	168
TIM2、TIM5	通用定时器	32	向上、向下、双向	4	无	84
TIM3、TIM4	通用定时器	16	向上、向下、双向	4	无	84
TIM6、TIM7	基本定时器	16	向上、向下、双向	0	无	84
TIM9	通用定时器	16	向上	2	无	168
TIM10、TIM11	通用定时器	16	向上	1	无	168
TIM12	通用定时器	16	向上	2	无	84
TIM13、TIM14	通用定时器	16	向上	1	无	84

通常在启用了 FreeRTOS 之后，SysTick 定时器被 RTOS 占用，系统建议选择其他定时器作为 HAL 的时钟基准源。一般而言，TIM6 和 TIM7 功能比较简单，因此 HAL 库的时钟基准源推荐选择这两个定时器。

9.1.2 HAL 库定时器应用方法

HAL 库中定时器的应用方法和之前章节的 ADC、串口等复杂外设类似，主要包括外设句柄、编程模型和通用接口函数这 3 部分概念。定时器外设句柄类型为 TIM_HandleTypeDef，这个名称和 ADC 外设句柄类型相似，以外设名称开头，后面接 _HandleTypeDef 尾缀。外设句柄通常都是结构体类型，包含的成员通常有实例指针、配置参数、DMA 句柄指针和运行状态等。HAL 库函数操作外设时，需要对外设实例指针指向地址包含的外设寄存器进行读写操作，因此，HAL 外设相关函数的参数列表的第一个参数通常都是外设句柄指针。

定时器的外设编程模型按照 HAL 库的编程模型标准可分为轮询方式、中断方式和 DMA 方式。这 3 种编程模型相关函数如表 9-2 所示，从表中可以看出，HAL 库编程模型函数通常都是以后缀区分编程模型，入口参数均为外设句柄的指针。

表 9-2 HAL 库中的定时器编程模型函数

函数名称	说明
HAL_TIM_Base_Start(TIM_HandleTypeDef *htim);	启动定时器，轮询方式
HAL_TIM_Base_Stop(TIM_HandleTypeDef *htim);	停止定时器，轮询方式
HAL_TIM_Base_Start_IT(TIM_HandleTypeDef *htim);	启动定时器并开启中断
HAL_TIM_Base_Stop_IT(TIM_HandleTypeDef *htim);	停止定时器及其中断
HAL_TIM_Base_Start_DMA(TIM_HandleTypeDef *htim);	启动定时器并开启 DMA
HAL_TIM_Base_Stop_DMA(TIM_HandleTypeDef *htim);	停止定时器及其 DMA

定时器的通用接口函数包括对定时器的参数配置、初始化、I/O 操作和状态获取等函数，常用的定时器接口函数如表 9-3 所示。

表 9-3 常用定时器接口函数

函数名称	说明
HAL_TIM_PeriodElapsedCallback	定时溢出中断回调函数
__HAL_TIM_SET_COUNTER	设置定时器计数值
__HAL_TIM_GET_COUNTER	获取定时器计数值
__HAL_TIM_SET_AUTORELOAD	设置自动重装载寄存器数值
__HAL_TIM_GET_AUTORELOAD	获取自动重装载寄存器数值
__HAL_TIM_SET_PRESCALER	设置定时器预分频系数
__HAL_TIM_SET_COMPARE	设置定时器通道比较数值
__HAL_TIM_GET_COMPARE	获取定时器通道比较数值
HAL_TIM_PWM_Start、HAL_TIM_PWM_Start_IT、HAL_TIM_PWM_Start_DMA	启动定时器 PWM 输出功能
HAL_TIM_PWM_Stop、HAL_TIM_PWM_Stop_IT、HAL_TIM_PWM_Stop_DMA	停止定时器 PWM 输出功能
HAL_TIM_OC_Start、HAL_TIM_OC_Start_IT、HAL_TIM_OC_Start_DMA	启动定时器输出比较功能
HAL_TIM_OC_Stop、HAL_TIM_OC_Stop_IT、HAL_TIM_OC_Stop_DMA	停止定时器输出比较功能
HAL_TIM_IC_Start、HAL_TIM_IC_Start_IT、HAL_TIM_IC_Start_DMA	启动定时器输入捕获功能
HAL_TIM_IC_Stop、HAL_TIM_IC_Stop_IT、HAL_TIM_IC_Stop_DMA	停止定时器输入捕获功能

一般而言，在 CubeMX 工程中添加了 FreeRTOS 组件并重新设置了 HAL 的系统时钟源之后，导出 MDK 工程的 main.c 文件会在文件末尾自动生成 HAL_TIM_PeriodElapsedCallback() 函数，这是定时器的溢出中断回调函数，当定时器计数溢出发生中断时，在定时器的中断函数中会自动调用这个回调函数。生成的回调函数代码如下：

```
/* USER CODE END 4 */
void HAL_TIM_PeriodElapsedCallback(TIM_HandleTypeDef *htim) {
  /* USER CODE BEGIN Callback 0 */

  /* USER CODE END Callback 0 */
  if (htim->Instance == TIM7) {
    HAL_IncTick();
  }
  /* USER CODE BEGIN Callback 1 */

  /* USER CODE END Callback 1 */
}
```

如果在工程中用到其他定时器的定时溢出中断，那么就可以直接在该函数内的"USER CODE BEGIN"和"USER CODE END"注释对中添加其他定时器的中断处理代码，具体应用详见 9.2 节。

从表 9-3 中还可以看到，定时器的 PWM 输出、输出比较和输入捕获功能都有对应 3 种编程模型的函数，这些函数要和启动定时器时选用的编程模型对应。如果启动定时器时开启了中断，那么启动定时器 PWM 输出时也建议选用带中断方式启动 PWM 功能。

9.1.3 定时器基本概念介绍

常规定时器的时钟源选择包括 4 种：内部时钟 CK_INT、外部输入引脚 CHx、外部触发输入 ETR 和内部触发信号 ITRx。内部时钟是定时器时钟源的常见选择，其来自于外设总线 APB 提供的时钟。通常在进行外部信号计数/测频时选用外部输入时钟源，根据其所用引脚/通道或功能要求又有所区别。内部触发信号 IRTx 方式指的是使用一个定时器作为另一个定时器的预分频器。

从时钟源连接到定时器这边的信号，称为定时器的预分频时钟 CK_PSC（选择内部时钟源时，CK_PSC 即是定时器时钟 TIM_CLK）。CK_PSC 通过定时器内的预分频模块产生的信号称为计数时钟 CK_CNT，定时器内部的计数模块就是对 CK_CNT 进行计数。预分频模块的作用在于扩大定时器的定时范围和获取精准的计数时钟。例如，TIM_CLK 频率为 168 MHz 时，可以通过预分频模块对 TIM_CLK 进行分频，从而得到 1 MHz 的计数时钟。CK_CNT 频率计算公式如下：

$$f_{CK\_CNT} = f_{TIM\_CLK}/(PSC+1) \qquad (9-1)$$

式中，f_{TIM_CLK} 为定时器时钟 TIM_CLK 的频率；PSC 是预分频模块中的预分频系数，因此做 168 分频时，PSC 的值应该为 168-1=167。

定时器对 CK_CNT 信号的计数模式包括向上、向下和双向 3 种。在向上模式，每来一个 CK_CNT 的脉冲信号，计数值递增 1，当计数值达到自动重装载寄存器 ARR 的数值时产生计数溢出情况，此时计数值将进行清零操作。因此，定时器的定时时间计算公式如下：

$$T = (ARR+1)*(PSC+1)/f_{TIM\_CLK} \qquad (9-2)$$

如要实现 100 ms 的定时时间，在 TIM_CLK 为 168 MHz 时，可以设置 ARR 和 PSC 两个参数值分别为 1000-1 和 16800-1。

注意，PSC 取值不能超出有效范围 0～65535，自动重装载寄存器 ARR 数值不能为 0，当其值为 0 时定时器不工作，而且 ARR 的位数由定时器位数决定，16 位定时器的 ARR 数值范围为 0～65535，32 位定时器的 ARR 数值范围为 0～4294967295。

9.2 定时器基本功能应用

本节将应用定时器设计实现一个简单的电子琴演示程序。考虑到演示程序只需要用到 LED 灯、按键和蜂鸣器这几个外设，示例程序可以在第 4 章的 EX02 工程基础上继续完成设计。

首先，复制一份 EX02 工程文件夹，文件夹改名为 EX08，然后将复制的 EX02.ioc 工程文件改名为 EX08.ioc，删除 EX08 文件夹中的 MDK-ARM 子目录。双击 EX08.ioc 文件图标,打开 EX08 的 CubeMX 工程,在器件视图中添加学习板上蜂鸣器对应的单片机端口 PB4,设置其为输出端口,标签名称改为 BEEP。结果如图 9-1 所示。

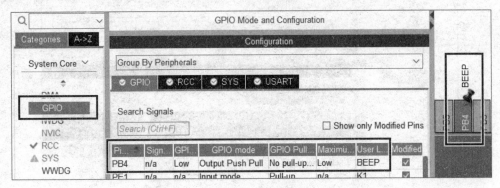

图 9-1 添加蜂鸣器端口

学习板上的蜂鸣器是一个无源蜂鸣器,需要单片机输出一定频率的脉冲给蜂鸣器,它才能发出声音。根据无源蜂鸣器的这一特点,可以通过定时器连续翻转 BEEP 端口的输出电平,然后将产生的连续脉冲信号给蜂鸣器,就可以控制蜂鸣器鸣叫了。

在左侧的定时器列表中,选择一个定时器用于控制蜂鸣器鸣叫,定时器参数设置如图 9-2 所示。注意:TIM7 用于 SYS 时钟基准源,后续的定时中断会用到。

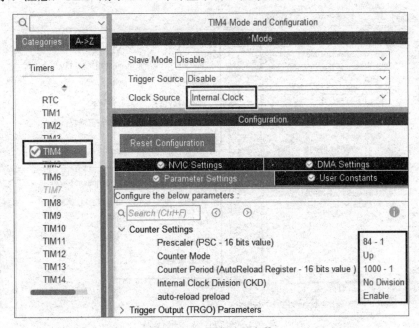

图 9-2 设置定时器参数

TIM4 定时器还需要开启定时中断,如图 9-3 所示,选择 TIM4 的 NVIC 设置页,勾选使能 TIM4 定时器的全局中断,注意其中断优先级应该默认为 5。

TIM4 定时器的 PSC 参数设置为 84-1,其用意是把 TIM4 的计数时钟频率降到 1 MHz,然后在程序中动态调整 ARR 寄存器,就可以得到 8 Hz~250 kHz 的蜂鸣器脉冲信号了。

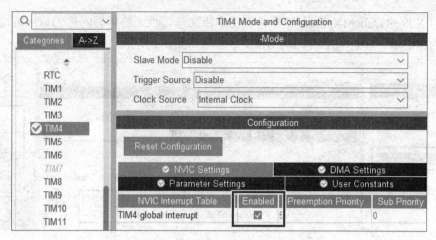

图 9-3 使能定时器中断

以上操作完成后,保持 FreeRTOS 模块的设置不变,重新导出生成 EX08 的 MDK 工程。启动 MDK 打开工程,清空 freertos.c 中默认任务和 LED 任务中的逻辑代码,如图 9-4 所示。

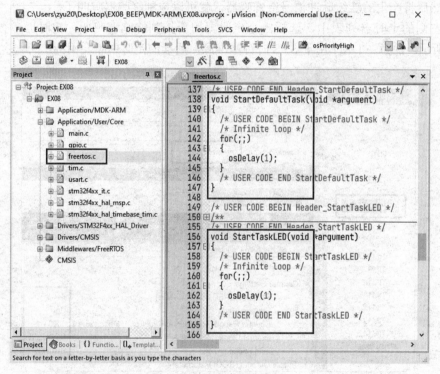

图 9-4 清空任务逻辑代码

接下来,打开 gpio.c 文件,添加蜂鸣器鸣叫控制函数 Beep()逻辑代码:

```
...
/* USER CODE BEGIN 0 */
#include "tim.h"                        // 添加定时器头文件
uint8_t beep_tune = 0;                  // 定义蜂鸣器鸣叫音调变量
```

```
uint16_t beep_time = 0;                     // 定义蜂鸣器鸣叫时长变量，单位毫秒
/* USER CODE END 0 */

...
// gpio.c 文件末尾添加 Beep()函数
void Beep(uint8_t tune, uint16_t time) {    // 鸣叫函数
  // 音调对应频率表（C4~B4）
  const float tab[8] = {0, 261.6, 293.6, 329.6, 349.2, 392.0, 440.0, 493.9};

  tune %= 8;                                // 限制音调范围 0~7
  if (tune > 0) {                           // 如果是有效音调
    HAL_TIM_Base_Start_IT(&htim4);
    // 根据目标频率计算 ARR 的值：((84000000/84) / TAB[tune]) / 2 - 1
    float arr = (1000000 / tab[tune]) / 2 - 1;
    __HAL_TIM_SET_AUTORELOAD(&htim4, (uint16_t)arr);    // 重新调整定时频率

    beep_tune = tune;                       // 保存音调
    beep_time = time;                       // 设置鸣叫时长
  }
  else                                      // 不是有效音调时，停止定时器
    HAL_TIM_Base_Stop_IT(&htim4);
}
/* USER CODE END 2 */
```

因为 TIM4 定时器的定时中断回调函数中会将 BEEP 端口的输出翻转，那么相当于 BEEP 端口输出信号的频率是定时频率的一半，即定时器的目标定时频率和音调对应频率应该是 2 倍的关系。修改 gpio.h 文件，添加 beep_tune 和 beep_time 全局变量的外部声明，同时还要添加 Beep()函数的声明，gpio.h 文件的代码修改如下：

```
...
/* USER CODE BEGIN Prototypes */
void SetLeds(uint8_t dat);
uint8_t ScanKey(void);
void Beep(uint8_t tune, uint16_t time);

extern uint8_t beep_tune;
extern uint16_t beep_time;
/* USER CODE END Prototypes */
```

回到 main.c 函数，修改定时器的中断回调函数，添加 BEEP 端口的电平翻转控制代码：

```
...
/* USER CODE BEGIN Includes */
#include "tim.h"
#include "gpio.h"
/* USER CODE END Includes */

...
void HAL_TIM_PeriodElapsedCallback(TIM_HandleTypeDef *htim) {
  /* USER CODE BEGIN Callback 0 */
  if (htim->Instance == TIM7) {             // 如果是 HAL 库的基准时钟（1 ms 定时周期）
```

```
      if (beep_tune > 0 && beep_time > 0)         // 蜂鸣器时长控制，每毫秒递减
        -- beep_time;
      else
        beep_tune = 0;                            // 时长为 0 时音调清零
    }
    /* USER CODE END Callback 0 */
    if (htim->Instance == TIM7) {
      HAL_IncTick();
    }
    /* USER CODE BEGIN Callback 1 */
    if (htim->Instance == TIM4) {                 // 如果是 TIM4 定时器的中断
      if (beep_tune > 0)                          // 如果音调有效
        HAL_GPIO_TogglePin(BEEP_GPIO_Port, BEEP_Pin); // 翻转 BEEP 输出电平
    }
    /* USER CODE END Callback 1 */
}
```

定时器中断回调函数中，除了利用 TIM4 的定时中断做电平翻转操作，还利用了 HAL 库的基准时钟来进行鸣叫时长控制。因为 HAL 库基准时钟的定时周期为 1 ms，所以在中断回调函数中，判断当蜂鸣器正在鸣叫时将时长变量减 1，时长减为 0 时将鸣叫音调清零，防止蜂鸣器继续鸣叫。

上述代码中，之所以把时长控制代码写到"USER CODE BEGIN Callback 0"和"USER CODE END Callback 0"注释对中，是为了防止 CubeMX 重新导出 MDK 工程时把注释对之外的用户代码清除。代码中还有一点要注意，HAL 的基准时钟很关键，尽量不要在基准时钟的定时中断处添加耗时过长的操作。

最后，修改 freertos.c 文件中的按键任务，为每一个独立按键添加蜂鸣器鸣叫控制的逻辑代码：

```
...
/* USER CODE BEGIN Includes */
#include "tim.h"
#include "gpio.h"
/* USER CODE END Includes */

...
void StartTaskKey(void *argument) {
  /* USER CODE BEGIN StartTaskKey */
  /* Infinite loop */
  for(;;) {
    uint8_t key = ScanKey();
    SetLeds(key);                         // 按下不同按键将点亮对应的 LED 灯
    if (key > 0) {                        // 如果有键按下
      switch (key) {                      // 键码分支判断，不同按键调用不同的音调发声
        case KEY1:    while (ScanKey() > 0)    Beep(1, 50);    break;
        case KEY2:    while (ScanKey() > 0)    Beep(2, 50);    break;
        case KEY3:    while (ScanKey() > 0)    Beep(3, 50);    break;
        case KEY4:    while (ScanKey() > 0)    Beep(4, 50);    break;
        case KEY5:    while (ScanKey() > 0)    Beep(5, 50);    break;
```

```
            case KEY6:       while (ScanKey() > 0)     Beep(6, 50);    break;
            case KEY5 | KEY6:                          // 按键不够时，用组合键表示更多的按键
                while (ScanKey() > 0) Beep(7, 50);     // 按住时一直发声
                break;
            default:
                break;
        }
    }
    osDelay(1);
  }
  /* USER CODE END StartTaskKey */
}
```

按键任务函数中，当有键按下时不停地扫描等待按键放开，等待过程中会一直调用 Beep() 函数，每次调用都控制蜂鸣器至少鸣叫 50 ms，如果按键被一直按住，那么蜂鸣器就会一直鸣叫，直到松开按键后，蜂鸣器继续鸣叫 50 ms 就停止发声。任务函数中还用到了组合键，因为学习板上的 6 个独立按键无法单独对应 Do、Re、Mi、Fa、Sol、La、Si 这 7 个音，所以加上了 K5、K6 同时按下时的组合键作为 Si 发音对应的键码。

最后，重新编译工程，编译成功后下载程序到学习板上，按动各个独立按键进行测试，观察测试效果是否和本节所设计的程序功能一致。

9.3 PWM 输出应用

PWM（脉宽调制）是利用微处理器的数字输出来对模拟电路进行控制的一种非常有效的技术，广泛应用于电机控制、灯光的亮度调节、功率控制等领域。脉宽调制的实质是修改高电平的持续时间，即调节占空比的大小来等效输出所需要的波形。

STM32 的高级定时器和通用定时器都具有 PWM 输出功能，每个定时器最多有 4 个通道，而每一个通道都有一个捕获比较寄存器，将寄存器值和计数器值比较，通过比较结果输出高低电平，从而实现输出 PWM 信号。因此，只要控制好捕获比较寄存器（CCRx）的数值大小，就可以得到不同占空比的 PWM 信号。

本节将在上一节的 EX08 示例基础上，应用定时器的 PWM 输出功能，实现一个 LED 灯调光应用。配套学习板上的 8 个 LED 灯对应的定时器功能如表 9-4 所示，此处选择 L7 作为调光演示的 LED 灯。

表 9-4 学习板 LED 灯对应定时器功能

LED 名称	连 接 引 脚	定时器功能	LED 名称	连 接 引 脚	定时器功能
L1	PE8	TIM1_CH1N	L5	PE12	TIM1_CH3N
L2	**PE9**	**TIM1_CH1**	**L6**	**PE13**	**TIM1_CH3**
L3	PE10	TIM1_CH2N	**L7**	**PE14**	**TIM1_CH4**
L4	**PE11**	**TIM1_CH2**	L8	PE15	TIM1_BKIN

表 9-4 中，L2、L4、L6 和 L7 对应连接了 TIM1 定时器的 4 个 PWM 输出通道，可以

同时通过 PWM 波进行调光，L1、L3 和 L5 是 L2、L4 和 L6 的互补输出通道，当配置 TIM1 的前 3 个通道使用 PWM 互补输出功能时，L1、L3 和 L5 也可以同样进行调光，只不过调光效果和 L2、L4 和 L6 相反。注意，TIM1 的第 4 个通道不带互补输出，而 TIM1_BKIN 表示故障输入信号，因此 L8 连接端口没有定时器的 PWM 输出功能。

重新打开 EX08 的 CubeMX 工程，如图 9-5 所示，在器件视图中，首先清除 PE14 引脚上的已有设置，然后使能 TIM1 模块，设置内部时钟源。

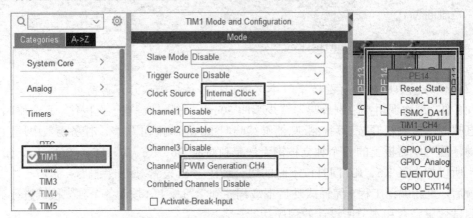

图 9-5　修改 PE14 端口为 PWM 输出模式

PWM 信号的两个基本参数是周期和占空比，周期是一个完整 PWM 波形所持续的时间，占空比（duty cycle）是高电平持续时间与周期时间的比值。对于 STM32 单片机，PWM 周期即是定时器的定时周期，上一节已经提到通过设置 ARR 和 PSC 两个参数来调节定时周期。在 CubeMX 中，设置 TIM1 定时器参数如图 9-6 所示，设置 PSC 和 ARR 为 168-1 和 100-1，将定时器周期设置为 168×100/168 MHz=0.1 ms，即输出 PWM 信号的频率为 10 kHz。

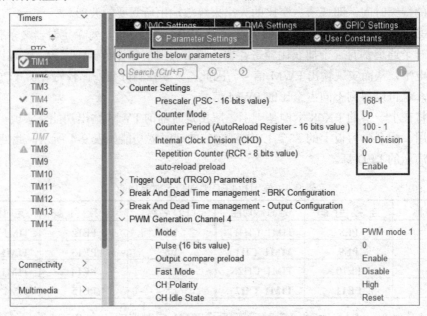

图 9-6　设置 TIM1 定时器参数

设置定时器某个通道为 PWM 输出模式后,该通道有一个名为 Pulse(Pulse 为捕获比较寄存器 CCR 的数值)的 PWM 参数可调,输出 PWM 信号的占空比=(Pulse/ARR)×100%。在图 9-6 中,可以将 Pulse 参数值改为 50,即设置输出 PWM 信号占空比为 50%,如果要实现动态调光效果,导出 MDK 工程后就需要在程序中调用__HAL_TIM_SET_COMPARE() 来设置占空比。

PWM 设置栏目中的"CH Polarity"参数表示有效电平,在 PWM 模式设置为 mode1 模式时,其值为 High 时表示当定时器计数值小于 CCR 寄存器数值时通道输出高电平,值为 Low 时表示定时器计数值小于 CCR 寄存器数值时通道输出低电平。CH Idle State 参数与故障输入有关,当开启了定时器故障输入功能之后这个参数才有效果。

TIM1 参数设置完成后,重新导出生成 EX08 的 MDK 工程。接下来修改按键任务功能,设计用 KEY1 和 KEY4 来对灯 L7 进行调光控制,KEY2 和 KEY3 则用来对 L7 进行亮灭控制。用 MDK 打开新生成的 EX08 工程后,修改 freertos.c 中的按键任务功能,代码如下:

```
void StartTaskKey(void *argument){
  /* USER CODE BEGIN StartTaskKey */
  /* Infinite loop */
  for(;;) {
    uint8_t key = ScanKey();
    SetLeds(key);
    if (key > 0) {
      uint16_t pulse = __HAL_TIM_GET_COMPARE(&htim1, TIM_CHANNEL_4);
      switch (key) {
        case KEY1:          // L7 亮度增加(低电平亮,占空比越小越亮)
          while (ScanKey() > 0) {
            if (pulse > 0)    pulse -= 1;
            __HAL_TIM_SET_COMPARE(&htim1, TIM_CHANNEL_4, pulse);
            HAL_TIM_PWM_Start(&htim1, TIM_CHANNEL_4);
            Beep(1, 50);
          }
          break;
        case KEY2:          // L7 关灯
          HAL_TIM_PWM_Stop(&htim1, TIM_CHANNEL_4);
          while (ScanKey() > 0);
          Beep(2, 50);
          break;
        case KEY3:          // L7 亮灯
          HAL_TIM_PWM_Start(&htim1, TIM_CHANNEL_4);
          while (ScanKey() > 0);
          Beep(3, 50);
          break;
        case KEY4:          // L7 亮度减小
          while (ScanKey() > 0){
            if (pulse < 99)
              pulse += 1;
            __HAL_TIM_SET_COMPARE(&htim1, TIM_CHANNEL_4, pulse);
            HAL_TIM_PWM_Start(&htim1, TIM_CHANNEL_4);
```

```
                    Beep(4, 50);
                    osDelay(100);
                }
                break;
            default:
                break;
        }
    }
    osDelay(1);
}
/* USER CODE END StartTaskKey */
}
```

可以看到，用 PWM 输出来进行 LED 调光的编程操作比较简单，在 CubeMX 中配置好 TIM1 定时器参数后，任务函数中首先调用__HAL_TIM_SET_COMPARE()函数设置 PWM 输出波形占空比，然后调用 HAL_TIM_PWM_Start()函数开启 PWM 输出就可以了。

因为在 CubeMX 中设置了 TIM1 的 ARR 参数为 99，所以__HAL_TIM_SET_COMPARE() 函数设置的 CCR 值 0～100 就对应 0%～100%占空比；如果 ARR 值为 999，那么 CCR 的取值范围 0～1000 就对应 0.0%～100.0%的占空比。

重新编译 EX08 工程，编译成功后下载程序到学习板上，按动按键 KEY1～KEY4 进行测试，观察测试效果是否和本节所设计的程序功能一致。如果程序工作异常，可以考虑把串口打印功能加上，在按键按动时把 pulse 变量打印出来观察其数值是否变化。如果 pulse 变量有变化但是灯不亮或者亮度一直不变，检查 CubeMX 中 TIM1 的参数设置。

9.4 信号捕捉应用

定时器的输入捕获模式可以用来测量脉冲宽度或者测量频率。STM32 的定时器在输入捕获模式下，当捕获单元捕捉到外部信号的有效边沿（上升沿/下降沿/双边沿）时，会将计数器的当前值锁存到捕获/比较寄存器供用户读取。应用定时器进行脉宽测量的步骤如图 9-7 所示。

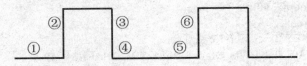

图 9-7 应用定时器进行脉宽测量的步骤

（1）首先设置输入捕获为上升沿检测。
（2）当上升沿到来时发生捕获，记录发生上升沿时的定时器计数值，并配置捕获信号为下降沿捕获。
（3）当下降沿到来时发生捕获，记录此时的定时器计数值。
（4）计算前后两次记录的定时器计数值之差，得到的差值就是高电平的脉宽计数次数，同时根据定时器的计数频率,就可以计算高电平脉宽的准确时间。

(5)开始下一次脉宽测量,重新设置输入捕获为上升沿检测。

(6)计算步骤(6)与步骤(2)这两次上升沿捕获的计数值之差,就是待测信号整个周期内的计数次数,由此就可以计算待测信号的频率。

要注意的是,由于定时器计数可能有溢出情况,因此步骤(2)和步骤(3)前后两次记录的定时器计数值进行差值计算时,应该把步骤(2)和步骤(3)之间产生的定时器溢出中断次数考虑进去。例如 16 位定时器,设置 ARR 参数为 65535,定时器计数到 65536 时产生溢出中断,如果步骤(2)和步骤(3)之间产生了 2 次中断,那么步骤(3)的计数值应该先加上 65536×2=131072,再去减步骤(2)的计数值。

本节实践演示将设计一个按键时长测量程序,配套学习板上的 KEY5 和 KEY6 两个按键分别连接了 STM32F407 的 TIM9 定时器通道 1 和通道 2,设计程序拟使用 KEY6 按键进行输入捕获功能演示。

打开 EX08 的 CubeMX 工程,在器件视图中单击 KEY6 连接的 PE6 端口,选择端口模式为 TIM9_CH2,TIM9 定时器设置结果如图 9-8 所示。

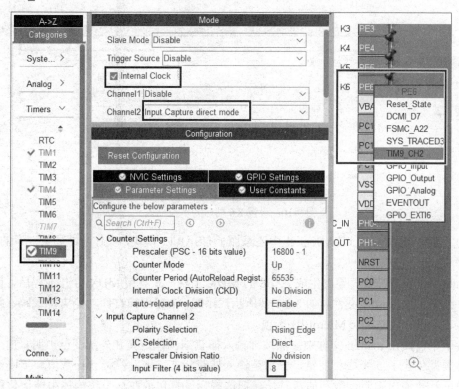

图 9-8　K6 按键输入捕获设置

在图 9-8 中,TIM9 定时器的 PSC 参数设置为 16800-1,是为了设置 10 kHz 的计数频率。因为 TIM9 连接在 STM32 的 APB2 总线上,当单片机时钟频率为 168 MHz 时,TIM9 的时钟源频率就是 168 MHz,计算分频结果:TIM_CLK/(PSC+1)=168 MHz/16800=10 kHz,就是 TIM9 的计数频率了。

输入捕获需要开启定时器捕获中断,如图 9-9 所示,在 TIM9 的 NVIC 设置页中,勾选 TIM1 break interrupt and TIM9 global interrupt 选项开启中断,并确认中断优先级为 5。

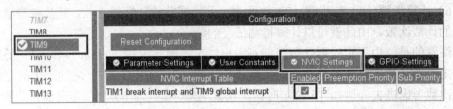

图 9-9 开启 TIM9 定时器中断

如果程序中还要做按键扫描功能,K6 端口再重新设置为下拉输入,如图 9-10 所示。

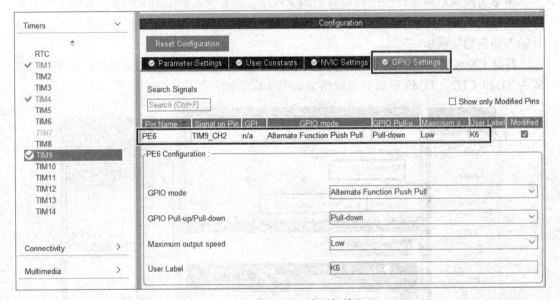

图 9-10 设置 K6 端口为下拉输入

为了观察结果,在 CubeMX 工程中还添加了 USART1 模块,操作方法如第 5 章的图 5-8 所示。

CubeMX 设置完成,导出生成 EX08 的 MDK 工程,并且用 MDK 打开工程后,选择工程文件列表中的 usart.c 文件,如 5.3.1 节所示,添加 printf 串口打印功能支持代码,并修改工程选项,确认勾选 Use MicroLIB 选项。

接下来需要在 main.h 文件中添加按键输入捕获结构体定义和外部变量声明。输入捕获结构体类型包含了 5 个成员变量,分别是输入捕获状态、上升沿捕获计数值、下降沿捕获计数值、计数溢出中断计数和捕获时长,把这些变量打包放在一个结构体中能优化程序结构,提升代码可读性。

```
...
/* USER CODE BEGIN Private defines */
typedef struct {
    uint8_t cp_sta;          // 输入捕获状态,0:上升沿捕获中,1:下降沿捕获中
    int cp_up_cnt;           // 上升沿捕获值
```

```
    int cp_dn_cnt;                        // 下降沿捕获值
    int cp_ov_cnt;                        // 溢出中断计数
    float cp_time;                        // 捕获时长计算结果, 单位毫秒, 精度 0.1 ms
} CP_VAL;

extern CP_VAL g_cp;                       // 输入捕获结构体变量
/* USER CODE END Private defines */
```

然后在 main.c 文件中添加 g_cp 结构体变量的定义,并在定时器溢出中断回调函数中添加溢出次数计数逻辑。

```
...
/* USER CODE BEGIN PV */
CP_VAL g_cp;                              // 输入捕获结构体变量
/* USER CODE END PV */
...
void HAL_TIM_PeriodElapsedCallback(TIM_HandleTypeDef *htim) {
    ...
    /* USER CODE BEGIN Callback 1 */
    ...
    if (htim->Instance == TIM9) {
        if (1 == g_cp.cp_sta)
            ++g_cp.cp_ov_cnt;
    }
    /* USER CODE END Callback 1 */
}
```

定时器的输入捕获中断回调函数名为 HAL_TIM_IC_CaptureCallback,该函数在 stm32f4xx_hal_tim.h 文件中有声明,用户可以从该头文件中复制函数声明到 freertos.c 中,防止函数名称和参数类型输入错误。

在 freertos.c 文件末尾,添加输入捕获中断回调函数的实现代码:

```
...
/* USER CODE BEGIN Application */
void HAL_TIM_IC_CaptureCallback(TIM_HandleTypeDef *htim) {
    if (TIM9 == htim->Instance) {
        switch (g_cp.cp_sta) {
            default:                      // 上升沿捕获中断到来
                g_cp.cp_up_cnt = HAL_TIM_ReadCapturedValue(&htim9, TIM_CHANNEL_2);
                g_cp.cp_ov_cnt = 0;       // 溢出中断计数清零
                __HAL_TIM_SET_CAPTUREPOLARITY(&htim9, TIM_CHANNEL_2,
                                              TIM_ICPOLARITY_FALLING);
                g_cp.cp_sta = 1;          // 状态转为检测下降沿
                break;
            case 1:                       // 下降沿捕获中断到来
                g_cp.cp_dn_cnt = HAL_TIM_ReadCapturedValue(&htim9, TIM_CHANNEL_2);
```

```
            __HAL_TIM_SET_CAPTUREPOLARITY(&htim9, TIM_CHANNEL_2,
                                          TIM_ICPOLARITY_RISING);
            g_cp.cp_sta = 0;                              // 状态转为检测上升沿
            g_cp.cp_time = (g_cp.cp_dn_cnt + 65536 * g_cp.cp_ov_cnt -
                            g_cp.cp_up_cnt) * 0.1f;
            osThreadFlagsSet(defaultTaskHandle, 0x01); // 发送任务标志，通知打印
            break;
        }
    }
}
/* USER CODE END Application */
```

上述回调函数中，当下降沿捕获到来时，计算按键时长后，向默认任务发送了一个 0x01 标志，通知默认任务打印检测结果。修改默认任务功能代码如下：

```
...
void StartDefaultTask(void *argument) {
    /* USER CODE BEGIN StartDefaultTask */
    HAL_TIM_Base_Start_IT(&htim9);                        // 启动 TIM9 开启定时溢出中断
    HAL_TIM_IC_Start_IT(&htim9, TIM_CHANNEL_2);          // 启动 TIM9 通道 2 开启输入捕捉中断

    for(;;) {
        // 如果检测到 0x01 任务标志，打印按键时长
        if (osThreadFlagsWait(0x01, osFlagsWaitAny, 10) == 0x01)
            printf("Key press time:%.1f ms\n", g_cp.cp_time);
        osDelay(1);
    }
    /* USER CODE END StartDefaultTask */
}
```

默认任务函数循环等待定时器中断回调函数发送过来的 0x01 通知标志，当接收到该通知标志时打印按键时长信息。重新编译工程，下载程序到学习板上，观察串口打印结果，如图 9-11 所示。

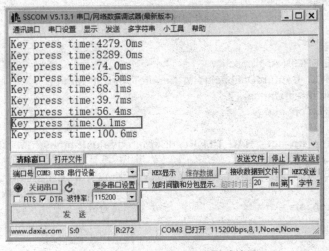

图 9-11　按键时长检测程序测试结果

从图 9-11 中可以看到，大多数情况下按键时长检测都是成功的，偶尔会有按键抖动的情况，打印出非常短的按键时长。

9.5　外部脉冲计数应用

在 9.1.3 节中提到，定时器的时钟源选择还有外部触发输入 ETR 这种模式。在该模式下，定时器能够在外部触发 ETR 信号的每个上升沿或者下降沿时进行计数。根据这个原理，外部脉冲计数方法常用于信号的测频应用。

查看 8.3 节中的表 8-2 可知，配套学习板上的 15×2 扩展口中有一个 PA0 端口，该端口可作为 TIM2 定时器的 ETR 输入口。同时，因为之前 9.3 节实践中用到的 PE14 端口也在扩展口中，所以本次示例可以通过一根杜邦线连接 PE14 口输出的 PWM 信号给 PA0 端口，即可以用 TIM2 的 ETR 输入功能来测量 PWM 信号的频率。

重新打开 EX08 的 CubeMX 工程，选择左侧定时器列表中的 TIM2 模块，设置其时钟源为 ETR2，定时器参数保持默认不变，如图 9-12 所示。

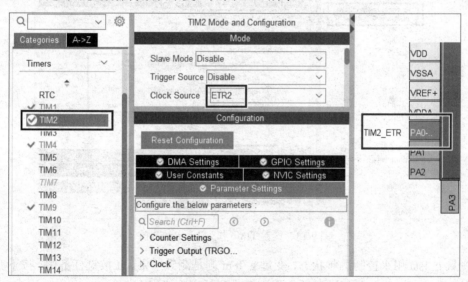

图 9-12　设置 TIM2 定时器开启 ETR 功能

因为 TIM2 定时器是一个 32 位定时器，其计数上限比较大，1 s 时间内不太容易计数溢出，所以图 9-12 中没有使能 TIM2 定时器的中断。如果选用其他 16 位定时器的 ETR 功能，就要考虑计数溢出情况，开启定时器中断了。

另外，为了精准测频，可以考虑再用一个定时器做 1 s 定时节拍来读取 TIM2 计数值。如图 9-13 所示，选择 TIM6 作为 1 s 定时节拍，设置其 PSC 和 ARR 分别为 8400-1 和 10000-1，然后在 TIM6 的 NVIC 设置页中使能其定时中断。

两个定时器设置完成后，重新导出 EX08 的 MDK 工程，并用 MDK 重新打开 EX08，准备应用程序设计。考虑到 EX08 程序中已经使用了 KEY5 之外的按键来实现 PWM 应用和信号捕捉应用，因此设计当按下 KEY5 按键时开始测频，之后每秒打印一次测频结果，再次按下 KEY5 按键时则停止测频。打开 freertos.c 文件，添加定义测频全局变量 g_fsta 和 g_fcnt：

```
...
/* USER CODE BEGIN Variables */
uint8_t g_fsta = 0;                    // 测频状态标志
uint32_t g_fcnt = 0;                   // 每秒 ETR 计数，测频结果
/* USER CODE END Variables */
```

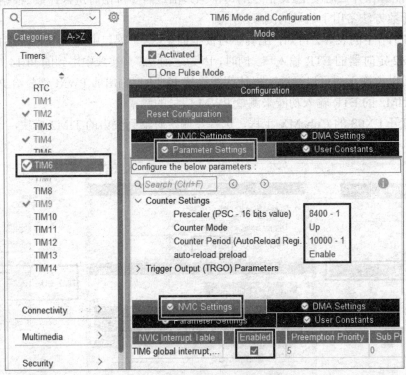

图 9-13　设置 TIM6 作为 1 s 定时节拍

变量 g_fsta 用来控制测频状态，变量 g_fcnt 则是测频结果。在按键任务中，按下 KEY5 按键时，当 g_fsta 为 0 时启动测频，否则停止测频，添加代码如下：

```
...
void StartTaskKey(void *argument) {
  /* USER CODE BEGIN StartTaskKey */
  ...
    case KEY5:                          // 按下 KEY5 时
      if (g_fsta) {                     // 如果正在测频
        g_fsta = 0;                     // 测频状态清零
        HAL_TIM_Base_Stop_IT(&htim6);   // 停止 TIM6 定时器
        HAL_TIM_Base_Stop(&htim2);      // 停止 TIM2 定时器
      }
      else {
```

```c
                HAL_TIM_Base_Start_IT(&htim6);        // 启动 TIM6 定时器，开启中断
                HAL_TIM_Base_Start(&htim2);           // 启动 TIM2 定时器
            }
            while (ScanKey() > 0)
                osDelay(10);
            Beep(5, 50);
            break;
    ...
    /* USER CODE END StartTaskKey */
}
```

然后打开 main.c 文件，在文件开头先添加两个变量的外部声明：

```c
...
/* USER CODE BEGIN 0 */
extern uint8_t g_fsta;                    // 测频状态标志
extern uint32_t g_fcnt;                   // 每秒 ETR 计数，测频结果
/* USER CODE END 0 */
```

找到 main.c 文件末尾的定时中断回调函数，在函数中添加 TIM6 定时器的中断处理代码：

```c
...
void HAL_TIM_PeriodElapsedCallback(TIM_HandleTypeDef *htim)
{
  ...
  /* USER CODE BEGIN Callback 1 */
  ...
  if (htim->Instance == TIM6) {
    if (g_fsta)                           // 如果正在测频，每秒获取一次定时器 2 的计数值作为测评结果
      g_fcnt = __HAL_TIM_GetCounter(&htim2);
    else                                  // 如果没有测频
      g_fsta = 1;                         // 测频开始
    __HAL_TIM_SetCounter(&htim2, 0);      // 每次 1 s 中断都要清零 ETR 计数
  }
  /* USER CODE END Callback 1 */
}
```

最后，回到 freetros.c 文件中的默认任务，在任务循环中打印测频结果：

```c
...
void StartDefaultTask(void *argument)
{
  /* USER CODE BEGIN StartDefaultTask */
  ...
  for(;;)
  {
    if (osThreadFlagsWait(0x01, osFlagsWaitAny, 10) == 0x01)
      printf("Key press time:%.1f ms\n", g_cp.cp_time);
    if (g_fcnt > 0) {                     // 如果有 ETR 信号进来，打印测频结果
      printf("Test freq:%.3fkHz\n", g_fcnt / 1000.0);
      g_fcnt = 0;
```

```
    }
    osDelay(1);
  }
  /* USER CODE END StartDefaultTask */
}
```

保存工程，编译成功后，下载程序到配套学习板上，如图 9-14 所示，用一根杜邦线连接扩展口上的 PE14 和 PA0 端口。

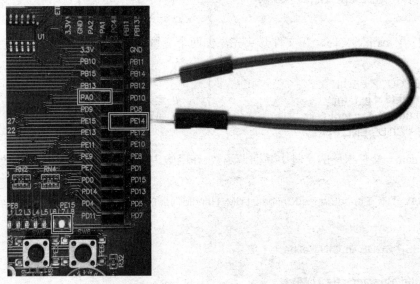

图 9-14　杜邦线连接 PWM 信号到 PA0 进行测频

根据 9.3 节的设计，PE14 输出的 PWM 信号的频率应该是 10 kHz。连接好端口后，按下 KEY5 按键，观察串口调试助手中的打印结果，如图 9-15 所示，测频结果良好，外部脉冲计数应用演示完成。

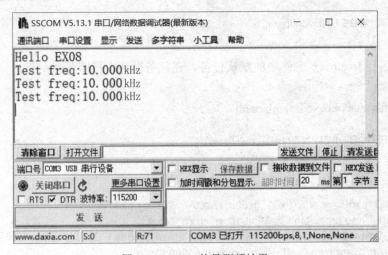

图 9-15　PWM 信号测频结果

实验 11　简易闹铃设计实验

【实验目标】

了解 STM32 定时器概念，掌握基于 HAL 库的 STM32 定时器基本用法，设计一个简易闹铃应用程序。

【实验内容】

（1）基于 8.2 节的 EX07 应用示例，参照本章定时器基本功能应用，在 CubeMX 中添加按键、蜂鸣器、OLED 和定时器模块，并配置相应端口模式、外设模块和定时器参数。

（2）配置 FreeRTOS 操作系统，总共添加 3 个任务（默认、GUI 和按键任务），设置各个任务的栈空间大小和优先级。

（3）添加程序代码，GUI 任务中显示当前时钟，可通过按键切换显示闹铃设置界面。当闹铃时间到，蜂鸣器按节奏鸣叫 30 s，默认任务中控制鸣叫节奏。按键任务中扫描按键，并根据键码执行不同功能，KEY1~KEY4 用于上、下、左、右设置功能，KEY5、KEY6 用于切换显示界面，闹铃鸣叫时按任一按键都可关闭闹铃声。

（4）附加要求：闹铃设置页面添加功能，闹铃时长 5~60 s 可调，闹铃节奏 5 种可选。

实验 12　呼吸灯设计实验

【实验目标】

掌握基于 HAL 库的 STM32 定时器基本用法，熟悉定时器输出 PWM 信号方法，设计一个呼吸灯应用程序。

【实验内容】

（1）参照本章 EX08 示例，在 CubeMX 中添加按键、数码管、串口、LED 外设和定时器模块，并配置相应端口模式、外设模块和定时器参数。

（2）配置 FreeRTOS 操作系统，添加数码管和按键两个额外任务，设置任务的栈空间大小和优先级。

（3）添加程序代码，选用 1~4 个 LED 实现呼吸灯效果（由暗到亮再由亮到暗，如此循环），能用按键实现亮灯、关灯、启动/暂停呼吸灯效果。

（4）添加程序代码，能用按键调节呼吸灯变化速度，并将速度等级显示在数码管上。

（5）附加要求：在 8 个 LED 灯上实现呼吸灯效果，并能通过按键调节呼吸灯个数（1~8 可调）。

实验 13　简易频率计设计实验

【实验目标】

掌握基于 HAL 库的 STM32 定时器基本用法，熟悉定时器信号捕获和外部计数功能的应用方法,设计一个 PWM 信号测量程序。

【实验内容】

(1)参照本章 EX08 示例,在 CubeMX 中添加 LED、按键、OLED、串口外设和定时器模块,并配置相应端口模式、外设模块和定时器参数。

(2)开启 FreeRTOS 操作系统,添加 GUI 显示和按键两个额外任务,设置任务的栈空间大小和优先级。

(3)添加程序代码,GUI 显示任务中显示程序工作状态、待测信号频率和占空比,按键任务中扫描按键,并根据键码执行不同动作。KEY2 控制测频,KEY3 控制测量占空比,KEY1 调节 PWM 波形输出频率,KEY4 调节 PWM 波形占空比。

(4)附加要求:设计程序,仅使用一个按键,按下一次就可以测量得到 PWM 波形的频率和占空比。

实验 14 简单录音机设计实验

【实验目标】

掌握基于 STM32HAL 库的定时器+ADC/DAC+DMA 组合应用方法,熟悉定时器计数溢出信号作为其他外设时钟源的应用方法,设计一个简单的录音放音程序。

【实验内容】

(1)查阅学习板硬件资料,在 CubeMX 中添加麦克风、按键、音频输出、串口外设和定时器模块。

(2)设置麦克风端口为 ADC 输入通道,音频输出端口为 DAC 输出通道。与第 5 章的麦克风 AD 采样不同,次实验要求使用定时器实现 8 kHz 的语音采样,因此设置一个中断频率为 8 kHz 的定时器并配置 ADC 采样触发信号为定时器计数溢出信号。同理,播放录音的 DAC 输出触发信号也可进行类似设置。

(3)开启 FreeRTOS 操作系统,添加按键额外任务,设置任务的栈空间大小和优先级。

(4)添加程序代码,在按键任务中扫描按键,并根据键码执行不同动作。按下 KEY5 开始录音,录音 5 秒结束,按下 KEY6 开始播放录音。(播放录音时使用耳机接学习板上的 3.5 mm 音频输出孔)

(5)附加要求:扩展按键功能,KEY1 按键暂停播放并打印录音数据,播放过程中按下 KEY2 按键则从头始播放,KEY6 按键放音后,按下 KEY3 按键暂停,再次按下 KEY3 按键则继续播放。

习　题

1. STM32F407 内部有多少个常规定时器,大致可以分为几类,其中哪几个定时器是 32 位定时器,高级定时器和其它定时器的功能区别是什么?

2．定时器的时钟源有哪几种选择？通常在进行外部信号的频率测量时，可为定时器选用哪种时钟源。

3．查阅数据手册，STM32F4 的定时器中，哪几个定时器是挂在 APB1 总线上，哪几个定时器是挂在 APB2 总线上，这样有什么区别？

4．请解释定时器的 TIM_CLK、PSC 和 ARR 3 个参数的意义，并计算当 TIM_CLK 为 84 MHz，PSC 为 41，ARR 为 999 时，定时器的定时时间。

5．什么是 PWM？STM32 的定时器 PWM 输出功能，如何调节输出波形的占空比？

6．STM32F4 的定时器最多可以同时输出几路 PWM 信号？为什么？

7．本章 EX08 示例演示了使用基本定时器输出周期性脉冲来控制蜂鸣器鸣叫，实际上学习板上的蜂鸣器连接单片机引脚 BP4 也是定时器 3 的 PWM 输出引脚，请详述不使用定时翻转输出时，如何在一个任务中实现蜂鸣器的鸣叫控制。

8．如何用定时器测量 PWM 信号的占空比，请列出主要测量步骤。

第 10 章 RTC 与低功耗应用

RTC 是实时时钟（real-time clock）的英文缩写，它能为电子系统提供精确的时间基准和日历功能，在主电源掉电后还可以靠 VBAT 锂电池继续运行。RTC 时钟不仅应用于个人计算机、服务器和嵌入式系统，几乎所有需要准确计时的电子设备也都会使用。除了内部 RTC 时钟，嵌入式系统设计有时也会使用外部 RTC 芯片，限于篇幅，本章仅介绍 STM32 内部 RTC 时钟的应用实践。

在一些使用电池供电或者对功耗有严格要求的应用场景下，就需要通过使设备上的外设或者单片机工作在不同的电源模式下，获得降低系统功耗、延长电池使用时间的效果。除了降低处理器运行频率、关闭外设电源等方法，在系统空闲时让处理器进入低功耗模式也是一种常见的低功耗设计方法。很多单片机都有低功耗模式，当处理器不需要继续运行时（如等待某个外部信号），可以进入适当的低功耗模式来降低系统的功耗。当需要从低功耗模式定时自动唤醒时，通常会使用 RTC 时钟的闹铃功能来定时唤醒处理器。本章将对 STM32 的 RTC 时钟和低功耗模式这两部分内容进行介绍和实践演示。

10.1 RTC 实时时钟应用

STM32 的 RTC 时钟相对于第 9 章介绍的 TIM 定时器而言，功能非常简单，只有计数功能。但是 RTC 外设的复杂之处不在于它的定时，而在于它掉电还可以继续运行的特性。所谓掉电运行，是指电源 VDD 断开的情况下，为了 RTC 外设掉电可以继续运行，必须给 STM32 芯片通过 VBAT 引脚接上锂电池供电。当主电源 VDD 有效时，由 VDD 给 RTC 外设供电，当 VDD 掉电后，由 VBAT 给 RTC 外设供电。无论由什么电源供电，RTC 中的数据始终都保存在属于 RTC 的备份域中，如果主电源和 VBAT 都掉电，那么备份域中保存的所有数据都将丢失。

RTC 的备份域除了 RTC 模块的寄存器，还有多个 16 位的寄存器可以在 VDD 掉电的情况下保存用户程序的数据，系统复位或电源复位时，这些数据也不会被复位。

STM32 的 RTC 时钟是一个独立的 32 位 BCD 定时器/计数器，只能向上计数。它的 RTC 功能提供了一个日历时钟、两个可编程闹铃中断和一个具有中断功能的可编程唤醒标志。RTC 定时器使用的时钟源有 3 种，即高速外部时钟的 128 分频（HSE/128）、低速内部时钟 LSI 和低速外部时钟 LSE。

RTC 时钟使用 HSE 分频时钟或者 LSI 时，在主电源 VDD 掉电时，这两个时钟来源都会受到影响，因而不能保证 RTC 正常工作。所以 RTC 通常都使用低速外部时钟 LSE，频率为实时时钟电路中常用的 32768 Hz（因为 32768 Hz 容易通过分频实现秒级定时）。

本节将设计一个简单的 RTC 应用，在配套学习板的 4 位数码管上显示当前 RTC 时间，

第 10 章　RTC 与低功耗应用

并在关闭电源重启之后，显示时间能够不复位继续计数。实践开始前，检查学习板上的 VBAT 纽扣电池是否已安装好以及 32.768 kHz 外部晶振是否已焊接。然后参考第 5 章 EX03 示例程序，将 EX03 工程文件夹复制为 EX09 文件夹，并修改其中的 EX03.ioc 文件名称为 EX09.ioc，删除其中的 MDK-ARM 子目录，准备工作完成。

1. RTC 时钟配置

启动 CubeMX 软件，打开 EX09.ioc 工程文件，在器件视图界面中，选择左侧 System Core 栏目中的 RCC 模块，如图 10-1 所示。

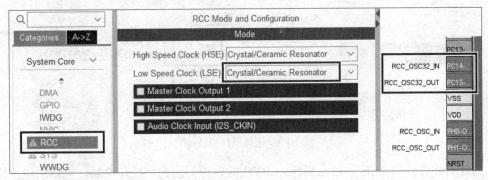

图 10-1　设置 LSE 外部晶振

一般而言，建议使用外部晶振作为 RTC 时钟，如果学习板上没有 32.768 kHz 晶振或纽扣电池，也可以使用 LSI 内部晶振，不过选择 LSI 会导致 RTC 时钟在掉电后无法继续计时。

接下来选择左侧 Timers 栏目中的 RTC 模块，设置 RTC 时钟功能如图 10-2 所示。

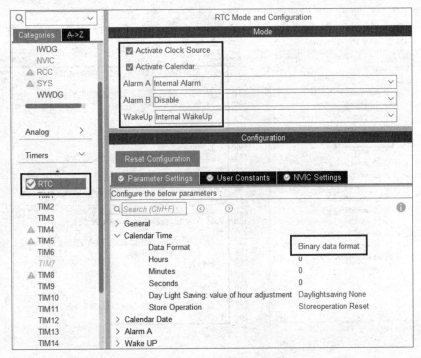

图 10-2　设置 RTC 定时器功能

本章后续示例程序还要用到 RTC 时钟的闹铃和唤醒功能，因此可以先一次性将 RTC 时钟的日历、闹铃和唤醒功能都开启。

2. RTC 时钟源设置

开启外部 LSE 晶振后，在 CubeMX 中就可以选择 RTC 时钟了。如图 10-3 所示，在 CubeMX 中的 Clock Configuration 页面中，可以选择使用 LSE 外部 32.768 kHz 晶振或者 LSI 内部 32 kHz 时钟作为 RTC 的时钟源。

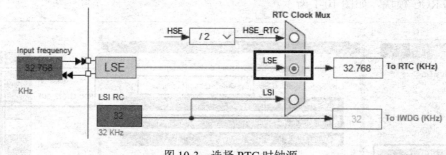

图 10-3 选择 RTC 时钟源

为什么建议使用 LSE 外部晶振作为 RTC 时钟源？因为系统掉电后，可以用电池维持 LSE 晶振工作，继续 RTC 计数，而 LSI 内部晶振在系统掉电后就不工作了。

设置完成后，导出生成 EX09 的 MDK 工程，重新用 MDK 打开该工程，清除 freertos.c 中默认任务函数和数码管任务函数中的功能代码，如图 10-4 所示。

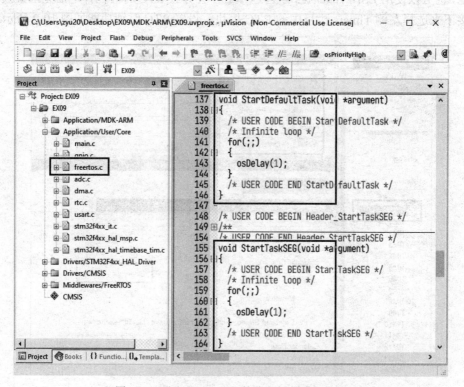

图 10-4 导出 EX09 工程并清空任务功能代码

3. 添加工程逻辑代码

STM32 的 HAL 库提供的 RTC 常用 API 函数如表 10-1 所示，使用 RTC 的日历功能时，需要在 RTC 时钟初始化时添加后备寄存器写入检查标志，以防止每次上电都重新设置 RTC 日历。

表 10-1 RTC 常用 API 函数

函 数 名 称	说　　明
HAL_RTC_SetTime	设置时间（时分秒）
HAL_RTC_SetDate	设置日期（年月日）
HAL_RTCEx_BKUPWrite	写入 RTC 后备寄存器
HAL_RTC_SetAlarm_IT	启动 RTC 闹铃并开启中断
HAL_RTC_DeactivateAlarm	关闭 RTC 闹铃
HAL_RTC_GetTime	读取时间（时分秒）
HAL_RTC_GetDate	读取日期（年月日）
HAL_RTCEx_BKUPRead	读取 RTC 后备寄存器
HAL_RTCEx_SetWakeUpTimer_IT	启动 RTC 唤醒定时器并开启中断
HAL_RTCEx_DeactivateWakeUpTimer	关闭 RTC 唤醒定时器

MDK 打开 EX09 工程后，打开左侧工程文件列表中的 rtc.c 文件，在 RTC 初始化函数 MX_RTC_Init()中添加如下代码：

```c
/* RTC init function */
void MX_RTC_Init(void) {
  ...
  /* USER CODE BEGIN Check_RTC_BKUP */
  if (HAL_RTCEx_BKUPRead(&hrtc, RTC_BKP_DR0) == 0x5050)// 是否第一次配置
    return;
  HAL_RTCEx_BKUPWrite(&hrtc, RTC_BKP_DR0, 0x5050);       // 第一次配置，写入标记
  /* USER CODE END Check_RTC_BKUP */
  ...
}
```

为了方便 RTC 日历功能的日期、时间读取，可在 rtc.c 文件中定义日期时间相关的全局变量，并在文件末尾添加 RTC 日期、时间的读写函数：

```c
...
/* USER CODE BEGIN 0 */
uint16_t RTC_Year = 2021;                   // 年
uint8_t RTC_Mon = 8;                        // 月
uint8_t RTC_Dat = 23;                       // 日
uint8_t RTC_Hour = 10;                      // 时
uint8_t RTC_Min = 49;                       // 分
uint8_t RTC_Sec = 30;                       // 秒
uint8_t RTC_PSec = 0;                       // 百分秒
/* USER CODE END 0 */
```

```c
...
/* USER CODE BEGIN 1 */
HAL_StatusTypeDef ReadRTCDateTime(void) {                    // 读取 RTC 日期时间
    RTC_TimeTypeDef sTime = {0};
    RTC_DateTypeDef sDate = {0};
    if (HAL_RTC_GetTime(&hrtc, &sTime, RTC_FORMAT_BIN) == HAL_OK) {
        if (HAL_RTC_GetDate(&hrtc, &sDate, RTC_FORMAT_BIN) == HAL_OK) {
            RTC_Year = 2000 + sDate.Year;
            RTC_Mon = sDate.Month;
            RTC_Dat = sDate.Date;
            RTC_Hour = sTime.Hours;
            RTC_Min = sTime.Minutes;
            RTC_Sec = sTime.Seconds;
            // 百分秒计算,0.01 s 误差
            RTC_PSec = (255 - sTime.SubSeconds) * 99 / 255;
            return HAL_OK;
        }
    }
    return HAL_ERROR;
}

HAL_StatusTypeDef SetRTCDate(int year, int mon, int date) {    // 设置年月日
    RTC_DateTypeDef sDate = {0};
    sDate.Year = year % 2000;
    sDate.Month = mon;
    sDate.Date = date;
    if (HAL_RTC_SetDate(&hrtc, &sDate, RTC_FORMAT_BIN) == HAL_OK)
        return HAL_OK;
    return HAL_ERROR;
}

HAL_StatusTypeDef SetRTCTime(int hour, int min, int sec) {     // 设置时分秒
    RTC_TimeTypeDef sTime = {0};
    sTime.Hours = hour;
    sTime.Minutes = min;
    sTime.Seconds = sec;
    if (HAL_RTC_SetTime(&hrtc, &sTime, RTC_FORMAT_BIN) == HAL_OK)
        return HAL_OK;
    return HAL_ERROR;
}
/* USER CODE END 1 */
```

为了方便调用,在 rtc.h 头文件中添加外部变量声明和函数声明:

```c
/* USER CODE BEGIN Prototypes */
extern uint16_t RTC_Year;          // 年
extern uint8_t RTC_Mon;            // 月
extern uint8_t RTC_Dat;            // 日
extern uint8_t RTC_Hour;           // 时
extern uint8_t RTC_Min;            // 分
extern uint8_t RTC_Sec;            // 秒
extern uint8_t RTC_PSec;           // 百分秒
```

```c
HAL_StatusTypeDef ReadRTCDateTime(void);                        // 读取日期时间
HAL_StatusTypeDef SetRTCDate(int year, int mon, int date);      // 设置年月日
HAL_StatusTypeDef SetRTCTime(int hour, int min, int sec);       // 设置时分秒
/* USER CODE END Prototypes */
```

要注意，使用 SetRTCTime()和 SetRTCDate()函数时有先后顺序，需要先设置时间，再设置日期。如果要在第一次上电时设置日历时间，可以在 RTC 时钟的初始化函数 MX_RTC_Init()的末尾添加设置代码：

```c
/* RTC init function */
void MX_RTC_Init(void) {
    ...
    /* USER CODE BEGIN RTC_Init 2 */
    SetRTCTime(RTC_Hour, RTC_Min, RTC_Sec);     // 设置日历时间为默认初始时间
    SetRTCDate(RTC_Year, RTC_Mon, RTC_Dat);
    /* USER CODE END RTC_Init 2 */
}
```

最后修改 freertos.c 文件中的数码管任务函数代码，添加 RTC 时间读取和显示功能：

```c
void StartTaskSEG(void *argument) {
    /* USER CODE BEGIN StartTaskSEG */
    /* Infinite loop */
    HAL_RTCEx_DeactivateWakeUpTimer(&hrtc);              // 关闭 RTC 唤醒功能
    HAL_RTC_DeactivateAlarm(&hrtc, RTC_ALARM_A);         // 关闭 RTC 闹铃功能

    uint32_t tick = 0;                                    // 时间戳变量
    uint8_t bdot = 0;                                     // 秒闪变量
    char dat[8] = "";                                     // 数码管显示字符串

    for(;;) {
        if (osKernelGetTickCount() >= tick) {
            tick = osKernelGetTickCount() + 500;          // 0.5 s 读取一次 RTC 时间
            bdot = !bdot;                                  // 秒闪控制
            if (ReadRTCDateTime() == HAL_OK)              // 时间读取成功
                // 格式化数码管显示字符串
                sprintf(dat, "%02d%s%02d", RTC_Min, bdot ? "." : "", RTC_Sec);
        }
        DispSeg(dat);
        osDelay(1);
    }
    /* USER CODE END StartTaskSEG */
}
```

上述代码添加完成后，保存工程，编译成功后，下载程序到学习板上测试运行。观察按下学习板上的复位按键和电源开关后，数码管上显示的 RTC 时间是否正常。如果学习板上没有安装纽扣电池，按下电源开关并重启后，数码管显示的时间应该也会复位重置；而在安装了纽扣电池的情况下，则不应该复位重置显示时间。

10.2 STM32 低功耗模式介绍

在一些使用电池供电或者产品功能上具有高耗电的外设，并且还对功耗有严格要求的应用场景下，就需要将单片机工作在不同的低功耗模式下，以获得降低系统功耗、延长电池使用时间的效果。STM32 处理器降低功耗可以从如下几个方面着手。

（1）通过降低 CPU 主频的方式降低处理器功耗。在运行状态，STM32F407 的单位功耗为 238 μA/MHz，降低时钟频率即可降低功耗。

（2）关闭不必要的外设时钟。关闭不使用的外设时钟可以降低因外设所损失的电能。一般情况下，处理器内部的 ADC 模块会消耗相对较多的电能，在不使用 AD 功能时关闭 ADC 模块及其端口时钟可以进一步降低功耗。

（3）通过使 STM32 处理器进入低功耗模式，实现降低功耗的目的。在 STM32F4 系统内有睡眠模式、停止模式和待机模式 3 种。3 种模式分别对应不同的使用场景，进入不同模式后功耗也有所不同，其对比如表 10-2 所示。

表 10-2　STM32 3 种低功耗模式对比

模　式	说　明	进入方式	唤醒方式
睡眠	内核停止，所有外设包括 M4 核心外设，如 NVIC、系统时钟（SysTick）仍在运行	调用 WFI 命令	任一中断
		调用 WFE 命令	唤醒事件
停止	除了 RTC 时钟，所有时钟都已停止	调用 WFI 或 WFE 命令的同时配置 PWR_CR 寄存器	任一外部中断
待机	1.2 V 电源关闭	调用 WFI 或 WFE 命令的同时配置 PWR_CR 寄存器	WKUP 上升沿、RTC 闹铃事件、外部复位、IWDG 复位

睡眠模式：进入睡眠模式后，STM32 的外设还能正常工作，中断、内核电压都是正常模式，只有 CPU 内核时钟是处于关闭状态，即 CPU 内核处于睡眠模式，指令执行被中止直至复位或中断出现。睡眠模式下，系统仍然可以从任意中断或者唤醒事件中唤醒，唤醒后从进入睡眠模式的地方继续运行；其优点在于程序状态不会丢失，唤醒时间短，缺点是功耗相对于停止模式和待机模式偏高。

停止模式：停止模式是睡眠模式的进阶版本，进入停止模式后不仅会关闭 CPU 内核时钟，还会关闭 PLL、HSI 和 HSE 时钟，但 SRAM 和寄存器内容还是会被保留下来。停止模式下，系统被唤醒时是从进入停止模式的地方恢复运行，但是唤醒后 STM32 会用 HSI 或 LSI 作为 CPU 主频，而且停止模式的恢复方式也比睡眠模式更少一些，停止模式下仅可以从任意 EXTI 线唤醒。

待机模式：待机模式是 STM32F4 系列单片机中功耗最低的一种低功耗模式，进入该模式后，会关闭除 RTC 以外的所有时钟，只有备份的寄存器和待机电路维持供电，从而大幅降低单片机所消耗的电能。待机模式下，因为 SRAM 和寄存器内容丢失，所以从待机模式唤醒后重新复位运行时不能从进入此模式的地方恢复运行。

睡眠、停止和待机这 3 种低功耗模式逐层递减，运行的时钟或芯片功能越来越少，因而功耗越来越低。STM32F4 的待机模式下，处理器只需要 2.2 μA 左右的电流；停止模式功耗要高一点，其典型的电流消耗在 350 μA 左右；睡眠模式功耗最高，其典型电流消耗在 10 mA 左右。关于 3 种低功耗模式的应用场景选择，建议如下。

（1）当需要快速恢复并且会频繁进出低功耗模式的情景下采用睡眠模式。例如，FreeRTOS 系统就提供了一种称为 TICKLess 的低功耗模式选项。开启该选项后，处理器在执行空闲任务时会进入睡眠模式，当需要执行用户任务或者有中断发生时再将处理器唤醒继续执行。

（2）当需要设备较长时间休眠并允许 CPU 停止运行，需要设备能从休眠模式下唤醒并继续系统运行的情景下，建议使用停止模式。例如，某些物联网设备只需要间隔几分钟采集上传一次数据，那么可以在采集上传结束后进入停止模式，定时唤醒后再次采集，这样正常工作时间仅为总时长的几十分之一，功耗降低效果明显。

（3）当需要设备较长时间休眠并允许 CPU 停止运行，不要求设备唤醒从休眠处运行的情景下，可以使用待机模式。待机模式的唤醒条件相对严格，且唤醒后只能复位运行，但是最低功耗的优势使得待机模式在某些极端应用场景中还是会经常用到。

10.3　STM32 低功耗应用

HAL 库中提供的常用低功耗及其相关函数如表 10-3 所示。

表 10-3　HAL 库中常用低功耗相关函数

函 数 名 称	说　　明
HAL_PWR_EnterSLEEPMode(uint32_t Regulator, uint8_t SLEEPEntry)	进入睡眠模式
HAL_PWR_EnterSTOPMode(uint32_t Regulator, uint8_t STOPEntry)	进入停止模式
HAL_PWR_EnterSTANDBYMode(void)	进入待机模式
HAL_RTCEx_WakeUpTimerEventCallback(RTC_HandleTypeDef *hrtc)	RTC 唤醒事件回调函数
HAL_RTC_AlarmAEventCallback(RTC_HandleTypeDef *hrtc)	RTC 闹铃事件回调函数
SystemClock_Config(void)	配置系统时钟

要注意的是，CubeMX 下配置的 FreeRTOS 使用一个普通定时器替换了用户层的滴答定时器作用，而把滴答定时器用于系统底层任务调度使用。因为系统底层的任务调度事件会唤醒睡眠模式和停止模式，因此在进入睡眠模式和停止模式前需要将滴答定时器暂停（即关闭任务调度事件），低功耗唤醒后需要重新使能滴答定时器。相关语句如下：

```
SysTick->CTRL &= ~SysTick_CTRL_ENABLE_Msk;        // 关闭滴答定时器
SysTick->CTRL |= SysTick_CTRL_ENABLE_Msk;         // 启用滴答定时器
```

还有一点，停止模式被唤醒恢复后，默认使用 STM32F407 的内置时钟（HSI）运行，因此唤醒后需要调用 SystemClock_Config() 函数重新配置系统时钟。

本节将使用学习板上的 6 个按键进行低功耗应用演示，在 10.1 节的 EX09 工程基础上，

CubeMX 中配置按键 K4、K5 对应端口为外部中断模式，K1~K3 和 K6 还是普通输入端口，确认端口设置如图 10-5 所示。这样配置是为了按 K1、K2、K3 按键分别进入 3 种低功耗模式，按 K6 按键切换自动进入/退出低功耗模式的功能，在低睡眠和停止模式下按 K4、K5 按键则能立即退出低功耗模式。

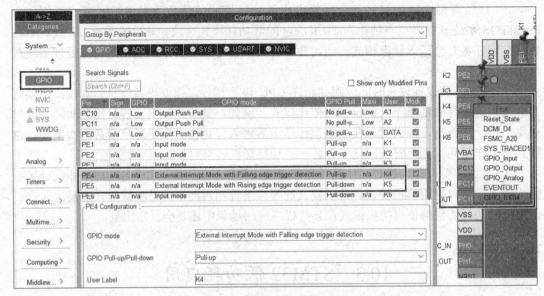

图 10-5　修改按键端口配置

选择左侧 System Core 栏目中的 NVIC 模块，查看系统中断列表，勾选使能按键对应的外部中断，如图 10-6 所示。

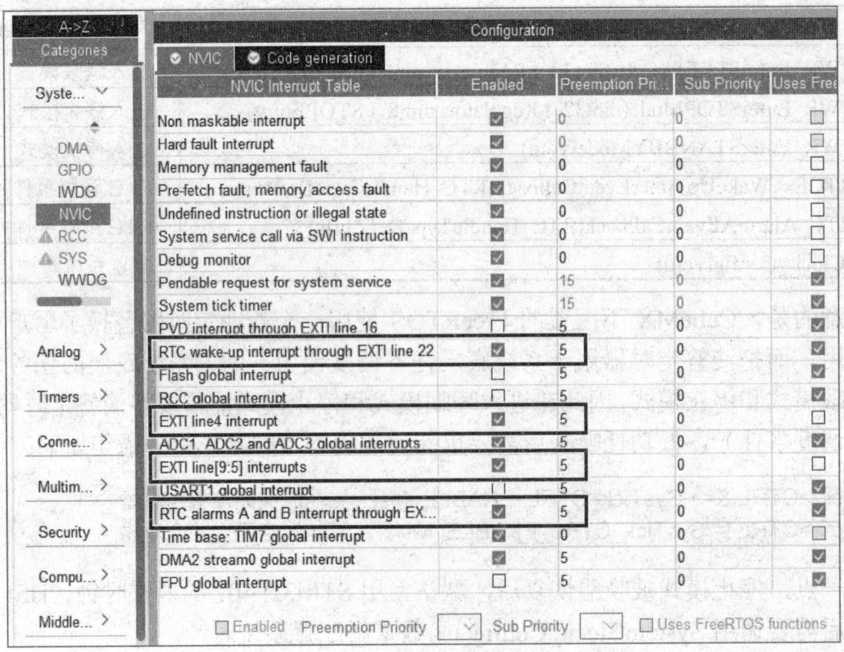

图 10-6　勾选使能外部中断

考虑到还要演示 RTC 闹铃自动唤醒功能，在图 10-6 中的 NVIC 设置页面中也把 RTC 闹铃中断勾选使能。设置完成后，重新导出生成 EX09 的 MDK 工程，打开导出的 MDK 工程后，在 main.c 文件的 main 函数中初始化 RTC，并添加代码来关闭 RTC 闹铃和唤醒功能：

```
int main(void){
  ...
  /* USER CODE BEGIN 2 */
  HAL_RTCEx_DeactivateWakeUpTimer(&hrtc);          // 关闭 RTC 唤醒功能
  HAL_RTC_DeactivateAlarm(&hrtc, RTC_ALARM_A);     // 关闭 RTC 闹铃功能
  /* USER CODE END 2 */
  ...
}
```

打开 freertos.c 文件，在文件中添加进入 3 种低功耗模式的封装函数声明和函数定义：

```
...
/* USER CODE BEGIN FunctionPrototypes */
void EnterSleepMode(uint8_t wktime);          // 进入睡眠模式
void EnterStopMode(uint8_t wktime);           // 进入停止模式
void EnterStandby(uint8_t wktime);            // 进入待机模式
extern void SystemClock_Config(void);
/* USER CODE END FunctionPrototypes */

...
/* USER CODE BEGIN Application */
void EnterSleepMode(uint8_t wktime){          // 进入睡眠模式
  if (wktime)  {       // 当参数 wktime 大于 0 时，表示睡眠之后等待 wktime 指定秒数唤醒
    RTC_AlarmTypeDef sAlarm = {0};
    sAlarm.AlarmTime.Seconds = (RTC_Sec + wktime) % 60;
    sAlarm.AlarmTime.DayLightSaving = RTC_DAYLIGHTSAVING_NONE;
    sAlarm.AlarmTime.StoreOperation = RTC_STOREOPERATION_RESET;
    sAlarm.AlarmMask = RTC_ALARMMASK_DATEWEEKDAY |
                       RTC_ALARMMASK_HOURS | RTC_ALARMMASK_MINUTES;
    sAlarm.AlarmSubSecondMask = RTC_ALARMSUBSECONDMASK_ALL;
    sAlarm.AlarmDateWeekDaySel = RTC_ALARMDATEWEEKDAYSEL_DATE;
    sAlarm.AlarmDateWeekDay = 1;
    sAlarm.Alarm = RTC_ALARM_A;
    HAL_RTC_SetAlarm_IT(&hrtc, &sAlarm, RTC_FORMAT_BIN); // 开启 RTC 闹铃
  }

  SysTick->CTRL &= ~SysTick_CTRL_ENABLE_Msk; // 关闭 SysTick
  HAL_PWR_EnterSLEEPMode(PWR_MAINREGULATOR_ON, PWR_SLEEPENTRY_WFI);
}

void EnterStopMode(uint8_t wktime){           // 进入停止模式
  SysTick->CTRL &= ~SysTick_CTRL_ENABLE_Msk; // 关闭 SysTick
  if (wktime)   // 当参数 wktime 大于 0 时，表示睡眠之后等待 wktime 指定秒数唤醒
    HAL_RTCEx_SetWakeUpTimer_IT(&hrtc, wktime, // 开启 RTC 秒级定时唤醒
                                RTC_WAKEUPCLOCK_CK_SPRE_16BITS);
```

```c
    HAL_PWR_EnterSTOPMode(PWR_MAINREGULATOR_ON, PWR_STOPENTRY_WFE);
}

void EnterStandby(uint8_t wktime){                              // 进入休眠模式
    __HAL_PWR_CLEAR_FLAG(PWR_CSR_WUF | PWR_CSR_SBF);//清除唤醒标志和待机标志
    SysTick->CTRL &= ~SysTick_CTRL_ENABLE_Msk;                  // 关闭 SysTick
    if (wktime)
        HAL_RTCEx_SetWakeUpTimer_IT(&hrtc, wktime,              // 开启 RTC 秒级定时唤醒
                                    RTC_WAKEUPCLOCK_CK_SPRE_16BITS);
    HAL_PWR_EnterSTANDBYMode();
}
/* USER CODE END Application */
```

以上 3 个进入低功耗模式的封装函数中都带有一个 wktime 参数，当该参数值为 0 时，进入低功耗模式后没有开启自动唤醒功能，wktime 参数值非零时，该参数值表示进入低功耗模式后定时唤醒的等待时间（单位秒）。3 个封装函数还演示了 RTC 时钟的闹铃功能和唤醒定时功能的使用方法。相对而言，闹铃功能设置较为复杂，功能也更丰富，而唤醒定时功能则更为简单易用。

接下来在 freertos.c 末尾继续添加退出低功耗模式时的中断响应处理函数，包括外部中断、唤醒中断和闹铃中断的回调函数，代码如下：

```c
...
/* USER CODE BEGIN Application */
...
void HAL_GPIO_EXTI_Callback(uint16_t GPIO_Pin) {                // 外部中断回调函数
    SysTick->CTRL |= SysTick_CTRL_ENABLE_Msk;                   // 恢复 SysTick 滴答定时器
    SystemClock_Config();                                       // 恢复 CPU 时钟
    HAL_RTCEx_DeactivateWakeUpTimer(&hrtc);                     // 关闭 RTC 唤醒功能
    HAL_RTC_DeactivateAlarm(&hrtc, RTC_ALARM_A);                // 关闭 RTC 闹铃功能
}

void HAL_RTCEx_WakeUpTimerEventCallback(RTC_HandleTypeDef *hrtc){
    SysTick->CTRL |= SysTick_CTRL_ENABLE_Msk;
    SystemClock_Config();
    HAL_RTCEx_DeactivateWakeUpTimer(hrtc);
}

void HAL_RTC_AlarmAEventCallback(RTC_HandleTypeDef *hrtc){
    SysTick->CTRL |= SysTick_CTRL_ENABLE_Msk;
    SystemClock_Config();
    HAL_RTC_DeactivateAlarm(hrtc, RTC_ALARM_A);
}
/* USER CODE END Application */
```

以上 3 个中断回调函数除了名称不同，执行动作基本相同，都是恢复 SysTick 滴答定时器，然后恢复 CPU 时钟，最后关闭 RTC 闹铃和唤醒功能。最后，修改之前清空的默认

任务函数，添加按键动作功能逻辑代码：

```c
void StartDefaultTask(void *argument){
  /* USER CODE BEGIN StartDefaultTask */
  uint32_t tick = osKernelGetTickCount();        // 定义时间戳变量，用于按键空闲判断
  uint8_t bAuto = 0;                             // 定义自动唤醒标志，为 1 时开启 5s 自动唤醒功能
  uint8_t nLP = 0;                               // 定义低功耗模式选择变量，1~3 对应 3 种低功耗模式
  if (__HAL_PWR_GET_FLAG(PWR_CSR_WUF) &&
      __HAL_PWR_GET_FLAG(PWR_CSR_SBF)){          // 检测是否是待机后被唤醒状态
    bAuto = 1;      nLP = 3;                     // 如果是待机后被唤醒状态，恢复待机前变量值
  }

  for(;;) {                                      // 任务循环
    uint32_t tt = osKernelGetTickCount();        // 获取当前时间戳
    if ((HAL_GPIO_ReadPin(K1_GPIO_Port, K1_Pin) == GPIO_PIN_RESET) ||
        (HAL_GPIO_ReadPin(K2_GPIO_Port, K2_Pin) == GPIO_PIN_RESET) ||
        (HAL_GPIO_ReadPin(K3_GPIO_Port, K3_Pin) == GPIO_PIN_RESET) ||
        (HAL_GPIO_ReadPin(K4_GPIO_Port, K4_Pin) == GPIO_PIN_RESET) ||
        (HAL_GPIO_ReadPin(K5_GPIO_Port, K5_Pin) == GPIO_PIN_SET) ||
        (HAL_GPIO_ReadPin(K6_GPIO_Port, K6_Pin) == GPIO_PIN_SET))
      tick = tt;                                 // 如果有任意按键，空闲时间戳赋值

    if (HAL_GPIO_ReadPin(K6_GPIO_Port, K6_Pin) == GPIO_PIN_SET) {
      bAuto = !bAuto;                            // 如果按下 K6 按键，切换自动唤醒标志，等待 K6 放开
      while (HAL_GPIO_ReadPin(K6_GPIO_Port, K6_Pin) == GPIO_PIN_SET);
    }
    if (HAL_GPIO_ReadPin(K1_GPIO_Port, K1_Pin) == GPIO_PIN_RESET)
      tick = nLP = 1;                            // 如果按下 K1 按键，立即进入低功耗睡眠模式
    if (HAL_GPIO_ReadPin(K2_GPIO_Port, K2_Pin) == GPIO_PIN_RESET)
      tick = nLP = 2;                            // 如果按下 K2 按键，立即进入低功耗停止模式
    if (HAL_GPIO_ReadPin(K3_GPIO_Port, K3_Pin) == GPIO_PIN_RESET)
      tick = nLP = 3;                            // 如果按下 K3 按键，立即进入低功耗待机模式

    if (osKernelGetTickCount() >= tick + 5000) { // 按键空闲 5s 以上
      if (1 == nLP)                              // 根据 nLP 的值自动进入对应的低功耗模式
        EnterSleepMode(bAuto ? 5 : 0);           // 根据 bAuto 标志决定是否自动唤醒
      else if (2 == nLP)
        EnterStopMode(bAuto ? 5 : 0);
      else if (3 == nLP)
        EnterStandby(bAuto ? 5 : 0);
      tick = tt;
    }

    osDelay(1);
  }
  /* USER CODE END StartDefaultTask */
}
```

首先，在默认任务函数中检测了进入循环之前的待机模式唤醒标志，如果有该标志，表示程序是由之前的待机模式自动唤醒复位后启动的，需要恢复待机时的变量数值。然后，在任务循环中，每次循环检测一次是否有按键动作，如果有则记录按键时的时间戳，如果当前时间戳超过记录的按键时间戳 5 s 以上，表示按键空闲时间超过 5 s 了，将演示自动进入低功耗模式功能。按键循环中还检测 K1、K2、K3 按键动作，如果有按下其中一个按键，则设置低功耗模式选择变量，并把按键时间戳数值拉低，如果当前时间戳超过 5 s，那么按下 K1、K2、K3 其中之一按键时就会立即进入对应的低功耗模式。

保存工程，重新编译，编译成功后下载程序到学习板上，测试观察按下按键 K1、K2、K3、K6 时的数码管显示情况。可以看到，在睡眠模式和停止模式下，数码管的动态扫描显示只是停留在其中一位数码管上，并没有完全关闭；而在待机模式下，数码管的显示就完全熄灭了。这就很好地体现了待机模式和前两个模式的不同，而且演示程序在前两个待机模式下，按动 K4、K5 按键能够立即唤醒程序，但是待机模式下就不能用 K4、K5 按键唤醒了。整个低功耗应用演示到此结束。

实验 15 基于 RTC 的电子钟设计

【实验目标】

了解 STM32 的 RTC 实时时钟使用方法，掌握 STM32 的低功耗模式进入和退出方法，设计一个基于 RTC 的电子钟设计。

【实验内容】

（1）参照 EX09 示例，在 CubeMX 中添加串口、RTC 模块、蜂鸣器端口、按键端口和数码管端口，并配置相应外设、端口模式和参数。

（2）配置 FreeRTOS 操作系统，添加 RTC、按键扫描和数码管显示 3 个额外任务，设置任务的栈空间大小和优先级。

（3）添加程序代码，实现电子钟显示功能，显示当前时间时分或分秒数值，第 2 位数码管的小数点常亮表示分秒显示状态，小数点秒闪表示时分显示状态。

（4）添加按键功能，用按键 K5 进入/退出时间设置状态；在时间设置状态下，按键 K1 可修改小时数，按键 K2 可修改分钟数，按键 K3 可修改秒钟数。非设置状态下，按键 K4 可切换数码管的时分显示状态或分秒显示状态。

（5）添加按键功能，按键 K6 开启/关闭节电模式。在节电模式下，按键操作空闲 10 s 后关闭数码管显示并进入低功耗状态，低功耗状态下按任意键退出低功耗并恢复显示。

（6）附加设计：使用 RTC 的 Wakeup 唤醒功能，在低功耗状态下停留 30 s 之后能自动唤醒，退出低功耗状态。

实验板应安装纽扣电池，掉电后由电池供电保证 RTC 时钟持续工作，重新上电后显示时间不应该从头开始。

实验16　低功耗待机与唤醒实验

【实验目标】

了解 STM32 的 RTC 实时时钟，了解 STM32 的 3 种低功耗模式，掌握 STM32 进入和退出低功耗模式的方法，设计一个低功耗数据采集程序。

【实验内容】

（1）参照 EX08 和 EX09 示例，在 CubeMX 中添加串口、LED 外设、DS18B20、麦克风和 RTC 模块，并配置相应端口模式、外设模块和参数。

（2）配置 FreeRTOS 操作系统，添加数据采集和串口两个额外任务，设置任务的栈空间大小和优先级。

（3）添加程序代码，数据采集任务中每隔 3 秒采集一次温度数据和连续 128 个麦克风数据，并通过串口打印查看采集数据和 RTC 日期时间。数据采集、打印完成后系统进入低功耗模式，等到下一个 3 s 再重新唤醒并重新采集。

（4）添加按键功能，可通过按键随时唤醒低功耗模式，并可通过按键调节数据采集间隔时间（1~60 s 可调）。

（5）附加要求 1：低功耗模式状态下，当 PC 端发送串口数据给 STM32 时能唤醒程序，添加串口协议，可在任意时刻通过串口调整数据采集间隔时间。

（6）附加要求 2：每次数据采集后不打印采集的数据，而是对采集的麦克风数据进行傅里叶变换，计算分贝大小，当超过设定上限时通过串口打印 RTC 日期时间、温度和分贝数值。

习　题

1. STM32F4 的 RTC 时钟和普通的定时器有什么不同？
2. RTC 的备份域寄存器有什么特点，通常做什么用？
3. STM32F4 的 4 个时钟源，HSE、HSI、LSE 和 LSI 有什么区别，RTC 时钟通常用到的时钟源是哪一个？
4. 本章 RTC 应用示例的 SetRTCDate() 函数并没有设置星期的功能，如果要加上星期设置功能，该如何做？请给出修改后的 SetRTCDate() 函数代码。
5. STM32F4 的 3 种低功耗模式中，唤醒条件最严格、功耗最低的模式是哪种？哪种模式适合功耗要求较低并且能远程通信唤醒的应用场景？
6. 如果 STM32F4 嵌入式设备正常工作时电流约 50 mA，停止模式下电流约 500 μA，设计定时每隔 15 分钟进行一次 10 秒数据采集和传输工作，试问如果要求设备在户外带电池工作时长 3 年以上，供电电池容量应大于多少 mAH？
7. 对使用 FreeRTOS 的应用，在进入低功耗模式之前，应当先做什么操作？从低功耗模式唤醒之后，又应当做什么操作？

第 11 章 FatFs 文件系统应用

在嵌入式系统应用中，数据的存储是一个经常遇到的应用需求。例如，系统工作参数和采集数据需要在掉电后仍然可以保持住，待下次上电之后还能够读取，这就需要用到单片机内部或外部存储器了。嵌入式应用中常用的存储外设有 NOR FLASH（SPI FLASH）、NAND FlASH、SD 卡、EMMC、UFS、U 盘等。

随着信息技术的发展，嵌入式应用中的数据量越来越大，以往由系统简单地对存储媒介按地址、按字节的读写操作已经不能满足实际应用的需要。现阶段，越来越多的嵌入式系统开始应用文件系统对存储媒介进行管理。

文件系统是为了存储和管理数据，而在存储介质上建立的一种组织结构，包括系统引导区、目录和文件等，其实质上是一种高效的数据管理方式。由于微软 Windows 系统的广泛应用，在当前的消费类电子产品中，用得最多的文件系统还是 FAT（FAT12、FAT16、FAT32 和 exFAT）文件系统。考虑到系统兼容性、可移植性和易用性，在嵌入式系统中使用开源的 FAT 文件系统是一种较为实用的选择。

11.1 FatFs 介绍

FatFs Module 是一种完全免费开源的 FAT（file allocation table，文件分配表）文件系统模块，专门为小型的嵌入式系统而设计。它完全用标准 C 语言编写，且完全独立于 I/O 层，可以移植到 8051、PIC、AVR、Z80 和 ARM 等系列单片机上且只需做简单的修改。FatFs 支持 FAT12、FAT16、FAT32 和 exFAT，支持多个存储媒介，有独立的缓冲区，可以对多个文件进行读写操作。

FatFs 文件系统模块的特性包括以下几点。
- 兼容 Windows 系统的 FAT 文件系统。
- 代码量小、与平台无关、容易移植。
- 多种配置选项，支持多个存储媒介或分区，支持长文件名，支持 RTOS，支持多种扇区大小，提供只读、最小化 API 和 I/O 缓冲区等。

FatFs 之所以能在不同的单片机上使用，是因为其设计时具有良好的层次结构，如图 11-1 所示。

最上的应用层，使用者无须理会 FatFs 的内部结构和复杂的 FAT 协议，只需要调用 FatFs 提供给用户的一系列应用接口函数，如 f_open()、f_read()、f_write()和 f_close()等函数，就可以达到类似 C

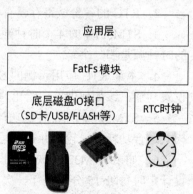

图 11-1 FatFs 层次结构

语言中的 fopen()、fread()、fwrite()和 fclose()等文件读写函数的效果。

中间层 FatFs 实现了 FAT 文件读写协议。除非必要，使用者一般不用修改，使用时将需要版本的头文件直接包含进去即可。

需要使用者编写移植代码的是 FatFs 提供的底层接口，它包括底层磁盘（存储介质）读写接口 Disk I/O（diskio.c 文件）和供给文件创建修改时间的实时时钟读取函数。

FatFs 源码相关文件如表 11-1 所示。

表 11-1 FatFs 源码相关文件介绍

文件名称	文件说明	平台相关性
ffconf.h	FatFs 模块配置文件	与平台无关
ff.h	FatFs 和应用模块公用的包含文件	与平台无关
ff.c	FatFs 模块	与平台无关
diskio.h	FatFs 和 Disk I/O 模块公用的包含文件	与平台无关
interger.h	数据类型定义	与平台无关
option 子目录	包含可选的外部功能，如中文支持	与平台无关
diskio.c	FatFs 和 Disk I/O 模块接口层文件	与平台相关

表 11-1 的源码文件列表对应 FatFs 0.12c 版本，如果从 FatFs 官网（主页地址：http://elm-chan.org/fsw/ff/00index_e.html）下载最新版本（0.14b 以后）FatFs 源码，interger.h 文件已经合并到 ff.h 文件中了，option 子目录下的两个文件也直接从 option 子目录中移到了源码目录和其他文件同级，并且更名为 ffsystem.c 和 ffunicode.c 文件，分别提供 OS 相关支持和中文支持。

直接下载源码进行 FatFs 移植时，一般只需要修改两个文件（即 ffconf.h 和 diskio.c）。但是 STM32CubeMX 安装固件包中的 FatFs 源码和官网源码稍有不同，ST 公司为 FatFs 的 HAL 库版本还附加了几个文件，如 BSP 驱动、通用驱动接口相关的接口链接文件。表 11-2 给出了 CubeMX 附加的 FatFs 相关文件说明。

表 11-2 STM32CubeMX 附加的 FatFs 相关文件

文件名称	文件说明	文件位置
ff_gen_drv.c	FatFs 通用驱动文件实现	FatFs 源码 src 目录
ff_gen_drv.h	FatFs 通用驱动头文件	FatFs 源码 src 目录
sd_diskio.c	针对 SD 卡的驱动接口实现	工程目录/FATFS/Target
sd_diskio.h	针对 SD 卡的驱动接口头文件	工程目录/FATFS/Target
bsp_driver_sd.c	SD 卡操作函数 HAL 库二次封装	工程目录/FATFS/Target
bsp_driver_sd.h	SD 卡操作函数 HAL 库二次封装头文件	工程目录/FATFS/Target
usbh_diskio.c	针对 USB Host（U 盘）的驱动接口实现	工程目录/FATFS/Target
usbh_diskio.h	针对 USB Host（U 盘）的驱动接口头文件	工程目录/FATFS/Target
user_diskio.c	用户自定义存储介质操作函数的 HAL 库封装实现	工程目录/FATFS/Target
user_diskio.h	用户自定义存储介质操作函数的 HAL 库封装头文件	工程目录/FATFS/Target
fatfs.c	FatFs 初始化、文件对象和文件时间获取函数定义	工程目录/FATFS/App
fatfs.h	FatFs 初始化、文件对象和文件时间获取函数声明	工程目录/FATFS/App

HAL 库版本的 FatFs 在附加以上文件后，用户就不需要再去修改 diskio.c 文件了，甚至 ffconf.h 文件也不需要修改，因为在 CubeMX 中对 FatFs 进行参数选项设置就是在修改 ffconf.h 文件的内容。因此，对于 HAL 库版本的 FatFs，用户需要修改的内容就只包括 user_diskio.c 中的存储介质操作函数和 fatfs.c 中的时间获取函数了。

FatFs 提供的应用接口（API）函数名称和标准 C 库中的文件操作相关函数名称类似，大部分的 FatFs 应用接口函数名称都是以"f_"开头，去掉下画线就变成标准 C 的库函数了。如 f_open()函数对应标准 C 库函数中的 fopen()函数。表 11-3 给出了 FatFs 中常用的应用接口函数列表。

表 11-3 FatFs 应用接口函数

函 数 名 称	功 能 说 明	分　　类
f_open	创建或打开一个文件	文件操作
f_close	关闭一个已打开的文件	文件操作
f_read	从文件读取数据	文件操作
f_write	写入数据到文件	文件操作
f_lseek	移动文件读写指针	文件操作
f_sync	文件同步，清空文件缓冲	文件操作
f_gets	从文件读取一行字符串	文件操作
f_putc	写入一个字符到文件	文件操作
f_puts	写入一个字符串到文件	文件操作
f_printf	格式化字符串并写入文件	文件操作
f_tell	获取文件读写指针当前位置	文件操作
f_eof	检查文件末尾标记	文件操作
f_size	获取文件大小	文件操作
f_error	获取上次文件操作错误码	文件操作
f_opendir	打开一个目录	目录操作
f_closedir	关闭一个已打开的目录	目录操作
f_readdir	读取一个目录项（文件或子目录）	目录操作
f_findfirst	打开一个目录并读取第一个符合条件的目录项	目录操作
f_findnext	读取下一个符合条件的目录项	目录操作
f_stat	获取文件或目录状态（检查文件目录是否存在）	文件目录管理
f_unlink	删除文件或目录	文件目录管理
f_rename	文件或目录更名或移动位置	文件目录管理
f_chmod	修改文件或目录属性	文件目录管理
f_utime	修改文件或目录时间	文件目录管理
f_mkdir	创建一个目录	文件目录管理
f_chdir	切换当前路径	文件目录管理
f_chdrive	切换当前驱动器	文件目录管理
f_getcwd	获取当前所在盘符路径	文件目录管理
f_mount	挂载或注销分区文件系统	文件系统管理
f_mkfs	在驱动器中创建一个 FAT 文件系统并格式化驱动器	文件系统管理
f_getfree	获取驱动器剩余空间大小	文件系统管理

以上函数中，f_mount、f_mkfs、f_open、f_close、f_write 和 f_read 最为常用，具体的函数说明如下：

FRESULT f_mount(FATFS* fs, const TCHAR* path, BYTE opt);   // 挂载/卸载设备

参数 fs：fs 工作区（文件系统对象）指针，如果赋值为 NULL，可以取消物理设备挂载。
参数 path：注册/注销工作区的逻辑设备编号，使用设备根路径表示。
参数 opt：注册或注销选项（可选 0 或 1），0 表示不立即挂载，1 表示立即挂载。
应用示例：

retUSER = f_mount(&USERFatFS, USERPath, 1);   // 挂载 SPI FLASH
retUSER = f_mount(NULL, USERPath, 0);   // 卸载 SPI FLASH

FRESULT f_mkfs(const TCHAR* path, BYTE opt, DWORD au, void* work, UINT len); // 格式化设备

参数 path：逻辑设备编号，使用设备根路径表示。
参数 opt：格式化的类型，常用 FM_ANY，表示格式化为默认的 FAT32 格式。
参数 au：指定扇区大小，若为 0 表示通过 disk_ioctl 函数获取。
参数 work：用户提供的缓冲数组，用于函数内部读写测试。
参数 len：用户提供的缓冲大小，以字节为单位，一般为扇区大小。
应用示例：

// 以默认参数大小格式化 SPI FLASH
uint8_t work[_MAX_SS];
retUSER = f_mkfs(USERPath, FM_ANY, 0, work, sizeof(work));

FRESULT f_open(FIL* fp, const TCHAR* path, BYTE mode);   // 打开文件

参数 fp：将创建或打开的文件对象指针。
参数 path：文件名指针，指定将创建或打开的文件名（包含文件类型后缀名）。
参数 mode：访问类型和打开方法。mode 可选值如下。
- FA_READ：指定读访问对象。可以从文件中读取数据。与 FA_WRITE 结合可以进行读写访问。
- FA_WRITE：指定写访问对象。可以向文件中写入数据。与 FA_READ 结合可以进行读写访问。
- FA_OPEN_EXISTING：打开文件。如果文件不存在，则打开失败（默认）。
- FA_OPEN_ALWAYS：如果文件存在，则打开；否则，创建一个新文件。
- FA_CREATE_NEW：创建一个新文件。如果文件已存在，则创建失败。
- FA_CREATE_ALWAYS：创建一个新文件。如果文件已存在，则它将被截断并覆盖。

FRESULT f_close(FIL *fp);   // 关闭文件

参数 fp：将被关闭的已打开的文件对象结构的指针。
应用示例：

```
// 在 SPI FLASH 上创建并打开 a.txt 文件准备写入数据
if(f_open(&USERFile, "a.txt", FA_CREATE_ALWAYS|FA_WRITE) == FR_OK){
    ...
    f_close(&USERFile);      // 文件打开后用完记得关闭，不然可能会丢失数据
}
```

```
FRESULT f_write(FIL* fp, const void *buff, UINT btw, UINT* bw); // 写入数据
```

参数 fp：指向将被写入的已打开的文件对象结构的指针。
参数 buff：指向存储写入数据的缓冲区的指针。
参数 btw：要写入的字节数。
参数 bw：指向返回已写入字节数的 UINT 变量的指针，返回为实际写入的字节数。
应用示例：

```
// 向 USERFile 文件对象写入 wtext 数组内容，要写入字节数为数组大小
if(f_write(&USERFile, wtext, sizeof(wtext),&byteswritten) == FR_OK){
    // 实际写入字节数存入 byteswritten 变量
    ...
}
```

```
FRESULT f_read (FIL* fp, const void *buff, UINT btr, UINT* br); // 读取数据
```

参数 fp：指向将被读取的已打开的文件对象结构的指针。
参数 buff：指向存储读取数据的缓冲区的指针。
参数 btr：要读取的字节数。
参数 br：指向返回已读取字节数的 UINT 变量的指针，返回为实际读取的字节数。
应用示例：

```
// 从 USERFile 文件对象读取指定字节数（rtext 数组大小）的数据
// 读取数据存入 rtext 数组，实际读取字节数存入 bytesread 变量
retSD = f_read(&USERFile, rtext, sizeof(rtext), (UINT*)&bytesread);
```

11.2　SPI FLASH 应用实践

学习板上的外部 FLASH 器件型号为 W25Q128，它是华邦公司推出的大容量 SPI FLASH 产品，其容量为 16MB，擦写周期多达 10 万次，可将数据保存达 20 年之久。W25Q128 将 16 MB 字节的容量分为 256 个块，每个块大小为 64 KB，每个块又分为 16 个扇区，每个扇区有 4096 个字节，该器件的最小擦除单位为一个扇区，也就是每次必须擦除 4096 个字节。该 FLASH 器件连接到了 STM32F407 的 SPI1 外设上，本节将对该器件的普通读写操作和基于 FatFs 的文件读写操作进行应用实践。

11.2.1　添加配置 SPI 外设

复制第 5 章的 EX03 工程，将工程改名为 EX10，删除 MDK-ARM 子目录，删除 Core/Src

子目录下的 freertos.c 文件，然后打开 EX10 的 CubeMX 工程，如图 11-2 所示，添加 SPI1 外设。

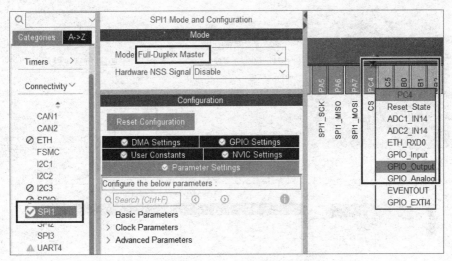

图 11-2 添加 SPI FLASH 连接的 SPI1 外设

SPI FLASH 器件的片选信号连接的是 PC4 端口，所以 CubeMX 中还添加了一个 PC4 输出端口，为了对应 SPI FLASH 驱动程序中的端口名称，还将 PC4 端口标签名改为 CS。

添加完 SPI1 模块后，再确认 USART1 模块是否已添加，演示示例将通过串口打印程序运行结果到 PC 端调试助手进行查看。

因为 FLASH 一次读写操作最小单位是扇区，一个扇区有 4096 个字节，因此，为了保证任务堆栈大小足够，可以修改 FreeRTOS 任务栈空间大小为 2048 个字（8192B），如图 11-3 所示。

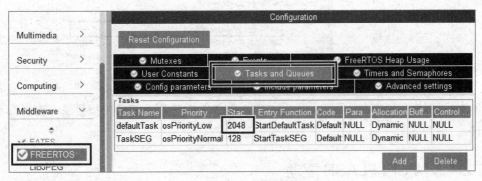

图 11-3 修改任务栈空间大小

为了方便后续实验，建议将 FreeRTOS 组件中的总堆栈（TOTAL_HEAP_SIZE）参数调到 50000。如果要在任务开始之前（main 函数）中操作 SPI FLASH，那么 CubeMX 导出工程时还需要调整导出工程选项中的堆栈大小设置，如图 11-4 所示。

最后，在 CubeMX 中添加 FatFs 模块，勾选 User-defined 模式，并设置 FatFs 的扇区最大值为 4096，如图 11-5 所示。

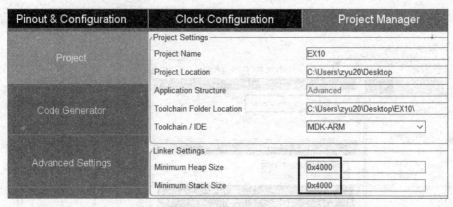

图 11-4　导出工程堆栈大小设置

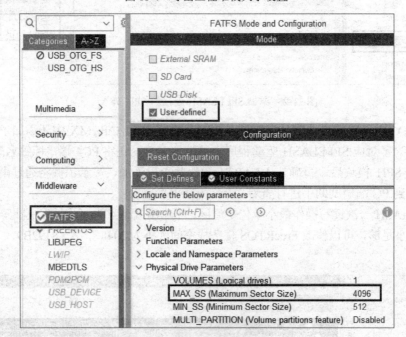

图 11-5　添加设置 FatFs 模块

所有设置修改完成后，保存并导出 EX10 的 MDK 工程，打开工程目录，准备添加驱动文件。

11.2.2　添加 SPI FLASH 驱动

学习板配套提供的 W25Q128 的驱动文件是一个名为 W25Q128.rar 的压缩包文件，解压缩后得到一个 W25QXX 文件夹，其中包含两个文件，即 w25qxx.c 和 w25qxx.h。将 W25QXX 文件夹复制到 EX10 工程目录的 Drivers 子目录下，然后启动 MDK 打开 EX10 工程，如图 11-6 所示，添加 w25qxx.c 源文件到 Core 文件组。

设置工程包含路径，添加 w25qxx.h 文件所在路径，如图 11-7 所示。

第 11 章 FatFs 文件系统应用

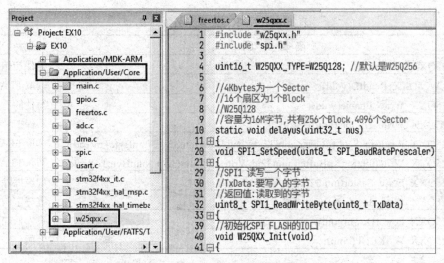

图 11-6 添加 FLASH 驱动到 MDK 工程

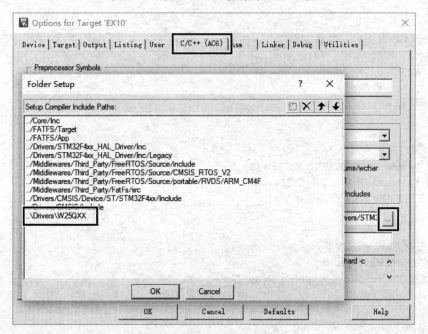

图 11-7 添加 W25QXX 目录到工程包含路径

添加驱动完成后，检查一下 freertos.c 文件中的两个任务函数，里面应该只有两个空循环，如果还有其他代码，把 freertos.c 文件删除，再从 CubeMX 重新导出一遍 EX10 工程。

11.2.3 SPI FLASH 直接读写操作实践

在 MDK 中打开 w25qxx.h 文件，可以看到该文件提供的 FLASH 操作函数，如表 11-4 所示。

表 11-4　W25QXX 操作函数列表

函　数　声　明	功　　能
void W25QXX_Init(void);	器件初始化
uint16_t W25QXX_ReadID(void);	读取 FLASH ID
void W25QXX_Write_Enable(void);	写使能
void W25QXX_Write_Disable(void);	写保护
void W25QXX_Read(uint8_t* pBuffer, uint32_t ReadAddr, uint32_t NumByteToRead);	读取 FLASH
void W25QXX_Write(uint8_t* pBuffer, uint32_t WriteAddr,uint32_t NumByteToWrite);	写入 FLASH
void W25QXX_Erase_Sector(uint32_t Dst_Addr);	扇区擦除
void W25QXX_Wait_Busy(void);	等待空闲
void W25QXX_PowerDown(void);	进入低功耗模式
void W25QXX_WAKEUP(void);	唤醒

在 freertos.c 文件中，包含 w25qxx.h 头文件，添加测试函数代码：

```
...
/* USER CODE BEGIN Includes */
#include "w25qxx.h"
#include <stdio.h>
#include <string.h>
/* USER CODE END Includes */

...
/* USER CODE BEGIN Variables */
uint8_t write_dat[SECTOR_SIZE] = {0};
uint8_t read_buf[SECTOR_SIZE] = {0};
/* USER CODE END Variables */

...
/* USER CODE BEGIN FunctionPrototypes */
void TestW25Q128(void);
/* USER CODE END FunctionPrototypes */

...
void StartDefaultTask(void *argument){
  /* USER CODE BEGIN StartDefaultTask */
  TestW25Q128();
  for(;;)  {
    osDelay(1);
  }
  /* USER CODE END StartDefaultTask */
}

...
/* USER CODE BEGIN Application */
void TestW25Q128(void) {
  osDelay(100);                      // 延时等待外设稳定
```

```c
W25QXX_Init();                          // 初始化 FLASH 器件，读取器件 ID，以此判断器件型号
printf("FLASH ID = 0x%04X\n", W25QXX_ReadID());

int i, j = 0;
uint32_t addr = 0;                      // 地址变量，按扇区大小递增
for (j = 0; j < 10; ++j) {              // 只测试前 10 个扇区
    addr = SECTOR_SIZE * j;             // 扇区起始地址
    // 读扇区
    memset(read_buf, 0, SECTOR_SIZE);   // 读缓冲清零
    W25QXX_Read(read_buf, addr, SECTOR_SIZE);   // 读取扇区数据
    for (i = 0; i < SECTOR_SIZE; ++i)   // 设置写入数据和读取数据不同
        write_dat[i] = read_buf[i] + i + 1;

    // 写数据
    printf("Write data in sector %d\n", addr / SECTOR_SIZE);
    W25QXX_Write(write_dat, addr, SECTOR_SIZE);   // 写入数据
    W25QXX_Read(read_buf, addr, SECTOR_SIZE);     // 再次读数据

    // 两个数组比较，可以用 memcmp 函数，相同则返回 0
    int chk_err = memcmp(write_dat, read_buf, SECTOR_SIZE);
    printf("sector %d check %s!\n", addr / 0x1000, chk_err ? "error" : "ok!");
    if (chk_err)
        break;
}
}
/* USER CODE END Application */
```

添加代码完成后，编译工程，下载程序到学习板上进行测试，通过串口调试助手可以看到测试结果，如图 11-8 所示，SPI FLASH 直接读写测试没有问题。

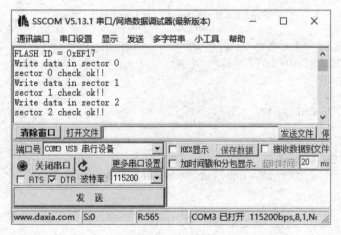

图 11-8 SPI FLASH 直接读写测试结果

TestW25Q128 中只测试了前 10 个扇区，整个 W25Q128 有 4096 个扇区，如果都要测试，可以将测试函数中的 for 循环次数改为 4096，对整个器件进行读写测试（测试时间较长）。

需要注意一点，可能是 HAL 的 SPI 库使用了 MicroLIB 库，工程编译时如 5.3.1 节中的

图 5-9 所示，需要在 MDK 中确认勾选 Use MicroLIB 选项，程序才能正常运行。

11.2.4　SPI FLASH 文件读写操作实践

之前的 11.2.1 节中已经为 EX10 工程添加了 FatFs 文件系统模块，现在需要做的就是将 FatFs 对接 SPI FLASH 底层驱动的用户函数实现。如 11.1 节所述，基于 CubeMX 添加的 FatFs 模块，用户需要修改 user_diskio.c 文件，实现该文件中涉及的设备初始化、状态读取、读/写和查询命令操作函数的具体内容。

在 MDK 中打开 user_diskio.c 文件，修改 USER_initialize()、USER_status()、USER_read()、USER_write() 和 USER_ioctl() 这 5 个函数，修改代码如下：

```c
...
/* USER CODE BEGIN DECL */
/*Includes ------------*/
#include <string.h>
#include "ff_gen_drv.h"
#include "w25qxx.h"

/* Private define ------*/
#define FLASH_SECTOR_SIZE     SECTOR_SIZE
#define FLASH_SECTOR_COUNT 4096       // W25Q128 总共有 4096 个扇区
#define FLASH_BLOCK_SIZE      1       // FLASH 以 1 个 sector 为最小擦除单位
...
/* USER CODE END DECL */

...
DSTATUS USER_initialize (
    BYTE pdrv          /* Physical drive nmuber to identify the drive */
)
{
    /* USER CODE BEGIN INIT */
    W25QXX_Init();
    return RES_OK;
    /* USER CODE END INIT */
}

DSTATUS USER_status (
    BYTE pdrv          /* Physical drive number to identify the drive */
)
{
    /* USER CODE BEGIN STATUS */
    return RES_OK;
    /* USER CODE END STATUS */
}

DRESULT USER_read (
```

```c
    BYTE pdrv,        /* Physical drive nmuber to identify the drive */
    BYTE *buff,       /* Data buffer to store read data */
    DWORD sector,     /* Sector address in LBA */
    UINT count        /* Number of sectors to read */
)
{
  /* USER CODE BEGIN READ */
  if (!count) return RES_PARERR;        // count 不能等于 0，否则返回参数错误
  for( ; count > 0; count--) {
    W25QXX_Read(buff, sector * FLASH_SECTOR_SIZE, FLASH_SECTOR_SIZE);
    sector ++;
    buff += FLASH_SECTOR_SIZE;
  }
  return RES_OK;
  /* USER CODE END READ */
}

DRESULT USER_write (
    BYTE pdrv,        /* Physical drive nmuber to identify the drive */
    const BYTE *buff, /* Data to be written */
    DWORD sector,     /* Sector address in LBA */
    UINT count        /* Number of sectors to write */
)
{
  /* USER CODE BEGIN WRITE */
  if (!count) return RES_PARERR;        // count 不能等于 0，否则返回参数错误
  for( ; count > 0; count--) {
    W25QXX_Write(buff, sector * FLASH_SECTOR_SIZE, FLASH_SECTOR_SIZE);
    sector ++;
    buff += FLASH_SECTOR_SIZE;
  }
  return RES_OK;
  /* USER CODE END WRITE */
}

DRESULT USER_ioctl (
    BYTE pdrv,        /* Physical drive nmuber (0..) */
    BYTE cmd,         /* Control code */
    void *buff        /* Buffer to send/receive control data */
)
{
  /* USER CODE BEGIN IOCTL */
  DRESULT res = RES_OK;
  switch(cmd) {
  case CTRL_SYNC:   case CTRL_TRIM:    break;
  case GET_SECTOR_SIZE:   *(WORD*)buff = FLASH_SECTOR_SIZE; break;
  case GET_BLOCK_SIZE:    *(WORD*)buff = FLASH_BLOCK_SIZE; break;
  case GET_SECTOR_COUNT:  *(DWORD*)buff = FLASH_SECTOR_COUNT; break;
  default:res = RES_ERROR; break;
```

```
  }
  return res;
  /* USER CODE END IOCTL */
}
```

回到 freertos.c 文件，添加 FatFs 文件操作测试函数，并在默认任务中调用该函数：

```
...
/* USER CODE BEGIN Includes */
#include "w25qxx.h"
#include <stdio.h>
#include <string.h>
#include "fatfs.h"
/* USER CODE END Includes */

...
/* USER CODE BEGIN FunctionPrototypes */
void TestW25Q128(void);
FRESULT TestFatFs(FATFS *pfs, FIL *pfil, char *path);           // 文件操作测试函数声明
/* USER CODE END FunctionPrototypes */

...
void StartDefaultTask(void *argument) {
  /* USER CODE BEGIN StartDefaultTask */
//    TestW25Q128();       // 直接读写测试要注释掉，不然每次都会破坏已有的 FAT 文件系统
  retUSER = TestFatFs(&USERFatFS, &USERFile, USERPath);  // 文件操作测试
  for(;;)  {
    osDelay(1);
  }
  /* USER CODE END StartDefaultTask */
}

...
/* USER CODE BEGIN Application */
...
FRESULT TestFatFs(FATFS *pfs, FIL *pfil, char *path) {
  BYTE work[SECTOR_SIZE];                    // FatFs 格式化时的工作缓冲区
  char filename[128];                        // 文件路径名
  FRESULT res;                               // 文件操作结果

  res= f_mount(pfs, path, 1);                // 立即挂载文件系统
  if(res == FR_NO_FILESYSTEM){ // FLASH 磁盘，FAT 文件系统错误，重新格式化 FLASH
    printf("Flash Disk Formatting...\n");    // 开始格式化 FLASH
    res = f_mkfs(path, FM_ANY, 0, work, sizeof(work));
    if (res != FR_OK) {
      printf("mkfs error.\n");
      return res;                            // 格式化 FLASH 错误，直接返回
    }
  }
```

```c
  if (res == FR_OK)                                // 打印文件系统初始化结果
    printf("FATFS Init ok!\n");
  else {
    printf("FATFS Init error%d\n", res);
    return res;                                    // FatFs 初始化失败,直接返回
  }

  // 打开 test.txt 文件进行读写,且将以追加方式写入,如果文件不存在则先创建文件
  sprintf(filename, "%stest.txt", path);           // 设置文件名绝对路径
  res = f_open(pfil, filename,
               FA_OPEN_ALWAYS | FA_WRITE | FA_READ | FA_OPEN_APPEND);
  if (res != FR_OK)
    printf("open file error.\n");
  else {
    printf("open file ok.\n");
    f_puts("Hello,World!\n 你好世界\n", pfil);      // 写入两行字符串
    printf("file size:%d Bytes.\n", (int)f_size(pfil));  // 打印文件大小

    UINT br;                                       // 临时变量
    f_lseek(pfil, 0);                              // 定位到文件头,准备读取数据
    memset(work, 0x0, sizeof(work));
    res = f_read(pfil, work, sizeof(work), &br);   // 读取指定字节数据
    if (res == FR_OK)
      printf("read size:%d Bytes.\n%s", br, work); // 打印实际读取内容
    else
      printf("read error!\r\n");
    f_close(pfil);                                 // 文件用完了记得关闭文件
  }
  res = f_mount(0, path, 0);                       // 测试结束,卸载文件系统
  return res;
}
/* USER CODE END Application */
```

默认任务中调用 TestFatFs() 函数时,用到了 retUSER、USERFatFS、USERFile 和 USERPath 这几个全局变量,它们都是在 fatfs.c 中定义的全局变量,使用的时候包含 fatfs.h 头文件就可以了。测试函数中定义的 work 数组比较大,如果之前在 CubeMX 中指定的任务栈空间太小,程序运行时就可能会跑飞。之前的 TestW25Q128() 函数也是类似的道理,之所以把读写缓冲区定义为全局变量,就是考虑到任务栈空间可能不够的情况。因此,如果 TestFatFs() 函数执行时程序会跑飞,可以把 work 数组定义为全局变量尝试解决问题。

重新编译工程,下载程序到学习板上测试运行,查看结果如图 11-9 所示。

如果默认任务中的 FLASH 直接读写测试函数调用没有被注释掉,那么因为 FLASH 直接读写测试会破坏 FLASH 中的 FAT 文件系统结构,导致文件系统初始化时都会进行格式化操作,这样每次运行的结果都只和图 11-9 中的第一次运行结果相同。如果要让一片 SPI FLASH 既支持直接读写操作,又支持 FatFs 文件操作,需要在 user_diskio.c 文件中的读写函数中做地址偏移操作,这个问题可以留给读者思考实践。

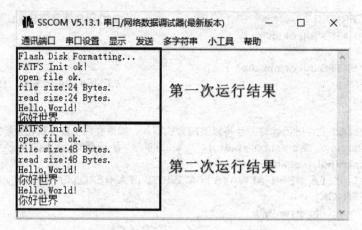

图 11-9 文件操作演示程序测试结果

11.3 SD 卡应用实践

SD 存储卡是从 MMC 基础发展而来的新一代记忆设备，由于它具有体积小、数据传输速度快、可热插拔等优良特性，被广泛用于如数码相机、移动电话和平板电脑等便携设备上。SD 卡按容量分为 SD 卡（0～2 GB）、SDHC 卡（2～32 GB）和 SDXC 卡（32 GB～2 TB）。SD 卡常见的卡槽 9 针接口包含 VDD（电源）、VSS1（地）、VSS2（地）、CLK（时钟）、CMD（命令）和 DAT0～DAT3（数据）总共 9 根线，支持 SDIO 协议和 SPI 协议。使用 SDIO 通信协议时，速度快、兼容性好，但需要的 IO 比较多；使用 SPI 协议通信时，速度慢、兼容性差，需要的 IO 比较少。除了标准大小的 SD 卡，市面上还有体积更小的 TF 卡（microSD 卡），和标准 SD 卡采用同一个规范。

学习板上的背面带有一个 TF 卡槽，连接到了 STM32F407 的 SDIO 外设接口上，本节将使用 FatFs 模块对插在学习板上的 TF 卡进行文件读写应用实践。

11.3.1 添加配置 SDIO 外设

延续 11.2 节的 EX10 工程，先将工程目录备份，然后打开 EX10 的 CubeMX 工程，如图 11-10 所示，添加 SDIO 外设。

在 SDIO 模块的 DMA 设置页中，添加 SDIO_RX 和 SDIO_TX 两个 DMA 请求，并在 NVIC 设置页中勾选使能 SDIO 中断，操作如图 11-11 和图 11-12 所示。

最后，修改 FatFs 模块功能，勾选 SD Card 模式支持，如图 11-13 所示。

以上修改完成后，重新导出生成 EX10 的 MDK 工程，此时 FatFs 模块会弹出如图 11-14 所示警告，提示 SD 模式需要一个输入端口作为插拔状态检测端口，忽略该警告，直接导出 MDK 工程。

第 11 章 FatFs 文件系统应用

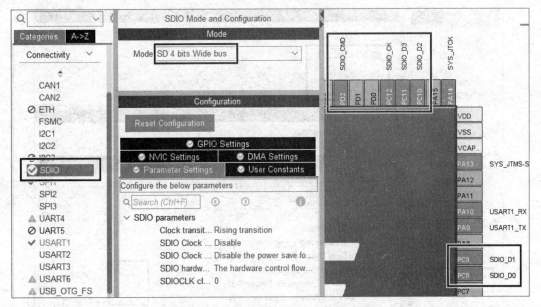

图 11-10 添加 SD 卡连接的 SDIO 外设

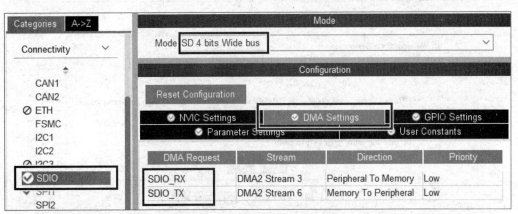

图 11-11 添加 SDIO 的 DMA 收发请求

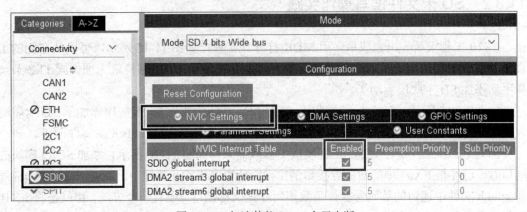

图 11-12 勾选使能 SDIO 全局中断

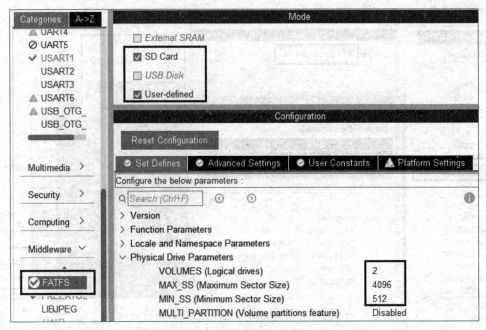

图 11-13　FatFs 模块添加 SD Card 模式支持

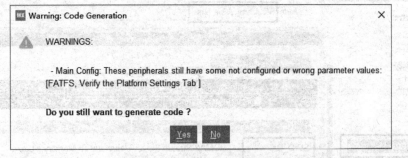

图 11-14　FatFs 模块警告配置异常

11.3.2　SD 卡文件读写操作实践

EX10 工程重新导出完成后，用 MDK 打开该工程，如图 11-15 所示，可以从左侧的工程文件列表中看到，SD 卡相关驱动均已自动添加到 EX10 工程，这样就无须如同 11.2 节一样手动添加 SD 卡底层驱动了。

如图 11-15 所示，在 fatfs.c 文件中，CubeMX 已经自动为 FatFs 应用添加了 SD 卡驱动需要用到的文件系统和文件数据类型变量，需要使用时仅需包含 fatfs.h 头文件即可。

因为 EX10 工程是在 EX03 工程模板上修改而来，如图 11-10 所示，添加 SDIO 模块的端口时，已经把 EX03 中的数码管接口清空了。所以在 EX10 工程中，需要把之前的 gpio.c 和 gpio.h 文件中遗留的数码管操作函数声明和定义都清除。还有一个方法，那就是将 EX10 工程目录中的 gpio.c 和 gpio.h 文件删除，然后在 CubeMX 中重新导出 MDK 工程。

第 11 章 FatFs 文件系统应用

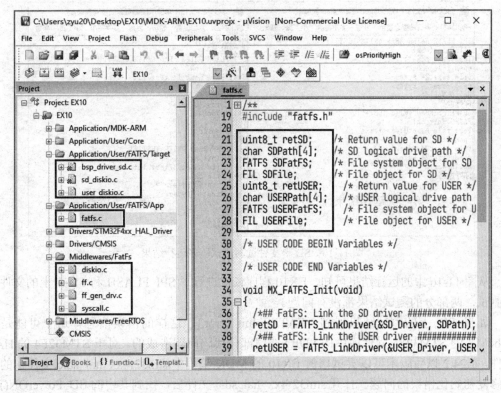

图 11-15 CubeMX 为 FatFs 添加的 SD 卡驱动

接下来，重新编译工程，检查是否还有编译错误。编译无误后，打开 freertos.c 文件，修改默认任务，在任务函数中添加 SD 卡的文件读写测试操作，添加代码如下：

```
/* USER CODE END Header_StartDefaultTask */
void StartDefaultTask(void *argument) {
  /* USER CODE BEGIN StartDefaultTask */
  // printf("SPI FLASH READ WRITE TEST!!!\n");
  // TestW25Q128();    // 开启 FatFs 功能后，一定要注释掉 FLASH 读写测试函数
  printf("SPI FLASH FATFS READ WRITE TEST!!!\n");           // 打印提示信息
  retUSER = TestFatFs(&USERFatFS, &USERFile, USERPath);     // FLASH 文件读写测试
  printf("SD FATFS READ WRITE TEST!!!\n");                  // 打印提示信息
  retSD = TestFatFs(&SDFatFS, &SDFile, SDPath);             // SD 卡文件读写测试
  for(;;)  {
    osDelay(1);
  }
  /* USER CODE END StartDefaultTask */
}
```

修改完成后，重新编译工程，注意编译时还是要先确认勾选使用 MicroLIB 库。编译成功后，下载程序到学习板上，测试结果如图 11-16 所示。

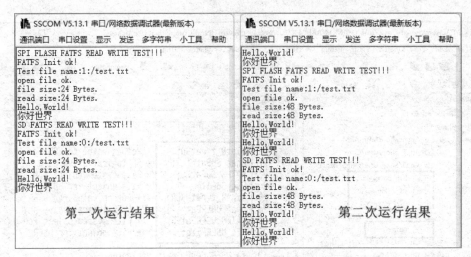

图 11-16　SD 卡文件读写测试程序运行结果

从图 11-16 中的运行结果可知，EX10 程序依次进行了 SPI FLASH 和 SD 卡上的文件读写测试，两部分的测试结果都没有问题。

如果 SD 上的测试结果遇到 "FATFS Init error3" 这样的错误信息，这个可能是由 CubeMX 的 STM32F4 固件库中的 SDIO 通信部分代码问题造成的。对于 STM32F4 的 HAL 固件，1.24.2 以后版本可以尝试修改 EX10 的 MDK 工程中 stm32f4xx_hal_sd.c 文件中的代码修复初始化错误的问题。打开 stm32f4xx_hal_sd.c 文件后，找到其中的 SD_PowerON() 函数，将其中的一行卡类型版本赋值语句进行注释：

```
/* CMD8: SEND_IF_COND: Command available only on V2.0 cards */
errorstate = SDMMC_CmdOperCond(hsd->Instance);
if(errorstate != HAL_SD_ERROR_NONE)  {
  hsd->SdCard.CardVersion = CARD_V1_X;
  /* CMD0: GO_IDLE_STATE */
  errorstate = SDMMC_CmdGoIdleState(hsd->Instance);
  if(errorstate != HAL_SD_ERROR_NONE) {
     return errorstate;
  }
}
else {
//    hsd->SdCard.CardVersion = CARD_V2_X;   // 部分型号的 TF 卡需要注释该行
}
```

保存工程，重新编译，编译成功后下载程序到学习板上，测试观察程序运行结果是否如图 11-16 所示，每次复位运行都能向 SD 卡中的 test.txt 文件追加写入两行字符串。

11.4　U 盘挂载应用实践

USB（universal serial bus）是一种支持热插拔的通用串行总线，它是一种快速、双向、同步传输的串行接口。目前，USB 已经在 PC 端的多种外设上得到应用，包括键盘、鼠标、

U 盘、打印机等众多种类的电子产品。在工业应用领域，USB 也是设计外设接口时的理想总线。

U 盘全称 USB 闪存驱动器，是一种使用 USB 接口的微型高容量移动存储产品。在嵌入式应用中，通常也有需要嵌入式设备访问 U 盘进行文件读写的场景。STM32F407 提供了一个 USB_OTG_FS 全速接口和一个 USB_OTG_HS 高速接口，这两个外设模块都可以在 USB Host 模式连接 U 盘。学习板上提供了一个 USB Host 接口（连接 USB_OTG_FS 外设）可用于访问 U 盘设备，本节将演示使用 FatFs 文件系统访问 U 盘的应用实践。

11.4.1 添加配置 USB Host 组件

延续 11.3 节的 EX10 工程，先将工程目录备份，然后打开 EX10 的 CubeMX 工程，如图 11-17 所示，添加 USB_OTG_FS 外设。

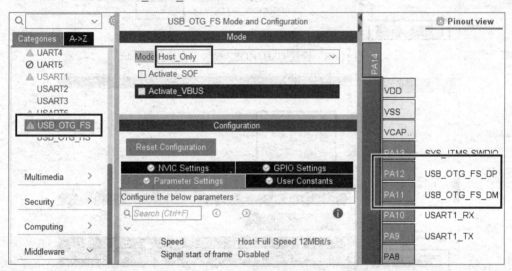

图 11-17　添加 U 盘设备连接的 USB_OTG_FS 外设

然后在左侧的 Middleware 栏目中选择 USB_HOST 模块，设置其工作模式为 Mass Storage Host Class，USBH 进程栈空间大小改为 512（单位为字），如图 11-18 所示。

注意，图 11-18 中参数 "USBH_PROCESS_PRIO"，即自动创建的 USBH 任务优先级默认设置为 normal，必须比测试任务优先级高，如果不是，需将其调高，否则 U 盘检测功能将出现异常。最后，在 FatFs 模块中，勾选 USB Disk 选项，添加 FatFs 模块的 U 盘支持，其他参数保持不变，如图 11-19 所示。

勾选 USB Disk 选项后，在 "Clock Configuration" 时钟设置页中，USB 外设时钟可能因为默认频率超过最大 48 MHz 出现警告。确认该警告后，需要重新输入 HCLK 频率值让 CubeMX 自动配置一遍时钟参数。以上修改完成后，重新导出生成 EX10 的 MDK 工程，此时 FatFs 模块也会弹出类似 11.3 节中如图 11-14 所示警告，提示 USB_HOST 模块需要设置一个输出端口作为 USB 设备供电使能端口，忽略该警告，直接导出 MDK 工程。

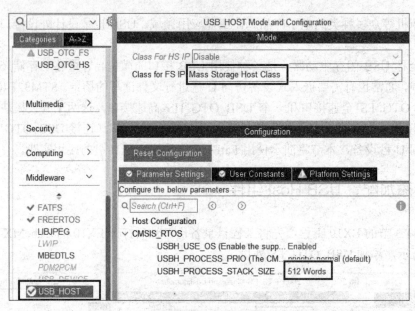

图 11-18　设置 USB_HOST 模块工作模式

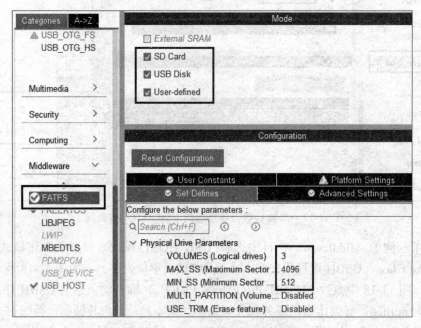

图 11-19　FatFs 模块添加 U 盘支持

11.4.2　U 盘文件读写操作实践

如图 11-20 所示，CubeMX 为导出 MDK 工程自动添加了几个相应的 USB 驱动文件。

用 MDK 打开该工程，如图 11-21 所示，可以从左侧的工程文件列表中看到，USB 相关驱动均已自动添加到 EX10 工程。

第 11 章　FatFs 文件系统应用

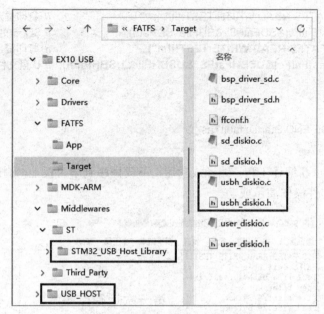

图 11-20　导出 MDK 工程中自动添加的 USB 驱动文件

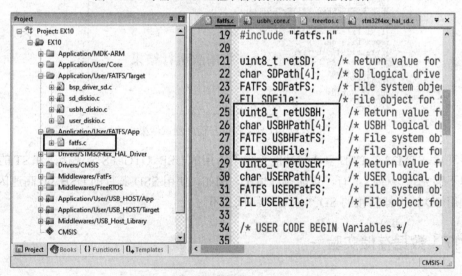

图 11-21　CubeMX 为 FatFs 添加的 U 盘驱动

打开 freertos.c 文件，修改默认任务，在任务函数中添加 U 盘的文件读写测试操作，添加代码如下：

```
/* USER CODE END Header_StartDefaultTask */
void StartDefaultTask(void *argument) {
  /* USER CODE BEGIN StartDefaultTask */
  // printf("SPI FLASH READ WRITE TEST!!!\n");
  // TestW25Q128();
  // printf("SPI FLASH FATFS READ WRITE TEST!!!\n");
  // retUSER = TestFatFs(&USERFatFS, &USERFile, USERPath);
```

```
// printf("SD FATFS READ WRITE TEST!!!\n");           // 打印提示信息
// retSD = TestFatFs(&SDFatFS, &SDFile, SDPath);      // SD 卡文件读写测试
printf("USB FATFS READ WRITE TEST!!!\n");             // 打印提示信息
retUSBH = TestFatFs(&USBHFatFS, &USBHFile, USBHPath); // U 盘文件读写测试
for(;;)  {
    osDelay(1);
}
/* USER CODE END StartDefaultTask */
}
```

修改完成后，重新编译工程，编译成功后，下载程序到学习板上，测试结果如图 11-22 所示，表明 U 盘文件操作演示成功。

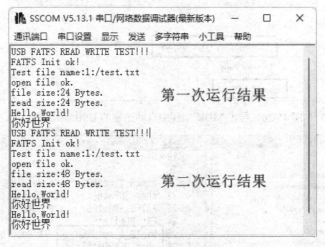

图 11-22　U 盘文件读写程序测试结果

要注意，STM32 的 USB 盘读写功能受限于所用的 USB_OTG_FS 全速接口和 ST 的 USB 驱动库不够完善，对 U 盘有一定的挑盘情况，例如，使用 SSD 芯片的 USB 3.0 高速闪存盘或者使用 SD 读卡器转接的 SD 卡有可能测试通不过。

实验 17　数据存储实验

【实验目标】

了解 SPI 接口 FLASH 存储器件，掌握 W25Q128 读写方法，了解 FatFs 嵌入式文件系统，熟悉 FatFs+FreeRTOS 应用程序设计方法。

【实验内容】

（1）基于本章 EX10 示例，参照第 5 章的温度传感器应用实践，在 CubeMX 中添加按键、蜂鸣器、OLED、SPI、FatFs 模块，并配置相应端口模式、外设模块和参数。

（2）配置 FreeRTOS 操作系统，总共添加 3 个任务（默认、GUI 和按键任务），设置各个任务的栈空间大小和优先级。

（3）程序启动后在 OLED 上默认显示当前温度和设定温度上限。按下按键 K2 进入/退出温度上限设置界面，此时 K1、K4 用于设置温度上限；按下按键 K3 进入/退出报警时长设置界面，此时 K1、K4 用于设置报警时长。设置参数保存到 FLASH 上，上电重启后能从存储器中加载已保存的参数。当温度超过上限时蜂鸣器按节奏报警，报警一定时长后如果温度低于上限则关闭蜂鸣器。

（4）附加要求：添加 RTC 模块，可通过按键 K6 开启/关闭温度记录功能（开始默认不记录）。记录开启后，定时每秒记录一次温度数据（日期、时间、温度 3 个数据一行），记录数据保存在 Data.txt 数据文件中。关闭记录功能时，按下按键 K5 打印输出所有记录数据，开启记录功能时，按下按键 K5 打印输出最后一次记录数据。

实验 18　文件传输实验

【实验目标】

了解 FatFs 嵌入式文件系统，熟悉 FatFs+FreeRTOS 应用程序设计方法，设计一个 FatFs 文件扫描与复制程序。

【实验内容】

（1）参照本章 EX10 示例，在 CubeMX 中添加串口、SDIO、USB_HOST 和 RTC 模块，并配置相应端口模式、外设模块和参数。

（2）配置 FreeRTOS 操作系统，添加按键扫描任务和串口任务，设置任务的栈空间大小和优先级。

（3）添加程序代码，按键 K2 用于扫描并打印 SPI FLASH 中的所有.txt 文件，按键 K3 用于扫描并打印 SD 卡或 U 盘上的所有.txt 文件信息（不扫描子目录），打印文件信息包括序号、文件名、文件大小、文件修改时间。

（4）添加按键功能，按键 K1、K4 可以上下切换当前要操作的文件序号，按键 K5 可以将 SD 卡或 U 盘上对应序号的文件复制到 SPI FLASH 中，按键 K6 可以将对应序号的文件复制到 SD 卡或 U 盘上。

（5）附加要求 1：打印文件信息支持中文文件名显示，复制文件的文件修改时间应该为复制时的 RTC 时间。

（6）附加要求 2：添加串口文件接收功能，能接收串口调试助手发送的.txt 文件（文件大小在 100KB 以内）并存入 SD 卡或 U 盘，将文件自动保存为文件名格式 recvxxxx.txt 文件，如 recv0001.txt、recv0002.txt，以此类推。

习　题

1．W25Q128 的数据块和扇区分别指的是什么？W25Q128 的数据读写有什么特点？
2．SPI FLASH 中进行直接数据读写和使用文件系统进行数据存储有什么区别？

3．分析本章 U 盘应用示例，CubeMX 为 USB 设备额外添加了一个什么任务，用途是什么？

4．SPI Flash、SD 卡和 U 盘这 3 种存储介质，在嵌入式系统中的应用优缺点分别是什么？它们的读写速度按由高到低大致排序是什么？

5．为什么进行文件读写操作的任务，通常需要给它设置比较大的任务栈空间？

6．FatFs 文件系统源码中，修改文件时获取当前文件时间的内部函数名称是什么？找到该函数，并结合 RTC 的日期时间读取功能，补完该函数代码。

第 12 章　STM32 IAP 程序设计

STM32 应用程序升级的方式通常有 3 种：ICP、ISP 和 IAP。ICP（在电路编程）即使用调试器通过 JTAG 或 SWD 接口烧写程序，该方法需要系统硬件预留下载端口；ISP（在系统编程）即使用 UART 等接口通过器件内置的 BootLoader 程序更新应用程序，该方法需要通过更改启动方式，并使用专用的 ISP 工具软件才能更新应用程序；IAP（在应用编程）通常由开发者设计定制的 BootLoader 引导程序，通过串口、CAN、USB 和以太网等通信方式实现程序升级。IAP 方法不需要预留硬件端口，也不需要更改启动方式，操作简单，升级接口灵活多样，因而在嵌入式产品出厂后通常用于客户端升级应用程序。

12.1　STM32 IAP 概念介绍

STM32 的启动方式根据 BOOT0 和 BOOT1 引脚的选择有 3 种方式。

（1）BOOT0 拉低后，复位后 STM32 从内部 FLASH 存储区启动，FLASH 地址 0x08000000 映射到了 0 地址，FLASH 上的程序开始运行。

（2）BOOT0 和 BOOT1 都拉高后，复位后 STM32 将 SRAM 地址 0x20000000 映射到了 0 地址，SRAM 中的程序开始运行，该方式常用于调试功能。

（3）BOOT0 拉低、BOOT1 拉高，复位后 STM32 从系统存储区启动，系统存储区地址 0x1FFFFFFF 被映射到了 0 地址，STM32 开始运行内置的 BootLoader 程序。

对于第一种启动方式，可通过 STM32 的 IAP 功能升级 FLASH 上的 App 程序。通常而言，单片机内部 FLASH 存储区只有一个 App 程序，如本书之前章节的示例程序下载完成后，单片机内部都是只有一个 App 程序。而 IAP 方案则是将内部 FLASH 存储区划分为两个部分，一个存放 IAP 引导程序（BootLoader），另一个存放 App 程序。在需要变更 App 程序时，只需要通过触发引导程序对 App 程序的擦除和重新写入操作，即可完成 App 程序的更新。

针对 STM32 的 IAP 功能，在设计程序时需要建立两个工程（IAP 工程和 App 工程）。两个工程的分工如下。

（1）IAP 工程：接收 App 更新程序的 BIN（二进制）文件数据，写入 App 程序对应 FLASH 地址，修改参数或程序，IAP 程序自身的存放位置通常在 FLASH 的开始区域，上电后先于 App 程序执行。

（2）App 工程：实现正常的目标功能，App 程序的存放位置通常在 FLASH 中 IAP 程序代码空间之后，且 App 程序中需要重映射中断向量表，上电后 App 程序需要等待 IAP 程序跳转到 App 程序地址才能执行。

STM32 的 IAP 程序上电后执行流程如图 12-1 所示，如果 App 更新程序比较小，IAP 程序可将接收的数据直接存放在 SRAM 内存中，否则需要使用内部或外部 FLASH 存储更新程序。当然,在 App 程序中也可以预先接收更新程序的 BIN 文件数据,将其存储到 FLASH 指定地址空间,然后复位重启,等待 IAP 程序读取更新程序完成校验和写入操作。

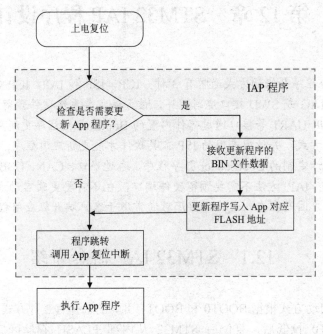

图 12-1　IAP 程序上电执行流程

从图 12-1 中可知,STM32 的 IAP 程序实现,需要了解 STM32 内部 FLASH 的地址空间划分,掌握内部 FLASH 的读写操作和程序跳转两个技术要点。

12.2　STM32 内部 FLASH 介绍

STM32F4 内部的嵌入式 FLASH 存储器由主存储器、系统存储区、OTP 和选项字节这几个部分组成。在嵌入式应用中,有时为了简化设计,常将不频繁变化的少量参数(如设备序列号、出厂默认参数、工作参数等)存储在内部 FLASH 中。

对于 STM32F407 系列器件,其内部嵌入式 FLASH 存储器的组织结构如表 12-1 所示。

表 12-1　STM32F407 系列内部 FLASH 构成

块	名　称	地址范围	大　小
主存储区	扇区 0	0x08000000～0x08003FFF	16KB
	扇区 1	0x08004000～0x08007FFF	16KB
	扇区 2	0x08008000～0x0800BFFF	16KB
	扇区 3	0x0800C000～0x0800FFFF	16KB
	扇区 4	0x08010000～0x0801FFFF	64KB
	扇区 5	0x08020000～0x0803FFFF	128KB
	扇区 6	0x08040000～0x0805FFFF	128KB

续表

块	名 称	地址范围	大 小
主存储区	扇区 7	0x08060000~0x0807FFFF	128KB
	...	...	...
	扇区 11	0x080E0000~0x080FFFFF	128KB
系统存储区（存放内置 BootLoader）		0x1FFF0000~0x1FFF77FF	30KB
OTP 区域		0x1FFF7800~0x1FFF7A0F	528B
选项字节		0x1FFFC000~0x1FFFC00F	16B

表 12-1 中，扇区 0~扇区 3，每个扇区的大小为 16KB，扇区 4 的大小为 64KB，其余扇区的大小都为 128KB。这种扇区先小后大的构成情况，能够在进行 IAP 设计时尽量减少用户 BootLoader 程序占用的 FLASH 空间，节省下更多的空间给用户 App 程序。一般而言，将用户 BootLoader 程序的大小控制在 32KB 以内，仅需占用前两个扇区，用户程序可用FLASH 空间就能够占到主存储区空间的 90%以上。

本章所述的 STM32 内部 FLASH，如非特别说明，即指 STM32 内部嵌入式 FLASH 中的主存储区。要注意，STM32F407VE 的器件内部 FLASH 可用空间只有 512KB，因此针对该型号器件，表 12-1 中的前 8 个扇区有效，而 STM32F407VG 的器件内部 FLASH 可用空间有 1MB，表 12-1 中的 12 个扇区都有效。

从表 12-1 中还可知，系统存储区地址存放内置 BootLoader 程序，不可更改；OTP 区域是一次性可编程区域，可用来存储一些用户数据，且不可擦除；选项字节用于配置读保护、软/硬件看门狗和器件处于待机或停止模式下的复位等参数，可通过 STLink 等调试器更改。

12.3　STM32 内部 FLASH 读写实践

参考 ST 官方的 Discovery 开发板示例，配套学习板提供了名为 InFlash.rar 的内部 FLASH 驱动压缩包，解压缩后得到 InFlash 文件夹及其内部的 InFlash.c 源文件和 InFlash.h 头文件。InFlash 驱动提供了 STM32F4 器件内部 FLASH 的读写和擦除操作相关函数，同时还定义了内部 FLASH 各个扇区首地址的宏定义，使用时在 freertos 中包含头文件再调用相应函数即可。

本节将在第 6 章 EX04 示例的基础上演示内部 FLASH 的读写操作，操作过程如下。

（1）复制一份 EX04 工程的文件夹，并将其改名为 EX11，同时将 EX11 文件夹中的 EX04.ioc 文件也改名为 EX11.ioc。

（2）删除 EX11 文件夹中的 MDK-ARM 子目录后，将学习板资料中的 InFlash 文件夹复制到 EX11 工程目录的 Drivers 子目录下。

（3）用 STM32CubeMX 打开 EX11.ioc 工程文件，不修改任何内容，直接单击界面右上角的 GENERATE CODE 按钮，重新导出生成 EX11 的 MDK 工程。

（4）用 MDK 软件打开导出生成的 EX11 工程后，添加名为 InFlash 的文件组并将 InFlash.c 和 InFlash.h 文件加入该文件组，最后设置 EX11 工程的包含路径，添加 InFlash

文件夹。操作结果如图 12-2 所示。

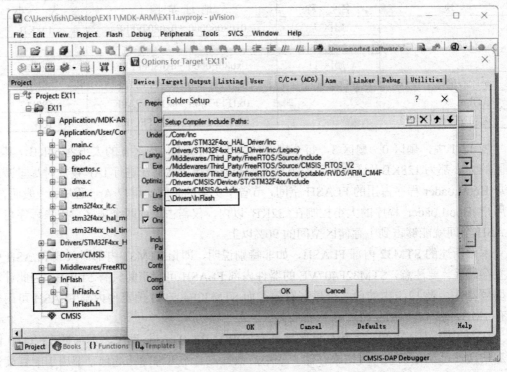

图 12-2　添加 InFlash 驱动文件到 EX11 工程

在 MDK 中打开 InFlash.h 头文件，显示内容如图 12-3 所示，可以看到该文件中定义了 STM32F4 主存储区中的扇区地址，并提供了 3 个 FLASH 读写函数和 APP 跳转函数。

```
/**
  * STM32F407VET6   512KB   SECTOR_0到SECTOR7有效
  * STM32F407VGT6   1MB     SECTOR_0到SECTOR11有效
  */
#define ADDR_FLASH_SECTOR_0     ((uint32_t)0x08000000) /* Base @ of Sector 0, 16 Kbyte */
#define ADDR_FLASH_SECTOR_1     ((uint32_t)0x08004000) /* Base @ of Sector 1, 16 Kbyte */
#define ADDR_FLASH_SECTOR_2     ((uint32_t)0x08008000) /* Base @ of Sector 2, 16 Kbyte */
#define ADDR_FLASH_SECTOR_3     ((uint32_t)0x0800C000) /* Base @ of Sector 3, 16 Kbyte */
#define ADDR_FLASH_SECTOR_4     ((uint32_t)0x08010000) /* Base @ of Sector 4, 64 Kbyte */
#define ADDR_FLASH_SECTOR_5     ((uint32_t)0x08020000) /* Base @ of Sector 5, 128 Kbyte */
#define ADDR_FLASH_SECTOR_6     ((uint32_t)0x08040000) /* Base @ of Sector 6, 128 Kbyte */
#define ADDR_FLASH_SECTOR_7     ((uint32_t)0x08060000) /* Base @ of Sector 7, 128 Kbyte */
#define ADDR_FLASH_SECTOR_8     ((uint32_t)0x08080000) /* Base @ of Sector 8, 128 Kbyte */
#define ADDR_FLASH_SECTOR_9     ((uint32_t)0x080A0000) /* Base @ of Sector 9, 128 Kbyte */
#define ADDR_FLASH_SECTOR_10    ((uint32_t)0x080C0000) /* Base @ of Sector 10, 128 Kbyte */
#define ADDR_FLASH_SECTOR_11    ((uint32_t)0x080E0000) /* Base @ of Sector 11, 128 Kbyte */

uint8_t EraseFlash(uint32_t start_Add, uint32_t end_Add);              // FLASH擦除
uint8_t WriteFlash(uint8_t *src, uint8_t *dest, uint32_t Len);   // FLASH写入
uint8_t ReadFlash (uint8_t *src, uint8_t *dest, uint32_t Len);   // FLASH读取

void JumpAPP(uint32_t JumpAddress);                                    // 跳转执行APP应用程序


#endif /* __INFLASH_H */
```

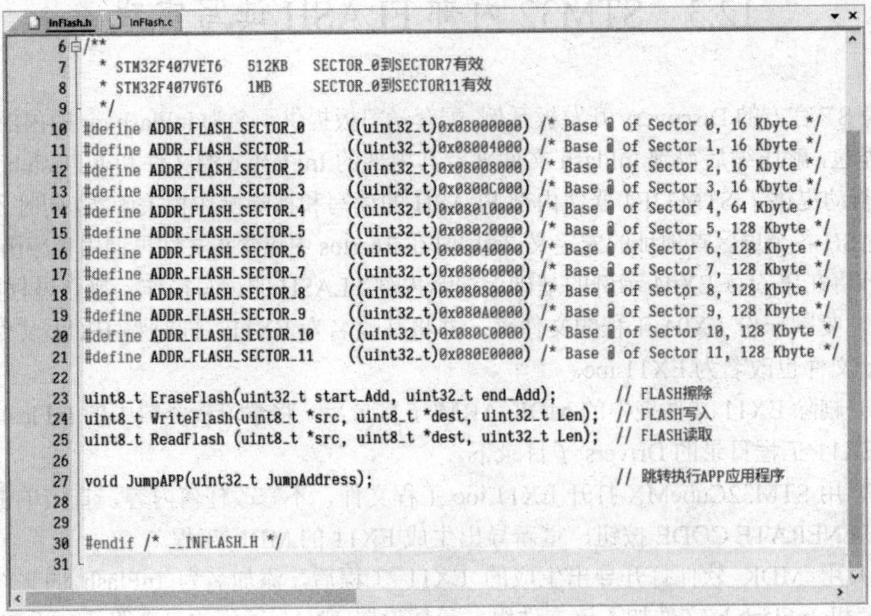

图 12-3　InFlash.h 头文件内容

接下来，修改 freertos.c 中的默认任务，利用内部 FLASH 实现一个简单的参数存储和读取操作示例。考虑到 EX11 程序编译后大小不超过 48KB，可以将之前程序中的 speed 变量数值存储到内部 FLASH 的扇区 3 中，这样只需要一个最小的扇区就能存储参数。如果程序较大，将保存数据存放到地址较大的扇区 7 更为合适，只不过扇区 7 的整个 128KB 空间都只能用于存放参数了。

以下示例代码演示了程序启动时从扇区 3 首地址加载已保存的 speed 参数，当流水灯速度发生变化时，将 speed 参数写入扇区 3 首地址。代码修改如下：

```
...
/* USER CODE BEGIN Includes */
#include "gpio.h"
#include "usart.h"
#include "stdio.h"
#include "string.h"
#include "inflash.h"                        // 添加头文件
/* USER CODE END Includes */

...
void StartDefaultTask(void *argument) {
  /* USER CODE BEGIN StartDefaultTask */
  uint8_t sta = 0x01;                       // LED 灯初始状态
  SetLeds(sta);

  uint8_t dir = 0;                          // 流水灯初始方向
  uint8_t brun = 1;                         // 流水灯工作状态
  uint8_t speed = 9;                        // 流水灯变换速度，1～9 表示变换间隔时间 0.9～0.1 s

  osDelay(100);
  // 读取存放在扇区 3 首地址的 speed 参数
  ReadFlash((uint8_t *)ADDR_FLASH_SECTOR_3, &speed, sizeof(speed));
  if (speed > 9)      speed = 9;            // 如果参数异常，取默认值 9
  printf("Load speed:%d\n", speed);         // 打印加载的 speed 参数

  for(;;)  {
    ...

    uint32_t flag = osThreadFlagsWait(0xFF, osFlagsWaitAny, 10);
    switch (flag) {
      case 0x10:        brun = 1;           break;
      case 0x20:        brun = 0;           break;
      default:
          if (flag > 0 && flag < 10) {
              speed = flag;
              // 将 speed 参数写入扇区 3 首地址
              WriteFlash(&speed, (uint8_t *)ADDR_FLASH_SECTOR_3, sizeof(speed));
          }
          break;
```

```
    }
  }
  /* USER CODE END StartDefaultTask */
}
```

修改代码完成后，重新编译工程，下载 EX11 工程到学习板上测试运行。用串口调试助手发送 SPEED1、SPEED6 等速度控制命令给学习板，可以看到流水灯速度有明显变化。然后按学习板上的复位按键重新运行程序，程序启动时将打印加载的 speed 参数，检查打印数值和最后一次串口发送的速度控制数值是否一致，由此判断演示功能是否成功，程序测试结果如图 12-4 所示。

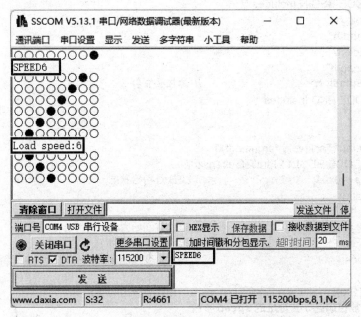

图 12-4　内部 FLASH 读写应用示例演示结果

本节演示了流水灯 speed 参数在 STM32 内部 FLASH 的读写操作，可以看到使用内部 FLASH 驱动函数可以进行简单的参数存储操作。如果有多个参数需要保存（如流水灯状态、方向和速度），需要避免写入 FLASH 时的擦除操作重复执行，通常的处理方法是将要保存的多个参数组合定义为一个结构体类型，而后的参数读写都使用该结构体类型的数据变量进行操作，读者可以在本节的 EX11 示例基础上继续实践练习。

12.4　程序跳转应用实践

根据 12.1 节中的介绍，IAP 方案需要将 STM32 的内部 FLASH 主存储区划分为两个部分。一个部分存放 IAP 引导程序（用户 BootLoader），另一个部分存放用户 App 程序，如图 12-5 所示。

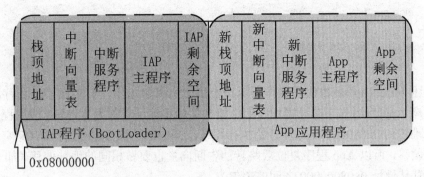

图 12-5　IAP 方案下的内部 FLASH 划分

从图 12-5 中可以了解到，BootLoader 程序和 App 程序各有其独立的堆栈和中断向量表，IAP 程序完成应用程序烧写后，要跳转到应用程序时，只有设置好堆栈地址和偏移中断向量表才能成功跳转并运行应用程序。程序跳转过程通常按如下步骤进行。

（1）复位 RCC 时钟和系统模块。
（2）关闭当前程序所有中断。
（3）设置应用程序堆栈地址。
（4）跳转到应用程序代码地址运行。
（5）应用程序系统初始化（设置堆栈空间大小、中断向量偏移地址）。
（6）应用程序 main 函数执行。

打开 InFlash.c 文件，查看其中的 JumpApp()函数代码：

```
void JumpAPP(uint32_t JumpAddress) {
  typedef void (*Iapfun)(void);
  if(((*(__IO uint32_t*)(JumpAddress + 4)) & 0xFF000000) == 0x08000000)
  {                                                    // 程序地址有效
    if ((((*(__IO uint32_t*) JumpAddress) & 0x2FFE0000) == 0x20000000) ||
       (((*(__IO uint32_t*) JumpAddress) & 0x1FFF0000) == 0x10000000) )
    {                                                  // 栈顶地址合法
      printf("Jump to app...\n");                      // 打印信息需要添加串口支持，参见 5.3 节
      Iapfun App = (Iapfun)*(volatile uint32_t *)(JumpAddress + 4);
      HAL_RCC_DeInit();                                // 复位 RCC 时钟
      HAL_DeInit();                                    // 所有模块复位
      for(int i = 0; i < 8; i++)  {
        NVIC->ICER[i] = 0xFFFFFFFF;                    // 关闭所有中断
        NVIC->ICPR[i] = 0xFFFFFFFF;                    // 清除所有中断标志位
      }
      __set_PSP(*(volatile uint32_t *) JumpAddress);   // 重设进程堆栈栈顶地址
      __set_CONTROL(0);                                // 任务堆栈改为主堆栈
      __set_MSP(*(volatile uint32_t *) JumpAddress);   // 重设主堆栈栈顶地址

      SCB->VTOR = JumpAddress;                         // 重设向量地址
      App();                                           // 执行 App
    }
```

```
      else printf("No App...\n");
  }
  else printf("No App...\n");
}
```

上述 JumpApp()函数代码操作逻辑符合跳转步骤前 4 步，要实现 IAP 程序跳转，还需要在用户 App 应用程序端设置程序的中断向量偏移地址。因为 STM32 应用程序在复位后默认都跳转到 0x08000000 地址开始执行程序，但 IAP 方案下 App 程序存储空间的首地址发生了偏移，所以 App 程序复位后跳转的中断向量也要做相同的地址偏移（加上 App 存储地址与默认地址 0x08000000 之间的差值）。

要注意的是，如果 JumpApp()函数调用在低优先级任务中进行，执行过程可能会被高优先级任务打断，从而造成跳转失败或者跳转异常。这种情况下可以将跳转放到高优先级任务中执行，或者在跳转之前先将操作系统的任务调度挂起，即调用 vTaskSuspendAll()函数或 CMSIS 封装的 osKernelLock()函数。

本节将基于第 4 章的 EX02 示例工程演示程序跳转应用，操作步骤如下。

（1）复制两份 EX02 工程文件夹，一份改名为 EX12_A，另一份改名为 EX12_B，将文件夹中的.ioc 文件改名为相应工程名称，然后删除两个工程文件夹中已有的 MDK-ARM 子目录。

（2）打开 EX12_A 和 EX12_B 的 CubeMX 工程，分别添加 USART1 模块，以支持串口打印功能。

（3）在 CubeMX 中重新导出生成 EX12_A 和 EX12_B 的 MDK 工程，并将 InFlash 驱动源码添加到两个工程中，操作结果如图 12-6 所示。

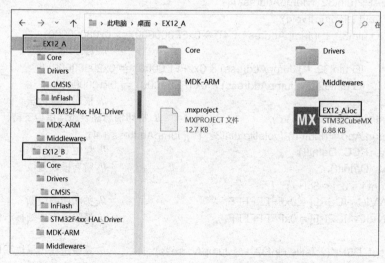

图 12-6　创建 EX12_A 和 EX12_B 工程

（4）在导出 MDK 工程的 usart.c 文件中重写 fputc()函数功能（参考 5.3.1 节）。

两个文件夹内的 MDK 工程都导出生成后，在 MDK 工程中建立 InFlash 文件组，加入驱动文件，并设置 InFlash 驱动所在目录到工程包含路径，就完成了编码前的准备工作。

程序跳转应用示例的功能设计如下：上电复位后先运行 EX12_A 程序，流水灯显示效果为从左到右流动，当按下 KEY5 按键时跳转到 EX12_B 程序执行，流水灯显示效果为从右到左流动，在 EX12_B 程序运行时，当按下 KEY6 按键时跳回到 EX12_A 程序执行。

（5）修改 EX12_A 工程的 freertos.c 文件，在按键任务中，当扫描到 KEY5 按键动作时跳转到扇区 6 首地址运行 EX12_B 程序。代码如下：

```
...
/* USER CODE BEGIN Includes */
#include "gpio.h"
#include "inflash.h"
#include <stdio.h>
/* USER CODE END Includes */

...
void StartTaskKey(void *argument) {
  /* USER CODE BEGIN StartTaskKey */
  osDelay(100);
  printf("RUN EX12_A\n");
  for(;;) {
    uint8_t key = ScanKey();
    if (key > 0) {
      switch (key) {
//          case KEY1:                                // 关闭 KEY1 切换流水灯方向功能
//              osThreadFlagsSet(TaskLEDHandle, KEY1);
//              while (ScanKey() > 0);
//              break;
        case KEY5:                                   // 当 KEY5 按键动作
            JumpAPP(ADDR_FLASH_SECTOR_6);  // 跳转到扇区 6 首地址执行程序
            break;
        default:
            break;
      }
    }
    osDelay(10);
  }
  /* USER CODE END StartTaskKey */
}
```

EX12_A 的修改比较简单，仅需要添加头文件，然后修改按键任务即可。跳转执行程序的地址要和 EX12_B 的存放地址对应，示例代码中预定 EX12_B 程序存放在扇区 6 开始的存储空间，即将 512KB 的内部 FLASH 空间平分为前后两个 256KB 空间，分别存放两个程序。

（6）修改 EX12_B 程序，在 LED 流水灯任务中，需要将流水灯方向改为从右到左，然后修改按键任务，当检测到 KEY6 按键动作时，跳转到扇区 0 首地址执行 EX12_A 程序。EX12_B 程序的 freertos.c 文件修改代码如下：

```
...
/* USER CODE BEGIN Includes */
#include "gpio.h"
#include "inflash.h"
#include <stdio.h>
/* USER CODE END Includes */

...
void StartTaskLED(void *argument){
  /* USER CODE BEGIN StartTaskLED */
  uint8_t sta = 0x01;
  uint8_t dir = 0;                                    // 方向改为从右到左
  ...                                                 // 其余代码不变
  /* USER CODE END StartTaskLED */
}


...
void StartTaskKey(void *argument) {
  /* USER CODE BEGIN StartTaskKey */
  osDelay(100);
  printf("RUN EX12_B\n");
  for(;;)  {
    uint8_t key = ScanKey();
    if (key > 0) {
      switch (key) {
        case KEY6:                                    // 当 KEY6 按键动作
            JumpAPP(ADDR_FLASH_SECTOR_0);             // 跳转到扇区 0 首地址执行程序
            break;
        default:
            break;
      }
    }
    osDelay(10);
  }
  /* USER CODE END StartTaskKey */
}
```

（7）相比 EX12_A 程序，EX12_B 程序除了修改任务功能，还需要做的工作是修改 NVIC 中断向量表的偏移地址。

如图 12-7 所示，展开 EX12_B 工程文件列表的 Drivers/CMSIS 文件组，可以看到 system_stm32f4xx.c 源文件，该文件的开头提供了 NVIC 中断向量表偏移地址的宏定义。要修改 VECT_TAB_OFFSET 偏移量的数值，需要先恢复 USER_VECT_TAB_ADDRESS 宏定义，然后再将偏移地址设置为程序 EX12_B 存储地址和内部 FLASH 首地址的差值。

（8）以上两个工程都修改完成并编译成功后，在下载程序之前需要设置 IROM 起始地址和 IROM 空间大小，两个工程的设置如图 12-8 所示。

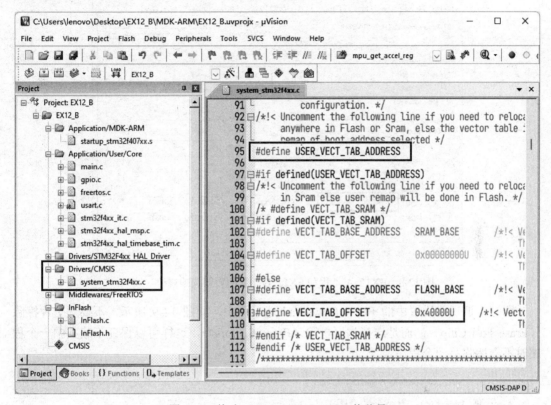

图 12-7　修改 VECT_TAB_OFFSET 偏移量

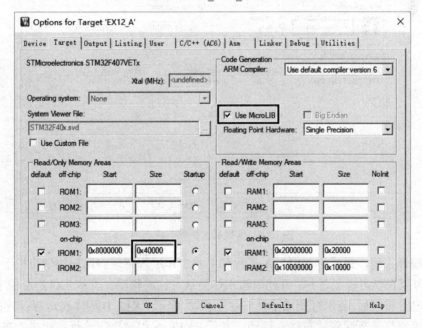

图 12-8　EX12_A 工程和 EX12_B 工程的设置选项修改

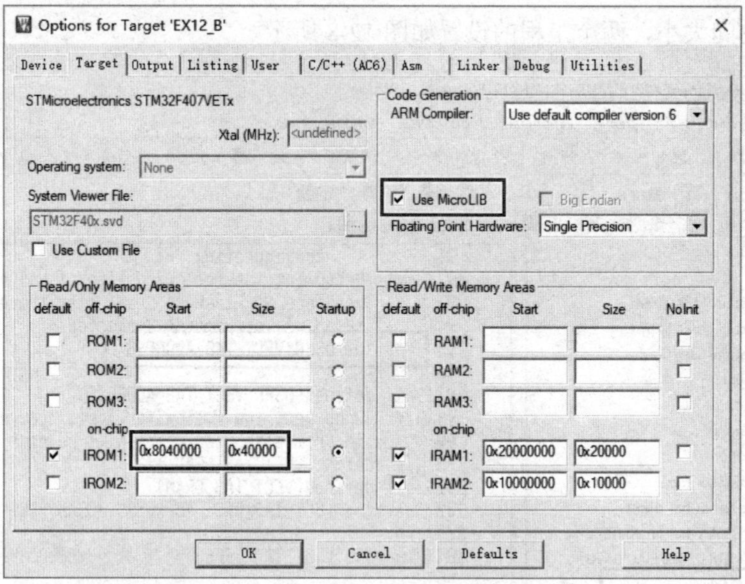

图 12-8 EX12_A 工程和 EX12_B 工程的设置选项修改（续）

同时，调试器设置中的 Flash Download 选项页中，如图 12-9 所示，不要选全片擦除（Erase Full Chip），而是选择扇区擦除（Erase Sectors），这样可以保证下载其中一个程序时不会擦除另一个程序。

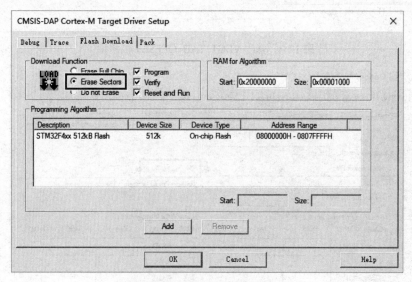

图 12-9 选择扇区擦除下载选项

重新编译工程，最后将 EX12_A 工程和 EX12_B 工程下载到同一块学习板上，复位运行程序，可以在学习板上看到：开始时流水灯是从左往右移动，表示 EX12_A 程序在运行；当按下 KEY5 按键后，流水灯变成了从右往左移动，表示 EX12_B 程序在运行；再按下 KEY6 按键后，流水灯又变回到从左往右移动，表示 EX12_A 程序再次运行了起来。在串口调试助手中，也应该能看到对应程序打印的程序运行信息，由此验证程序跳转功能演示成功。

12.5　IAP 程序设计实践

本节将在 EX12_A 基础上，添加 BIN 文件数据的串口接收和写入内部 FLASH 的功能，以实现图 12-1 所示 IAP 程序执行流程中的完整功能。复制一份 EX12_A 文件夹，改名为 IAP，按之前的方法修改.ioc 文件名称，删除 MDK-ARM 子目录。IAP 程序设计实践过程如下。

1. 设置串口 1 模块和 FreeRTOS 模块

打开 IAP 的 CubeMX 工程，参照 6.1 节的图 6-5 和图 6-6 示例，勾选使能串口 1 接收中断和添加串口 DMA 请求。然后在 FreeRTOS 模块中，修改默认任务的栈空间大小为 1024words，添加一个名为 QueueUsart 的消息队列，注意队列单元大小改为 260，队列深度还是 16。FreeRTOS 的任务和队列设置结果如图 12-10 所示。

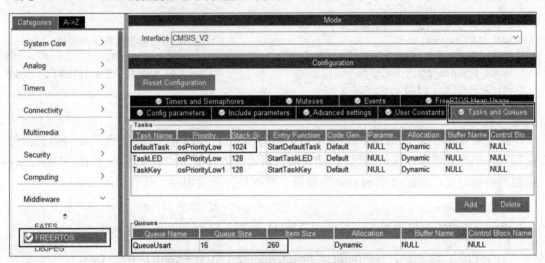

图 12-10　FreeRTOS 模块添加串口消息队列

串口 1 中断和 DMA 设置添加完成，并且 FreeRTOS 设置完成后，重新导出 IAP 示例的 MDK 工程。打开 IAP 的 MDK 工程后，重新添加 InFlash 文件组，加入 InFlash 驱动文件，并设置工程包含目录。修改程序代码之前的准备工作完成。

2. 添加串口接收数据类型定义

为了方便更新程序的数据接收，首先在 freertos.c 文件中添加更新程序的串口接收数据结构定义和接收状态定义，添加代码如下：

```
...
/* USER CODE BEGIN Includes */
#include "gpio.h"
#include "inflash.h"
#include "usart.h"                        // 添加串口句柄对象声明头文件
#include <stdio.h>
```

```
/* USER CODE END Includes */

/* USER CODE BEGIN PTD */
typedef enum {
    IAP_READY,                              // 串口就绪，空闲状态
    IAP_RECV,                               // 数据接收中
    IAP_END                                 // 数据接收完成
} IAP_STATE;                                // IAP 串口数据接收状态枚举类型

#define MAX_RX_LEN    256                   // 每次接收数据最大长度
typedef struct {
    uint32_t datsize;                       // 串口接收数据字节数
    uint8_t dat[MAX_RX_LEN];                // 串口接收数据缓冲
} IAP_DAT;                                  // 串口接收数据结构体类型
/* USER CODE END PTD */

...
/* USER CODE BEGIN Variables */
IAP_DAT rx_dat;                             // 串口接收数据缓冲变量
IAP_STATE iap_state = IAP_READY;            // IAP 接收状态
uint8_t *write_ptr;                         // FLASH 写入指针，指向写入地址
/* USER CODE END Variables */
```

3. 修改 InFlash 驱动

接下来需要修改 InFlash.c 和 InFlash.h 中的 WriteFlash()写入函数，因为在该函数内每次写入时都会先擦除相应的扇区，连续调用该函数时就容易造成重复擦除。修改 WriteFlash() 函数声明和定义，添加一个 bErase 参数用于控制是否需要擦除，代码修改如下：

```
// InFlash.c 文件
uint8_t WriteFlash(uint8_t *src, uint8_t *dest, uint32_t Len, uint8_t bErase)
{
    if (bErase && EraseFlash((uint32_t)dest, (uint32_t)(dest + Len)) != HAL_OK)
        return HAL_ERROR;

    for(uint32_t i = 0; i < Len; i += 4){
        ...                                 // 循环中的代码不变
    }
    return HAL_OK;
}

// InFlash.h 文件
...
uint8_t EraseFlash(uint32_t start_Add, uint32_t end_Add);           // FLASH 擦除
uint8_t WriteFlash(uint8_t *src,uint8_t *dest,uint32_t Len, uint8_t bErase);
uint8_t ReadFlash (uint8_t *src, uint8_t *dest, uint32_t Len);      // FLASH 读取
```

4. 添加串口数据接收功能

在 freertos.c 文件末尾添加空闲中断回调函数定义，接收到串口数据时将其写入消息队

列，注意回调函数名称不能错。同时修改默认任务代码，在任务循环中获取消息队列数据，获取到消息时将其内容作为字符串打印显示。freertos.c 文件修改代码如下：

```c
...
void StartDefaultTask(void *argument) {              // 默认主任务，处理串口接收数据
  /* USER CODE BEGIN StartDefaultTask */
  // 开启 DMA 空闲中断接收，并指定 DMA 数据缓冲
  HAL_UARTEx_ReceiveToIdle_DMA(&huart1, rx_dat.dat, sizeof(rx_dat.dat));

  IAP_DAT quedat;                                    // 定义临时结构体变量，用于获取队列数据
  for(;;) {
    // 获取消息队列数据
    if (osMessageQueueGet(QueueUsartHandle, &quedat, NULL, 10) == osOK)
      printf("%s", quedat.dat);                      // 打印接收数据
    osDelay(1);
  }
  /* USER CODE END StartDefaultTask */
}

...
/* USER CODE BEGIN Application */
// DMA 接收空闲中断回调函数
void HAL_UARTEx_RxEventCallback(UART_HandleTypeDef *huart, uint16_t Size){
  if (huart == &huart1) {
    HAL_UART_DMAStop(huart);                         // 暂停 DMA 接收数据
    rx_dat.dat[Size] = '\0';                         // 接收数据末尾补字符串结束符
    rx_dat.datsize = Size;                           // 消息数据字节数赋值
    osMessageQueuePut(QueueUsartHandle, &rx_dat, NULL, 0); // 发送消息队列
    // 重新开始接收
    __HAL_UNLOCK(huart);                             // 串口解锁
    HAL_UARTEx_ReceiveToIdle_DMA(&huart1, rx_dat.dat, sizeof(rx_dat.dat));
  }
}
/* USER CODE END Application */
```

修改完成后，编译 IAP 工程直到成功，下载程序到学习板上进行测试，使用串口调试助手向学习板发送字符串，查看调试助手接收信息。如果接收字符串和发送的字符串相同，说明 IAP 程序的串口接收功能已经实现。

如果发送字符串之后接收不到串口回送的信息，检查 usart.c 文件中的 HAL_UART_MspInit() 函数，可能是因为该函数中初始化串口 DMA 时没有开启对应 DMA 时钟（究其原因，在于 main 函数中的串口初始化动作在 DMA 初始化动作之前），可以在函数中补上一行开启 DMA 时钟的代码：

```c
// usart.c 文件
...
void HAL_UART_MspInit(UART_HandleTypeDef* uartHandle) {
  GPIO_InitTypeDef GPIO_InitStruct = {0};
```

```
if(uartHandle->Instance==USART1)   {
/* USER CODE BEGIN USART1_MspInit 0 */
    __HAL_RCC_DMA2_CLK_ENABLE();                    // 使能 DMA 时钟
/* USER CODE END USART1_MspInit 0 */
    ...
}
/* USER CODE END Application */
```

5. 添加写入内部 FLASH 功能

IAP 程序可以接收串口数据后，接下来就是将接收的更新程序数据写入 App 程序的内部 FLASH 存储空间。回到 freertos.c 中的默认任务函数，修改任务函数代码如下：

```
...
void StartDefaultTask(void *argument) {                     // 默认主任务，处理串口接收数据
/* USER CODE BEGIN StartDefaultTask */
    // 开启 DMA 空闲中断接收，并指定 DMA 数据缓冲
    HAL_UARTEx_ReceiveToIdle_DMA(&huart1, rx_dat.dat, sizeof(rx_dat.dat));

    IAP_DAT quedat;                                         // 定义临时结构体变量，用于获取队列数据
    uint32_t iap_tick = 0;                                  // 定义接收超时时间戳
    for(;;) {
        // 获取消息队列数据
        if (osMessageQueueGet(QueueUsartHandle, &quedat, NULL, 10) == osOK){
            // printf("%s", quedat.dat);                    // 不再打印接收的数据
            if (IAP_RECV == iap_state) {                    // 如果 IAP 处于接收状态
                // 打印写入地址
                printf("Write FLASH at 0x%08X ", (uint32_t)write_ptr);
                if (WriteFlash((uint8_t *)quedat.dat, write_ptr,
                               quedat.datsize, 0) != HAL_OK) {// 写入更新数据
                    // 如果写入失败
                    printf("Error!\n");
                    iap_state = IAP_READY;                  // IAP 程序回到空闲状态
                }
                else {
                    // 如果写入成功
                    printf("OK!\n");
                    write_ptr += quedat.datsize;            // 写入地址递增数据大小
                }
                iap_tick = osKernelGetTickCount() + 1000;   // 设定 1 s 接收超时
            }
            else
                printf("%s", quedat.dat);                   // IAP 不在接收状态时，打印串口数据
        }
        // 接收超时判断：如果时间戳非 0，已经超时 1 s，且消息队列为空，那么接收结束
        if (iap_tick > 0 && osKernelGetTickCount() > iap_tick &&
            osMessageQueueGetCount(QueueUsartHandle) == 0) {
            iap_state = IAP_END;                            // IAP 程序转为接收结束状态
            iap_tick = 0;                                   // IAP 时间戳清零
```

```
        printf("Write flash end!\n");
    }

    osDelay(1);
  }
  /* USER CODE END StartDefaultTask */
}
```

6. 添加按键启动接收功能

默认任务中写入更新数据需要的一个条件是 IAP 程序状态为非空闲状态，这个条件可以添加一个按键动作来实现，例如，当按下 KEY3 按键时，将 IAP 程序状态改为接收状态，修改按键任务函数代码如下：

```
...
void StartTaskKey(void *argument) {
  /* USER CODE BEGIN StartTaskKey */
  osDelay(100);
  printf("RUN IAP...\n");
  for(;;) {
    uint8_t key = ScanKey();
    if (key > 0) {
      switch (key) {
        case KEY3:                                      // 开始接收 BIN 文件数据
            printf("Start erase flash!\n");
            // 先依次擦除扇区 6 和扇区 7
            EraseFlash(ADDR_FLASH_SECTOR_6, ADDR_FLASH_SECTOR_7);
            printf("Start recv bin file ...\n");
            iap_state = IAP_RECV;                       // IAP 程序状态转为接收状态
            // 写入地址开始定位到扇区 6 首地址
            write_ptr = (uint8_t *)ADDR_FLASH_SECTOR_6;
            break;
        case KEY5:     // 当 KEY5 按键动作
            JumpAPP(ADDR_FLASH_SECTOR_6);   // 跳转到扇区 6 首地址执行程序
            break;
        default:
            break;
      }
    }
    osDelay(1);
  }
  /* USER CODE END StartTaskKey */
}
```

按键任务中，KEY3 按键动作除了设置 IAP 程序接收状态和重置写入 FLASH 地址，还有一个重要动作，就是在开始写入数据之前擦除一次 App 程序空间，保证了默认任务中的写入 FLASH 成功。

重新编译 IAP 工程，成功后将 IAP 程序下载到学习板上，准备进行测试。

7. 创建并发送 BIN 程序文件

因为 MDK 默认生成的下载文件是用于调试下载的.axf 格式文件，工程选项的 Output 设置页面中也只有 Create HEX File 选项，可以用来生成.hex 格式的程序文件。

MDK 编译生成的 HEX 文件并不能直接用于 IAP 更新。HEX 文件其实是一种文本文件，它以行为单位，每行由字符":"开始，以回车换行字符结束。行内的数据都是由两个字符表示一个十六进制字节，比如，字符串"01"就表示数 0x01。对于 16 位的地址，则高位在前低位在后。":"后用两个字符表示本行包含的数据长度，紧接着再用 4 个字符表示本行数据存储的起始地址，然后再用两个字符表示数据类型，再接着就是本行数据，最后还有两个校验码。EX12_B.hex 文件的部分内容如图 12-11 所示。

```
1  :020000040801F1
2  :10000000084E00209D010108071101084B0F01084F
3  :1000100005110108CD020108CB170108000000000FE
4  :100020000000000000000000000000011130108A3
5  :10003000CF020108000000000A112010805150108 07
```

图 12-11 EX12_B.hex 文件的部分内容

由此可见，HEX 文件是包括地址信息的文件。通过 IAP 更新程序时，通常都不需要 BootLoader 去解析 HEX 文件，而是通过下发仅包含程序代码本身的 BIN 文件，然后由 BootLoader 写入指定的用户程序 FLASH 地址就可以了。

.bin 格式的程序文件需要使用另外的工具创建，在 MDK 安装目录中有一个名为 fromelf.exe 的程序，MDK 可以通过命令行的方式调用该程序将.axf 格式的程序文件转化为.bin 格式的程序文件。

如图 12-12 所示，在 EX12_B 的 MDK 工程设置窗口中，切换到 User 选项页，勾选编译后运行选项，填入命令行语句"fromelf.exe --bin -o "$L@L.bin" "#L" "，注意命令中参数、选项之间需要用空格间隔。

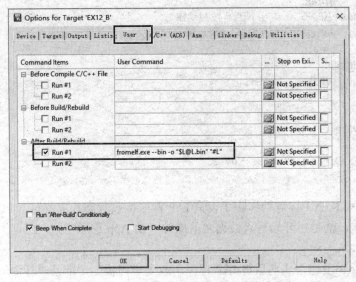

图 12-12 添加转换生成.bin 格式文件命令语句

重新编译 EX12_B 工程，可以在 MDK 下方的编译输出信息栏中看到，EX12_B.bin 程序文件已经在同名的.axf 格式文件所在目录中生成了，如图 12-13 所示。

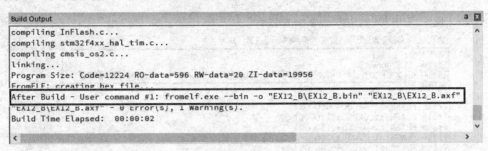

图 12-13　生成 EX12_B.bin 程序文件

接下来，准备使用 sscom 串口调试助手的文件发送功能，将 EX12_B.bin 文件发送给 IAP 程序。如图 12-14 所示，先在 sscom 程序界面中单击"打开文件"按钮，选择刚生成的 EX12_B.bin 文件，然后选择文件发送数据的延时时间。

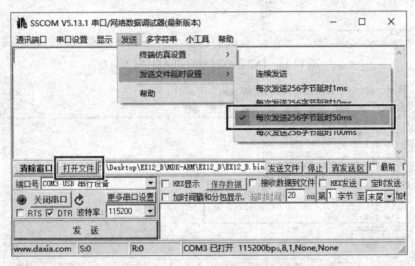

图 12-14　使用串口调试助手的发送文件功能

为什么需要选择发送数据延时？因为 FLASH 的写入需要一定的时间，如果发送太快可能会导致数据来不及写入 FLASH，因此一般选择每次发送 256 字节延时 10 ms 或 50 ms。

还有一种 IAP 的做法，是先将 .bin 文件一次性全部接收完，然后再一次性写入内部 FLASH 中，这种做法需要较大的内存用于存储接收数据，当 .bin 文件大小超过器件内部 SRAM 空间限制时，使用这种方法就不合适了。

8. 测试 IAP 的程序更新功能

复位学习板运行 IAP 程序，按下 KEY3 按键，可以看到 sscom 串口调试助手中接收到了 IAP 程序打印的开始接收信息。然后在 sscom 串口调试助手程序界面单击"发送文件"按钮，这时在调试助手接收区域可以看到 IAP 程序不停地打印 FLASH 写入信息。当文件发送结束，IAP 程序最后也打印了 FLASH 写入结束信息，表示程序更新完成。

按下学习板上的 KEY5 按键,跳转到 App 程序执行,此时程序打印 EX12_B 程序的运行信息。整个测试过程的串口调试助手接收信息如图 12-15 和图 12-16 所示。

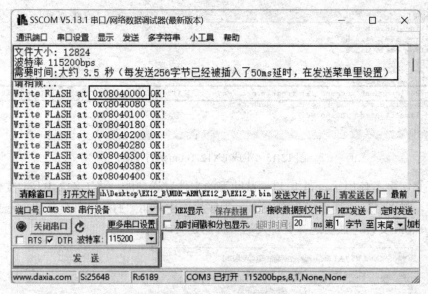

图 12-15　IAP 接收过程的 FLASH 写入信息

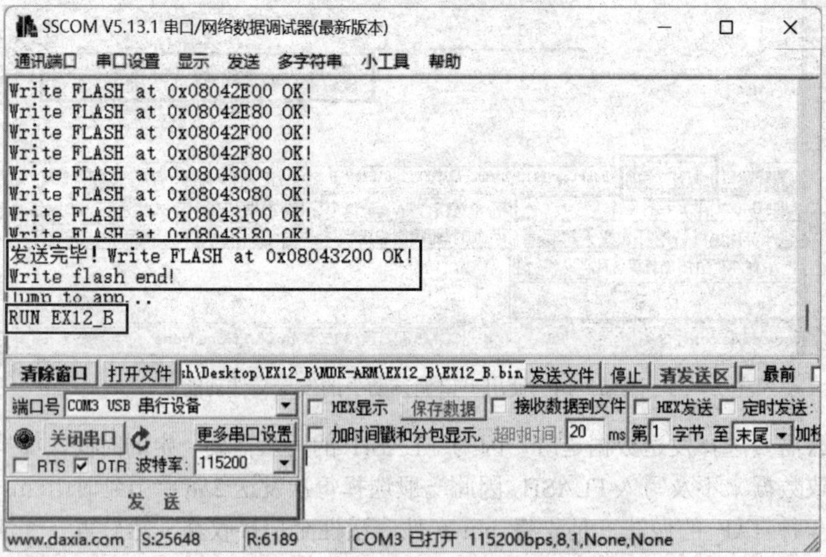

图 12-16　IAP 更新结束及跳转执行 App 程序

至此 IAP 程序设计实践基本完成,后续需要完善的功能包括自动跳转、文件校验功能和 App 程序升级备份功能。自动跳转功能可以设计为 IAP 程序启动时如果没有按键动作,3 s 后自动跳转运行 App 程序。文件校验功能包括程序有效性判断和校验码计算与验证功能,如果发送 BIN 文件的上位机是用户自己设计的,还可以定制通信协议和校验方式。App 程序升级备份功能需要在更新之前先备份存储已有的 App 程序,如果升级后 App 程序不能运行或者需要手动恢复,可以从备份存储区读回备份的 App 程序并写回 App 程序存储区。

这两个扩展功能不再展开详述，留待读者继续实践完成。

实验 19　串口 IAP 设计实验

【实验目标】

了解 STM32 IAP 概念，掌握器件内部 FLASH 读写方法和程序跳转方法，熟悉基于串口的 IAP 程序设计方法。

【实验内容】

（1）参照本章 IAP 演示示例，独立完成基于串口接收的 IAP 程序设计实验。

（2）在 IAP 演示示例的基础上，添加双 App 程序功能，将内部 FLASH 分为 3 个部分，即 IAP + App1 + App2。其中，IAP 占扇区 0～扇区 3，App1 占扇区 4～扇区 5，App2 占扇区 6～扇区 7。上电启动后 IAP 程序等待按键动作，当按下 KEY1 时更新 App1，按下 KEY2 时更新 App2，按下 KEY5 时跳转执行 App1，按下 KEY6 时跳转执行 App2。

（3）附加要求 1：在实验内容 2 的基础上添加自动运行功能。上电启动后，当 5 s 内没有任何按键操作，自动跳转执行 App1；如果跳转执行失败（App1 没有程序），自动跳转执行 App2；如果执行程序都失败，自动跳转 KEY1 按键功能接收 App1 更新程序。

（4）附加要求 2：尝试通过 ESP8266 模块实现 IAP 远程升级功能。

实验 20　U 盘 IAP 设计实验

【实验目标】

了解 STM32 IAP 概念，掌握器件内部 FLASH 读写方法和程序跳转方法，熟悉基于 U 盘的 IAP 程序设计方法。

【实验内容】

（1）参考本章 IAP 示例，去除串口接收功能，添加 FatFs 文件系统和 USB Host 模块。

（2）添加程序代码，上电后 IAP 程序扫描并通过串口打印 U 盘根目录下的*.bin 文件信息，每行信息包括编号（从 1 开始递增）、文件名称、大小和日期时间。

（3）添加按键功能，默认选择编号为 1 的.bin 文件，可通过 KEY1、KEY4 调整当前选择的文件编号并通过串口打印显示，按下 KEY3 按键时更新 App 程序为所选编号对应的.bin 文件，按下 KEY5 按键则跳转执行 App 程序。

（4）附加要求 1：添加存储信息，更新程序后内部 FLASH 中还需保存 App 程序文件的文件名称、大小和日期时间；上电启动后 IAP 程序自动读取并打印保存在内部 FLASH 中的 App 程序信息，按下 KEY2 按键读取 U 盘上同名的 App 程序进行更新。

（5）附加要求 2：添加 App 程序的 U 盘备份功能，上电启动后，IAP 程序中当按下 KEY6 按键时读取 App 程序存储区内容并将其保存到 U 盘上的 backup.bin 文件中。

习 题

1. STM32 应用程序升级有哪几种方式，各有什么优缺点？
2. STM32 有几个 BOOT 启动引脚，在进行 ISP 下载时应该如何设置，进行 IAP 更新时又应该如何设置？
3. STM32F407VE 的器件内部 FLASH 有几个扇区（主存储区），其中最小扇区大小是多少？为什么 STM32F4 的器件内部 FLASH 主存储区的扇区空间大小要按照由小到大的顺序进行设计？
4. STM32 在复位后默认的程序跳转地址是多少？带有 FreeRTOS 系统的 BootLoader 程序在跳转地址运行之前，应当先执行什么操作防止跳转时因为任务调度导致跳转失败？
5. 支持 IAP 更新的应用程序，与之前的普通应用程序相比，有什么不同？为什么要做这样的修改？
6. 一个完整的 IAP 程序，通常应包含哪几个功能？如何防止 IAP 更新程序失败，或者更新了无法启动的应用程序之后，如何恢复？

第 13 章 鸿蒙嵌入式系统移植

鸿蒙系统（鸿蒙 OS、HarmonyOS）是华为在 2019 年正式发布的操作系统。推出鸿蒙操作系统之后，华为把鸿蒙操作系统的基础能力全部捐献给开放原子开源基金会，并由该基金会整合其他参与者贡献形成了 OpenHarmony 项目。OpenHarmony 面向万物互联，是可运行在各种智能终端上的全新分布式操作系统。其中，OpenHarmony LiteOS-M 内核是面向 IoT 领域构建的轻量级物联网操作系统内核，具有小体积、低功耗、高性能的特点。现今嵌入式软硬件平台的国产化应用和需求越来越多，本章将在配套学习板上移植 OpenHarmony 的 LiteOS-M 内核，并基于该内核编写运行简单应用示例。

13.1 OpenHarmony 介绍

OpenHarmony 是由开放原子开源基金会（OpenAtom Foundation）孵化及运营的开源项目，目标是面向全场景、全连接、全智能时代，基于开源的方式，搭建一个智能终端设备操作系统的框架和平台，促进万物互联产业的繁荣发展。系统整体遵从分层设计，从下向上依次为内核层、系统服务层、框架层和应用层。系统功能按照"系统 > 子系统 > 组件"逐级展开，在多设备部署场景下，支持根据实际需求裁剪某些非必要的组件。

13.1.1 LiteOS-M 内核简介

OpenHarmony 支持如下几种系统类型。

（1）轻量系统（mini system）：面向 MCU 类处理器如 ARM Cortex-M、RISC-V 32 位的设备，硬件资源极其有限，支持的设备最小内存为 128 KiB，可以提供多种轻量级网络协议、轻量级的图形框架以及丰富的 IOT 总线读写部件等。可支撑的产品如智能家居领域的连接类模组、传感器设备、穿戴类设备等。

（2）小型系统（small system）：面向应用处理器如 Arm Cortex-A 的设备，支持的设备最小内存为 1 MiB，可以提供更高的安全能力、标准的图形框架、视频编解码的多媒体能力。可支撑的产品如智能家居领域的 IP Camera、电子猫眼、路由器以及智慧出行领域的行车记录仪等。

（3）标准系统（standard system）：面向应用处理器如 Arm Cortex-A 的设备，支持的设备最小内存为 128 MiB，可以提供增强的交互能力、3D GPU 以及硬件合成能力、更多控件以及动效更丰富的图形能力、完整的应用框架。可支撑的产品如高端的冰箱显示屏。

本书主要介绍的是 ARM Cortex-M 架构的嵌入式技术，因此选用的是 OpenHarmony 中的轻量系统，即 Kernel 为 LiteOS-M 内核的系统，后续内容也用 OpenHarmony 简称

OpenHarmony LiteOS-M。OpenHarmony 的内核架构及其源码目录结构如图 13-1 所示，主要包括内核最小功能集、内核抽象层、可选组件等。

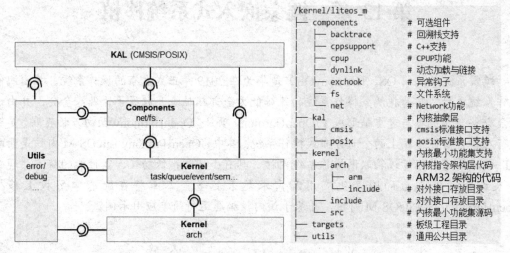

图 13-1　OpenHarmony LiteOS-M 内核架构及其源码目录结构

OpenHarmony LiteOS-M 源码目录会将不同编译工具链和芯片架构的组合分类，以满足 AIoT（AI+IoT，人工智能+物联网）类型丰富的硬件和编译工具链的拓展。如 kernel 目录下的 arch 目录，其下对应 arm 架构的处理器会有一个 arm 子目录，对应 risc-v 架构的处理器则会有一个 risc-v 子目录。

13.1.2　开发环境配置

OpenHarmony 开发环境整体结构如图 13-2 所示，学习板与电脑通过 USB 数据线连接，在 Windows 环境下进行程序下载测试，使用 Linux 环境进行程序设计和编译。

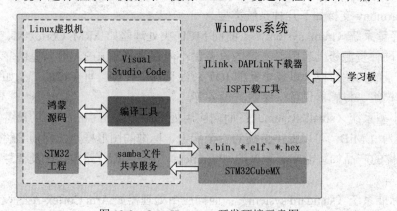

图 13-2　OpenHarmony 开发环境示意图

图 13-2 中的 Linux 虚拟机也可以布置在远程云服务器上，然后在 Windows 本地安装 Visual Studio Code 软件，通过 samba 共享服务访问 Linux 端的源码文件，同时通过远程终端输入命令进行交叉编译。但是图 13-2 中的 Visual Studio Code 和 STM32CubeMX 都有

Linux 版本,而且现在的 Linux 发行版本使用也比较方便,直接在 Linux 环境下进行编辑和编译操作其实更为方便。因此,建议读者在 Windows 系统中使用 VMWare Workstation Player 软件虚拟一个 Linux 系统(如 Ubuntu 或 Deepin),并在 Linux 系统中进行 OpenHarmony 系统的移植开发和编译操作,然后在 Windows 下仅进行程序下载操作。以下是在虚拟机中的环境搭建步骤。

1. 在 Linux 虚拟机中,先安装 Deepin 系统(推荐 15.11 版本)

Deepin 是基于 Ubuntu 的一个 Linux 发行版本,官方镜像 ISO 文件在深度系统的官网(www.deepin.org)下载。在虚拟机中安装 Deepin 系统比较简单,创建虚拟机时选择 Deepin 的 ISO 文件,然后选择操作系统版本为 Ubuntu 64 位系统,后续按照默认选项安装即可,安装好的 Deepin 系统桌面如图 13-3 所示。

图 13-3　Deepin Linux 系统桌面

2. 安装代码编辑器

OpenHarmony 系统推荐使用开源的 Visual Studio Code 进行代码编辑。如图 13-4 所示,在浏览器中打开 Visual Studio Code 官网下载页面(地址:code.visualstudio.com/Download),选择安装 Visual Studio Code 软件。

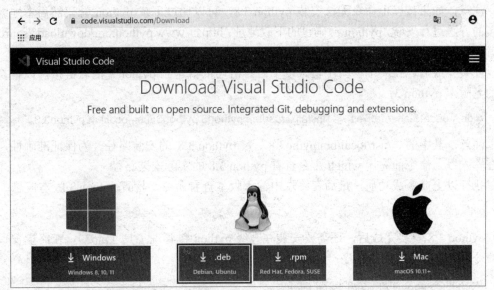

图 13-4　安装 Visual Studio Code 软件

3. 创建 tools 文件夹

该文件夹用于存放一些开发工具软件。如图 13-5 所示，单击桌面下方任务栏中的"文件管理器"图标进入用户主目录，右击主目录空白区域，在弹出的快捷菜单中选择"新建文件夹"选项，并将其改名为 tools 文件夹。

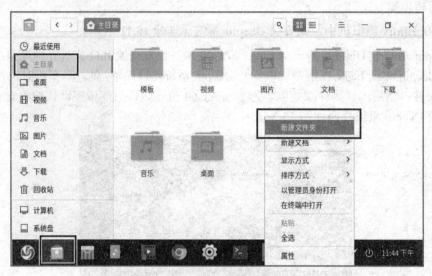

图 13-5　在用户主目录中创建 tools 文件夹

4. 升级 python 3

在终端窗口中输入命令语句升级 Deepin 系统中的 python3，将其版本升级到 3.8（后续编译工具的安装需要 python 3.8 以上版本），为安装 hb 编译工具做准备：

```
sudo apt-get install python3.8
```

注意，如果按以上命令无法安装 python 3.8，可以通过下载 python 源码然后本地编译安装的方法进行安装，python 源码包的下载地址：https://www.python.org/downloads/source/，读者可以下载该源码包后参考其中的 readme 文档进行编译安装。

安装完成后，在终端窗口中输入以下命令语句重新建立 python 3 的软链接，以替换原有的老版本 python 3：

```
sudo update-alternatives --install /usr/bin/python3 python3 /usr/local/bin/python3.8 1
```

注意，其中的"/usr/local/bin/pytho3.8"为 python 3.8 的安装路径，为保证准确性，可以在输入以上命令前先用 which 命令查看 python 3.8 的实际安装路径。

执行以上命令成功后，最后在终端中输入版本查看命令，检查 python 3 版本信息：

```
python3 -V
```

python 3.8 安装完成后，还需要安装并升级 python 包管理工具（pip3），在终端窗口输入命令获取 pip 对应下载程序：

```
wget https://bootstrap.pypa.io/get-pip.py
```

然后用 python 3.8 运行该 py 程序，下载安装 pip 工具：

python3 get-pip.py

安装完成后执行如下命令更新 pip：

python3 -m pip install --upgrade pip

5．安装 hb 编译工具

OpenHarmony 的编译构建命令行工具简称 hb，在终端窗口中输入以下 python 命令获取 hb 编译工具：

python3 -m pip install --user ohos-build

然后在终端窗口中输入以下命令：

deepin-editor~/.bashrc

用编辑器打开设置文件（~/.bashrc），在文件末尾添加如下语句，重新修改环境变量 PATH：

#hb
export PATH=~/.local/bin:$PATH

保存文件并退出编辑器后，重新用 source 命令加载刚修改完的用户设置。在终端窗口中输入"hb -h"命令，查看结果如图 13-6 所示，表示 hb 编译工具安装成功。

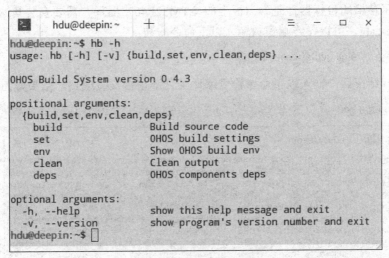

图 13-6　查看 hb 编译工具信息

6．安装 gn 和 ninja 软件

gn 与 ninja 是用于构建系统的两个工具软件，能实现更快的编译速度、更简单的编译依赖和更好的调试支持。gn 程序可以直接从华为云上的 OpenHarmony 编译器工具下载页面找到（https://repo.huaweicloud.com/harmonyos/compiler/gn），在浏览器中打开该页面后，选择其中 1717 的 Linux 版程序下载。gn 程序的下载文件是一个.tar.gz 格式压缩包，将其移到用户主目录下的 tools 文件夹中,然后在终端窗口中输入命令将 gn 程序解压缩到系统 /usr/bin 目录下即可:

sudo tar -xvf ~/tools/gn-linux-x86-1717.tar.gz -C /usr/bin

ninja 程序则可以在终端窗口中直接使用 apt 命令在线安装:

sudo apt install ninja-build

gn 和 ninja 安装完成后,可以在终端中使用如下两条命令查看程序版本,验证安装是否成功,结果如图 13-7 所示。

gn --version
ninja --version

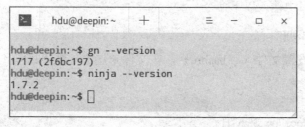

图 13-7 gn 和 ninja 程序安装结果

7. 安装编译工具链

本章演示移植的目标器件是学习板上的 STM32F407 器件,需要安装其编译器工具链 gcc-arm-none-eabi,可以在终端窗口输入以下命令安装:

sudo apt-get install gcc-arm-none-eabi

命令运行结束后,输入以下命令检查编译工具链是否安装成功,结果如图 13-8 所示。

arm-none-eabi-gcc -v

图 13-8 gcc-arm-none-eabi 编译工具链安装结果

8. 源码获取

OpenHarmony 的源码推荐从其官方镜像站点进行下载，当前 LTS 版本是 3.0 版本，下载地址：https://repo.huaweicloud.com/harmonyos/os/3.0/code-v3.0-LTS.tar.gz。将该文件下载到 Deepin 的用户主目录下的 tools 文件夹中，右击该文件，在弹出的快捷菜单中选择"解压到当前文件夹"选项，将其解压缩到当前目录，结果如图 13-9 所示。

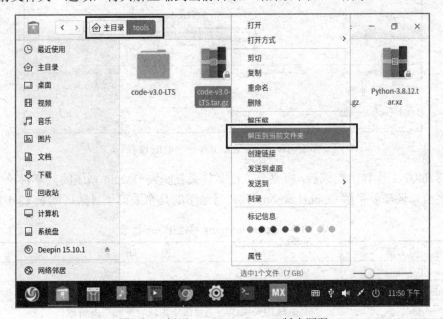

图 13-9　解压 OpenHarmony 3.0 版本源码

OpenHarmony 3.0 源码解压缩后，将 code-v3.0-LTS 文件夹中的 OpenHarmony 子目录剪切到用户主目录（~/）下，系统移植准备完成。

13.2　OpenHarmony 系统移植

本节将演示 OpenHarmony 3.0 轻量系统版本（liteos_m）在 STM32F407 学习板上的移植过程，部分内容参考了 Gitee 上 yanxw@yanxiangwen 用户的 STM32F429 移植项目。

13.2.1　创建裸机工程

如图 13-10 所示，在 Windows 系统中使用 STM32CubeMX 创建了一个基于 STM32F407VET6 器件的裸机工程，参考第 4 章内容，配置好时钟、串口以及 LED 等外设模块端口和参数。在 Project Manager 页面中，将工程名称设置为 stm32f407，设置 Toolchain/IDE 参数为 Makefile。最后导出的工程可以为移植提供硬件配置文件和外设驱动文件。

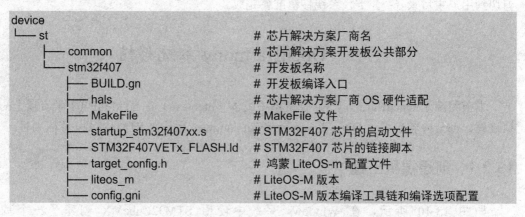

图 13-10 CubeMX 工程导出 IDE 选择

stm32f407 工程导出完成后,将整个工程文件夹复制到 Deepin 系统的共享目录中备用。在移植之前,还需要了解 OpenHarmony 源码目录下的几个关键子目录,如表 13-1 所示。

表 13-1 OpenHarmony 移植相关子目录

子 目 录	说　明
//applications	应用程序目录
//device	板级相关实现,各个三方厂商按照 OpenHarmony 规范适配实现
//vendor	产品级相关实现,主要由华为或者产品厂商贡献

(1) 移植的 device 目录命名规则:device/{芯片解决方案厂商}/{开发板}。以学习板上的 STM32F407VET6 为例,移植需要准备的相关文件如下:

```
device
└── st                                   # 芯片解决方案厂商名
    ├── common                           # 芯片解决方案开发板公共部分
    └── stm32f407                        # 开发板名称
        ├── BUILD.gn                     # 开发板编译入口
        ├── hals                         # 芯片解决方案厂商 OS 硬件适配
        ├── MakeFile                     # MakeFile 文件
        ├── startup_stm32f407xx.s        # STM32F407 芯片的启动文件
        ├── STM32F407VETx_FLASH.ld       # STM32F407 芯片的链接脚本
        ├── target_config.h              # 鸿蒙 LiteOS-m 配置文件
        ├── liteos_m                     # LiteOS-M 版本
        └── config.gni                   # LiteOS-M 版本编译工具链和编译选项配置
```

(2) vendor 目录规则:vendor/{产品解决方案厂商}/{产品名称}。和 device 下的目录结构类似,移植相关文件目录结构如下:

```
vendor
└── st                                   # 产品解决方案厂商名称
    └── stm32f407                        # 产品名称
```

```
        ├── hals           # 产品解决方案厂商 OS 适配
        ├── BUILD.gn       # 产品编译脚本
        └── config.json    # 产品配置文件
```

根据上述目录规则，移植前需要在 OpenHarmony 源码目录的 device 子目录下新建 st 文件夹，并将之前的 stm32f407 裸机工程整个文件夹移动到该 st 文件夹中。使用 Visual Studio Code 软件打开 OpenHarmony 的源码目录，可以看到如图 13-11 所示的 device 目录结构。

图 13-11 device 目录中的 stm32f407 工程文件夹

13.2.2 系统编译构建移植

（1）在源码目录下的 vendor 配置目录中，有一个 config.json 文件，它是编译构建的主入口文件，包含了开发板、OS 组件和内核等配置信息。因此，要先在 vendor 目录下新建/st/stm32f407 目录，并且在该目录下新建一个 config.json 文件，其文件内容如下：

```
{
    "product_name": "stm32f407",
    "ohos_version": "OpenHarmony 3.0",
    "device_company": "st",
    "board": "stm32f407",
    "kernel_type": "liteos_m",
    "kernel_version": "3.0.0",
    "subsystems": [
      {
        "subsystem": "kernel",
        "components": [
          { "component": "liteos_m",
            "features":[
```

```
              "enable_ohos_kernel_liteos_m_fs = false",
              "enable_ohos_kernel_liteos_m_kal = true"
            ]
          }
        ]
    },
    {
      "subsystem": "applications",
      "components": [
          { "component": "f407_sample_app", "features":[] }
      ]
    }
  ],
  "vendor_adapter_dir": "//device/st/stm32f407/stm32_adapter",
  "third_party_dir": "//third_party",
  "product_adapter_dir": "//vendor/st/stm32f407/hals",
  "ohos_product_type":"",
  "ohos_manufacture":"",
  "ohos_brand":"",
  "ohos_market_name":"",
  "ohos_product_series":"",
  "ohos_product_model":"",
  "ohos_software_model":"",
  "ohos_hardware_model":"",
  "ohos_hardware_profile":"",
  "ohos_serial":"",
  "ohos_bootloader_version":"",
  "ohos_secure_patch_level":"",
  "ohos_abi_list":""
}
```

（2）在 config.json 文件中，subsystem 内容中添加了一个名为 f407_sample_app 的组件，这是一个自定义的开发板用户代码组件，用户需要将 f407_sample_app 组件的描述内容添加到系统组件描述文件中。打开源码目录下的 build/lite/components/applications.json 文件，参考其他组件格式将以下代码加入 applications.json 文件中：

```
{
  "component": "f407_sample_app",
  "description": "f407 sample pp.",
  "optional": "true",
  "dirs": [
    "applications/sample/f407/app"
  ],
  "targets": [
    "//applications/sample/f407/app"
  ],
  "rom": "",
  "ram": "",
  "output": [],
```

```
    "adapted_board": [ "stm32f407" ],
    "adapted_kernel": [ "liteos_m" ],
    "features": [],
    "deps": {
        "components": [
            "utils_base"
        ]
    }
},
```

（3）复制一份源码子目录 applications/sample/下的 wifi-iot 文件夹到相同路径下，并将其改名为 f407，目录结构如图 13-12 所示。复制完成后，applications/sample/f407/app 路径即为后续开发用户程序的路径。

（4）切换路径到源码目录下的 vendor/st/stm32f407，在该目录下新建 BUILD.gn 文件，输入以下文件内容：

```
group("stm32f407") {
}
```

在该目录下新建 config 文件夹，在 config 文件夹中新建 hdf.hcs 文件，该文件是板级 HDF 驱动配置入口，文件内容如下：

```
root {
    module = "st,stm32_chip";
}
```

（5）切换路径到源码目录下的 vendor/hisilicon/ hispark_taurus/hals，将其中的 utils 文件夹复制到源码目录下的 vendor/st/stm32f407vetx/hals 路径，复制后目录结构如图 13-13 所示。该文件夹可以提供一些产品信息读写功能。

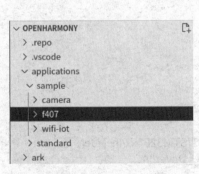

图 13-12　添加 f407 文件夹

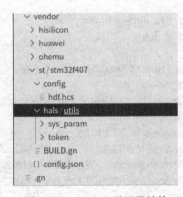

图 13-13　vendor 子目录结构

至此 vender 目录下产品级相关配置的设置已完成，接下来要对开发板级 device 目录进行修改。

（6）切换到源码目录下的 device/st/stm32f407 路径，新建一个名为 liteos_m 的文件夹，在 liteos_m 文件夹下新建 config.gni 文件。该文件描述了 LiteOS-M 版本编译工具链和编译选项，文件内容如下：

```
kernel_type = "liteos_m"    # Kernel type, e.g. "linux", "liteos_a", "liteos_m".

kernel_version = "3.0.0"    # Kernel version.
board_cpu = "cortex-m4"    # Board CPU type, e.g. "cortex-a7", "riscv32".
board_arch = ""    # Board arch, e.g.  "armv7-a", "rv32imac".
board_toolchain = "arm-none-eabi-gcc"

# The toolchain path instatlled, it's not mandatory if you have added toolchian path to your ~/.bashrc.
board_toolchain_path = ""
board_toolchain_prefix = "arm-none-eabi-"

# Compiler type, "gcc" or "clang".
board_toolchain_type = "gcc"

# Board related common compile flags.
board_cflags = [
  "-mcpu=cortex-m4",
  "-mfpu=fpv4-sp-d16",
  "-mfloat-abi=hard",
  "-mthumb",
  "-Og",
  # "-g",
  "-Wall",
  "-fdata-sections",
  "-ffunction-sections",
  "-DUSE_HAL_DRIVER",
  "-DSTM32F407xx",
]
board_cxx_flags = board_cflags
board_ld_flags = []

# Board related headfiles search path.
board_include_dirs = [
  "//kernel/liteos_m/kernel/arch/arm/cortex-m4/gcc",
  "//device/st/stm32f407",
  "//device/st/stm32f407/Core/Inc",
  "//device/st/stm32f407/Drivers/CMSIS/Include",
  "//device/st/stm32f407/Drivers/CMSIS/Device/ST/STM32F4xx/Include",
  "//device/st/stm32f407/Drivers/STM32F4xx_HAL_Driver/Inc",
]

# Board adapter dir for OHOS components.
board_adapter_dir = ""

# Sysroot path.
board_configed_sysroot = ""
```

```
# Board storage type, it used for file system generation.
storage_type = ""
```

切换到源码目录下的 device/hisilicon/hispark_pegasus 路径，将其下的 hi3861_adapter 文件夹复制到源码目录下的 device/st/stm32f407 路径，并将复制的 hi3861_adapter 文件改名为 stm32_adapter，目录结构如图 13-14 所示。hi3861_adapter 文件夹提供了海思 Hi3861 器件的一些无线通信、物联网和 OTA 远程更新功能，虽然 STM32F407 学习板上不一定用得上，但可以先添加进来以备后用。

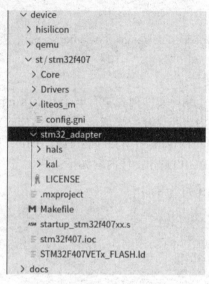

图 13-14 device 子目录结构

（7）切换到源码目录下的 device/st/stm32f407/Core 路径，新建一个 BUILD.gn 文件（注意 BUILD.gn 文件名一律为大写，后缀为小写），以编译裸机工程文件夹中 Core 目录下的程序，BUILD.gn 文件内容如下：

```
static_library("core") {
  sources = [
    "Src/main.c",
    "Src/gpio.c",
    "Src/stm32f4xx_hal_msp.c",
    "Src/usart.c",
    "Src/stm32f4xx_it.c",
    "Src/system_stm32f4xx.c",
    "Src/task_sample.c",
  ]

  include_dirs = [
    "Inc",
    "../",
    "../Drivers/STM32F4xx_HAL_Driver/Inc",
```

```
    "../Drivers/STM32F4xx_HAL_Driver/Inc/Legacy",
    "../Drivers/CMSIS/Device/ST/STM32F4xx/Include",
    "../Drivers/CMSIS/Include",
    "//kernel/liteos_m/kernel/include",
    "//kernel/liteos_m/kal/cmsis",
    "//kernel/liteos_m/utils",
    "//kernel/liteos_m/kernel/arch/include",
    "//base/startup/bootstrap_lite/services/source",
    "//utils/native/lite/include",
  ]

  deps = [
    "//foundation/distributedschedule/samgr_lite/samgr:samgr",
  ]
}
```

上述 BUILD.gn 文件中，编译文件列表中有一个 task_sample.c 文件，这是一个移植后的示例测试文件，下一小节内容将会介绍添加，要注意添加的文件名和此处应该一致。

同理，裸机工程文件夹中的 Drivers/STM32F4xx_HAL_Driver 目录也要新建一个 BUILD.gn 文件，以编译其下的程序，BUILD.gn 文件内容如下：

```
static_library("STM32F4xx_HAL_Driver") {
  sources = [
    "Src/stm32f4xx_hal_tim.c",
    "Src/stm32f4xx_hal_tim_ex.c",
    "Src/stm32f4xx_hal_uart.c",
    "Src/stm32f4xx_hal_rcc.c",
    "Src/stm32f4xx_hal_rcc_ex.c",
    "Src/stm32f4xx_hal_flash.c",
    "Src/stm32f4xx_hal_flash_ex.c",
    "Src/stm32f4xx_hal_flash_ramfunc.c",
    "Src/stm32f4xx_hal_gpio.c",
    "Src/stm32f4xx_hal_dma_ex.c",
    "Src/stm32f4xx_hal_dma.c",
    "Src/stm32f4xx_hal_pwr.c",
    "Src/stm32f4xx_hal_pwr_ex.c",
    "Src/stm32f4xx_hal_cortex.c",
    "Src/stm32f4xx_hal.c",
    "Src/stm32f4xx_hal_exti.c",
  ]

  include_dirs = [
    "Inc",
    "Inc/Legacy",
    "../CMSIS/Include",
    "../CMSIS/Device/ST/STM32F4xx/Include",
    "../../Core/Inc",
  ]
}
```

(8）因为 STM32CubeMX 生成裸机工程选择了使用 Makefile 编译，因此需要在源码目录下的 device/st/stm32f407 路径也新建一个 BUILD.gn 文件，然后通过 build_ext_component 组件来调用 Makefile 工具进行最终的编译链接，新建的 BUILD.gn 文件内容如下：

```
import("//build/lite/config/component/lite_component.gni")

group("stm32f407") {
}
build_ext_component("stm32f407_ninja") {
  exec_path = rebase_path(".", root_build_dir)
  outdir = rebase_path("$root_out_dir")
  print("$board_toolchain")
  if (board_toolchain_path != "") {
    toolchain_path = rebase_path("$board_toolchain_path")
    command = "./build.sh ${outdir} ${toolchain_path}"
  } else {
    command = "./build.sh ${outdir}"
  }
  deps = [ "//build/lite:ohos" ]
}

static_library("startup_stm32f407xx") {
  sources = [ "startup_stm32f407xx.s" ]
  include_dirs = [
    ".",
    "//kernel/liteos_m/kernel/include",
  ]
  deps = [
    "//drivers/adapter/khdf/liteos_m:hdf_lite",
    "//device/st/stm32f407/Core:core",
"//device/st/stm32f407/Drivers/STM32F4xx_HAL_Driver:STM32F4xx_HAL_Driver",
    "//kernel/liteos_m/kal/cmsis:cmsis",
  ]
}
```

上述 BUILD.gn 文件中实际并没有直接调用 Makefile 工具，而是调用 build.sh 批处理文件，在相同路径下新建一个 build.sh 文件，文件内容如下：

```
set -e

OUT_DIR="$1"
TOOLCHAIN_DIR="$2"

echo "-------------build.sh-----------------"
echo "device/st/stm32f407"
echo "--------------------------------"

function main(){
    ROOT_DIR=$(cd $(dirname "$0");pwd)
```

```
    if [ -z "${TOOLCHAIN_DIR}" ]; then
        make clean &&   make -j16 OUT_DIR_PATH=${OUT_DIR}
    else
        make clean &&   make -j16 OUT_DIR_PATH=${OUT_DIR}
TOOLCHAIN_DIR_PATH=${TOOLCHAIN_DIR}
    fi
}

main "$@"
```

build.sh 文件需要可执行权限,在源码目录的 device/st/stm32f407 路径下,打开一个终端窗口,执行如下命令,给 build.sh 文件添加可执行权限:

```
sudo chmod 777 build.sh
```

BUILD.gn 文件中调用的 build_ext_component 组件是源码目录的 build/lite 路径下的一个 python 程序文件,在 Deepin 系统中需要修改一下该程序文件。打开 build_ext_component.py 文件,按如图 13-15 所示修改该程序的 cmd_exec 函数,以保证调用 shell 命令时能正确传递参数。

```
28    def cmd_exec(command, temp_file, error_log_path):
29        start_time = datetime.now().replace(microsecond=0)
30        # cmd = shlex.split(command)
31        print(command)
32        proc = subprocess.Popen(command,
33                                stdout=temp_file,
34                                stderr=temp_file,
35                                encoding='utf-8',
36                                shell=True,
37                                executable='bash')
```

图 13-15　修改 build_ext_component.py 程序

OpenHarmony 系统使用了 gn 和 ninja 工具进行编译,编译输出的.a 文件存储在源码目录的 out/stm32f407/stm32f407/libs 路径下,编译流程最后将由 Makefile 进行链接工作。

(9) 修改源码目录的 device/st/stm32f407 路径下由 STM32CubeMX 软件生成的 Makefile 文件,将原文中内容替换为以下内容:

```
TARGET = stm32f407

BUILD_DIR = $(OUT_DIR_PATH)
ifneq ($(TOOLCHAIN_DIR_PATH), )
GCC_PATH = $(TOOLCHAIN_DIR_PATH)
endif

PREFIX = arm-none-eabi-

ifneq ($(GCC_PATH), )
CC = $(GCC_PATH)/$(PREFIX)gcc
AS = $(GCC_PATH)/$(PREFIX)gcc -x assembler-with-cpp
CP = $(GCC_PATH)/$(PREFIX)objcopy
```

```makefile
SZ = $(GCC_PATH)/$(PREFIX)size
else
CC = $(PREFIX)gcc
AS = $(PREFIX)gcc -x assembler-with-cpp
CP = $(PREFIX)objcopy
SZ = $(PREFIX)size
endif
HEX = $(CP) -O ihex
BIN = $(CP) -O binary -S


CPU = -mcpu=cortex-m4
FPU = -mfpu=fpv4-sp-d16
FLOAT-ABI = -mfloat-abi=hard
MCU = $(CPU) -mthumb $(FPU) $(FLOAT-ABI)


LDSCRIPT = STM32F407VETx_FLASH.ld
STATIC_TMP0 := $(wildcard   $(BUILD_DIR)/libs/*.a)
STATIC_TMP1 := $(subst   $(BUILD_DIR)/libs/lib, -l, $(STATIC_TMP0))
STATIC_TMP2 := $(patsubst %.a,%,$(STATIC_TMP1))
STATIC_LIB := $(filter-out -lsec, $(STATIC_TMP2))
STATIC_LIB_DIR = -L$(BUILD_DIR)/libs


LIBS = -lc -lm -lnosys
LIBDIR =
LDFLAGS = $(MCU) -specs=nano.specs -T$(LDSCRIPT) $(LIBDIR) $(LIBS) -
Wl,-Map=$(BUILD_DIR)/$(TARGET).map,--cref -Wl,--gc-sections

# default action: build all
all: $(BUILD_DIR)/$(TARGET).elf $(BUILD_DIR)/$(TARGET).hex $(BUILD_DIR)/$(TARGET).bin
    @echo "STATIC_LIB=$(STATIC_LIB)"
    @echo "\n"
    @echo "----device/st/STM32F407/Makefile,all----s--"
    @echo "$(BUILD_DIR)/$(TARGET).elf $(BUILD_DIR)/$(TARGET).hex
$(BUILD_DIR)/$(TARGET).bin"
    @echo "----device/st/STM32F407/Makefile,all----e--"

$(BUILD_DIR)/$(TARGET).elf: Makefile
    @echo "\n"
    @echo "----device/st/STM32F407/Makefile,elf----s--"
    @echo "BUILD_DIR=$(BUILD_DIR)/$(TARGET).elf"
    @echo "elf <=$<"
    @echo "elf ^=$^"
    @echo "elf @=$@"
    @echo "----device/st/STM32F407/Makefile,elf----e--"
    $(CC) $(STATIC_LIB_DIR) -Wl,--whole-archive -Wl,--start-group
$(STATIC_LIB) -Wl,--end-group -Wl,--no-whole-archive $(LDFLAGS) -o $@
    $(SZ) $@

$(BUILD_DIR)/%.hex: $(BUILD_DIR)/%.elf | $(BUILD_DIR)
```

```
    @echo "\n"
    @echo "----device/st/STM32F407/Makefile,hex----s--"
    @echo "BUILD_DIR=$(BUILD_DIR)/%.hex"
    @echo "hex <=$<"
    @echo "hex ^=$^"
    @echo "hex @=$@"
    @echo "----device/st/STM32F407/Makefile,hex----e--"
    $(HEX) $< $@

$(BUILD_DIR)/%.bin: $(BUILD_DIR)/%.elf | $(BUILD_DIR)
    @echo "\n"
    @echo "----device/st/STM32F407/Makefile,bin----s--"
    @echo "BUILD_DIR=$(BUILD_DIR)/%.bin"
    @echo "bin <=$<"
    @echo "bin ^=$^"
    @echo "bin @=$@"
    @echo "----device/st/STM32F407/Makefile,bin----e--"
    $(BIN) $< $@

$(BUILD_DIR):
    @echo "\n"
    @echo "----device/st/STM32F407/Makefile,mkdir----s--"
    @echo "BUILD_DIR=$(BUILD_DIR)"
    @echo "<=$<"
    @echo "^=$^"
    @echo "@=$@"
    @echo "----device/st/STM32F407/Makefile,mkdir----e--"
    mkdir -p $@

clean:
    -rm -fR $(BUILD_DIR)
# *** EOF ***
```

liteos_m 的完整配置能力及默认配置在 los_config.h 中定义,该头文件中的配置项可以根据不同的单板进行裁剪配置。如果针对这些配置项需要进行不同的板级配置,则可将对应的配置项直接定义到对应单板的 device/xxxx/target_config.h 文件中,其他未定义的配置项采用 los_config.h 中的默认值。

(10) 在源码目录下的 device/st/stm32f407/路径中新建一个 target_config.h 文件,该文件内容如下:

```
#ifndef _TARGET_CONFIG_H
#define _TARGET_CONFIG_H

#include "stm32f4xx.h"
#include "stm32f4xx_it.h"

#ifdef __cplusplus
#if __cplusplus
```

```
extern "C" {
#endif /* __cplusplus */
#endif /* __cplusplus */

/*=============================================================================
                                        System clock module configuration
=============================================================================*/
#define OS_SYS_CLOCK                                    SystemCoreClock
#define LOSCFG_BASE_CORE_TICK_PER_SECOND                (1000UL)
#define LOSCFG_BASE_CORE_TICK_HW_TIME                   0
#define LOSCFG_BASE_CORE_TICK_WTIMER                    0
#define LOSCFG_BASE_CORE_TICK_RESPONSE_MAX
  SysTick_LOAD_RELOAD_Msk

/*=============================================================================
                                        Hardware interrupt module configuration
=============================================================================*/
#define LOSCFG_PLATFORM_HWI                             1
#define LOSCFG_USE_SYSTEM_DEFINED_INTERRUPT             1
#define LOSCFG_PLATFORM_HWI_LIMIT                       128
/*=============================================================================
                                        Task module configuration
=============================================================================*/
#define LOSCFG_BASE_CORE_TSK_LIMIT                      24
#define LOSCFG_BASE_CORE_TSK_IDLE_STACK_SIZE            (0x500U)
#define LOSCFG_BASE_CORE_TSK_DEFAULT_STACK_SIZE         (0x2D0U)
#define LOSCFG_BASE_CORE_TSK_MIN_STACK_SIZE             (0x130U)
#define LOSCFG_BASE_CORE_TIMESLICE                      1
#define LOSCFG_BASE_CORE_TIMESLICE_TIMEOUT              20000
/*=============================================================================
                                        Semaphore module configuration
=============================================================================*/
#define LOSCFG_BASE_IPC_SEM                             1
#define LOSCFG_BASE_IPC_SEM_LIMIT                       48
/*=============================================================================
                                        Mutex module configuration
=============================================================================*/
#define LOSCFG_BASE_IPC_MUX                             1
#define LOSCFG_BASE_IPC_MUX_LIMIT                       24
/*=============================================================================
                                        Queue module configuration
=============================================================================*/
#define LOSCFG_BASE_IPC_QUEUE                           1
#define LOSCFG_BASE_IPC_QUEUE_LIMIT                     24
/*=============================================================================
                                        Software timer module configuration
=============================================================================*/
#define LOSCFG_BASE_CORE_SWTMR                          1
#define LOSCFG_BASE_CORE_SWTMR_ALIGN                    1
```

```
#define LOSCFG_BASE_CORE_SWTMR_LIMIT                    48
/*=================================================================
                        Memory module configuration
===================================================================*/
#define LOSCFG_MEM_MUL_POOL                             1
#define OS_SYS_MEM_NUM                                  20
/*=================================================================
                       Exception module configuration
===================================================================*/
#define LOSCFG_PLATFORM_EXC                             1
/*=================================================================
                        printf module configuration
===================================================================*/
#define LOSCFG_KERNEL_PRINTF                            1

#define LOSCFG_BASE_CORE_SCHED_SLEEP                    1

#ifdef __cplusplus
#if __cplusplus
}
#endif /* __cplusplus */
#endif /* __cplusplus */

#endif /* _TARGET_CONFIG_H */
```

OpenHarmony 通过强制编译链接构成一个全局指针数组，在链接脚本中定义符号自动确认这个数组的起始地址和结束地址，系统初始化是通过遍历的方式调用数组元素所指向的函数。上述过程是 OpenHarmony 运行用户程序的方式，因此需要在名为 STM32F407VETx_FLASH.ld 的链接文件中加入这个全局指针数组。

（11）修改裸机工程目录下的 STM32F407VETx_FLASH.ld 文件，向其中的 SECTIONS 内添加如下内容：

```
.zinitcall_array :
 {
    PROVIDE_HIDDEN (__zinitcall_core_start = .);
    KEEP (*(SORT(.zinitcall.core*)))
    KEEP (*(.zinitcall.core*))
    PROVIDE_HIDDEN (__zinitcall_core_end = .);

    PROVIDE_HIDDEN (__zinitcall_device_start = .);
    KEEP (*(SORT(.zinitcall.device*)))
    KEEP (*(.zinitcall.device*))
    PROVIDE_HIDDEN (__zinitcall_device_end = .);

    PROVIDE_HIDDEN (__zinitcall_bsp_start = .);
    KEEP (*(SORT(.zinitcall.bsp*)))
    KEEP (*(.zinitcall.bsp*))
    PROVIDE_HIDDEN (__zinitcall_bsp_end = .);
```

```
    PROVIDE_HIDDEN (__zinitcall_sys_service_start = .);
    KEEP (*(SORT(.zinitcall.sys.service*)))
    KEEP (*(.zinitcall.sys.service*))
    PROVIDE_HIDDEN (__zinitcall_sys_service_end = .);

    PROVIDE_HIDDEN (__zinitcall_app_service_start = .);
    KEEP (*(SORT(.zinitcall.app.service*)))
    KEEP (*(.zinitcall.app.service*))
    PROVIDE_HIDDEN (__zinitcall_app_service_end = .);

    PROVIDE_HIDDEN (__zinitcall_sys_feature_start = .);
    KEEP (*(SORT(.zinitcall.sys.feature*)))
    KEEP (*(.zinitcall.sys.feature*))
    PROVIDE_HIDDEN (__zinitcall_sys_feature_end = .);

    PROVIDE_HIDDEN (__zinitcall_app_feature_start = .);
    KEEP (*(SORT(.zinitcall.app.feature*)))
    KEEP (*(.zinitcall.app.feature*))
    PROVIDE_HIDDEN (__zinitcall_app_feature_end = .);

    PROVIDE_HIDDEN (__zinitcall_run_start = .);
    KEEP (*(SORT(.zinitcall.run*)))
    KEEP (*(.zinitcall.run*))
    PROVIDE_HIDDEN (__zinitcall_run_end = .);
 } >FLASH
```

至此，已大致完成系统编译构建的移植过程，在后续的编译过程中仍会有一些报错信息，主要是源码中某些 BUILD.gn 的文件包含路径不全和个别文件中的函数重复定义的问题，这部分修改内容留给读者实践操作时进行修改。

13.2.3 系统启动过程适配

STM32F4 器件的启动过程由一个名为 startup_stm32f407xx.s 的汇编文件定义，该文件位于 stm32f407 裸机工程目录中（~/OpenHarmony/device/st/stm32f407）。启动文件中定义了中断向量表及相关 DATA 段、BSS 段的地址位置定义，之后跳转至 SystemInit 与 main 函数。这两个函数分别位于裸机工程的 Core/Src 子目录中的 system_stm32f4xx.c 与 main.c 中，接下来需要对这两个文件进行修改。

学习板上使用的外部时钟源为 8 MHz 晶振，在 system_stm32f4xx.c 中需要修改 HSE_VALUE 与 HSI_VALUE 的值，修改内容如下：

```
...
#include "stm32f4xx.h"

#if !defined  (HSE_VALUE)
```

```
#define HSE_VALUE      ((uint32_t)8000000) /* ... */

#endif /* HSE_VALUE */
```

接下来添加内核移植测试的示例代码,在裸机工程目录下的 Core/Inc 和 Core/Src 子目录中分别新建 task_sample.h 文件和 task_sample.c 文件。task_sample.h 文件内容如下:

```
#ifndef __TASK_SAMPLE_H__
#define __TASK_SAMPLE_H__
void RunTaskSample(void);
#endif /* __TASK_SAMPLE_H__ */
```

task_sample.c 文件的编程风格和之前章节的 FreeRTOS 编程类似,特别是创建任务和任务管理都可以用 CMSIS 统一风格的 API 函数,整个文件代码如下:

```
#include <ohos_init.h>
#include <cmsis_os.h>
#include <core_main.h>
#include <stdio.h>
#include "task_sample.h"
#include "usart.h"

void TaskSampleEntry2(void *argument) {          // 任务 2 的入口函数
    while(1) {
        osDelay(3000); /* 3 Seconds */
        printf("%d Task2 running...\n", osKernelGetTickCount());
    }
}

void TaskSampleEntry1(void *argument) {          // 任务 1 的入口函数
    while(1) {
        osDelay(1000); /* 1 Seconds */
        printf("%d Task1 running...\n", osKernelGetTickCount());
    }
}

void TaskSample(void) {
    osThreadAttr_t ta = {
        .name = "TaskSample1",
        .stack_size = 256 * 4,
        .priority = (osPriority_t) osPriorityNormal,
    };
    osThreadNew(TaskSampleEntry1, NULL, &ta);
    ta.name = "TaskSample2";
    osThreadNew(TaskSampleEntry2, NULL, &ta);
}

SYS_RUN(TaskSample);
```

```
static void OHOS_SystemInit(void) {
    MODULE_INIT(bsp);
    MODULE_INIT(device);
    MODULE_INIT(core);
    SYS_INIT(service);
    SYS_INIT(feature);
    MODULE_INIT(run);
}

void RunTaskSample(void) {
    UINT32 ret;
    printf("SystemCoreClock = %d\n", SystemCoreClock);
    ret = osKernelInitialize();
    if (ret == LOS_OK) {
        OHOS_SystemInit();
        osKernelStart();
    }
}
```

最后，修改 main.c 文件，加入测试任务代码：

```
...
/* USER CODE BEGIN Includes */
#include "task_sample.h"
#include <stdio.h>
/* USER CODE END Includes */
...
/* USER CODE BEGIN 0 */
int _write(int fd, char *buffer, int size){          // printf 串口打印支持
    (void)HAL_UART_Transmit(&huart1, (uint8_t *)buffer, size, 0xFFFF);
    return size;
}
/* USER CODE END 0 */
...
int main(void) {
...
    /* USER CODE BEGIN 2 */
    RunTaskSample();
    /* USER CODE END 2 */
}
...
```

13.2.4 编译及烧录

OpenHarmony 的源码编译命令需要使用之前准备好的 hb 命令行工具，在 OpenHarmony 源码目录下打开一个终端，如图 13-16 所示，输入 "hb set" 命令选择编译目标，选择编译目标为 stm32f407。

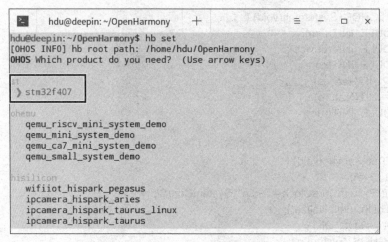

图 13-16　选择编译目标

选择编译目标后，再次输入"hb build -f"命令进行完全编译，如果编译顺利，最后结果如图 13-17 所示。

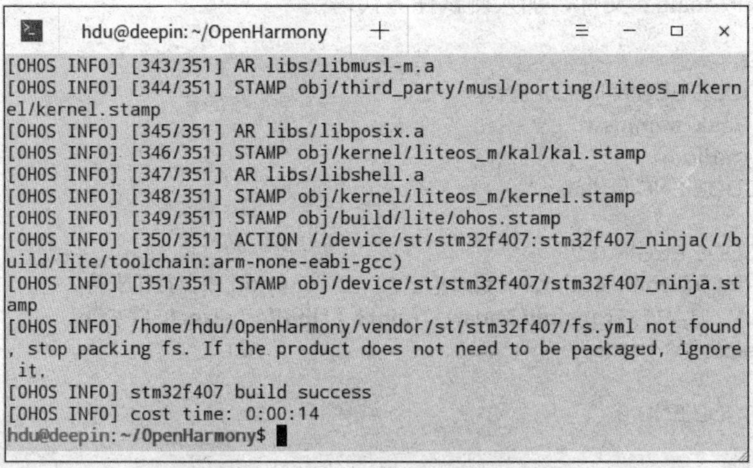

图 13-17　OpenHarmony 源码编译结果

从图 13-17 中可以看到"build success"字样，表示编译成功。如果编译有错，需仔细对照之前的步骤重新检查，再使用"hb build"命令重新编译直至成功。除了之前提到的 OpenHarmony 源码中的多个 BUILD.gn 文件需要添加相应包含路径，此处再给出几处需要修改的文件列表作为参考，如表 13-2 所示。

表 13-2　OpenHarmony 源码文件修改列表

文 件 名	函 数 名	问 题 描 述
kernel/liteos_m/components/power/los_pm.c	LOS_PmReadLock	PRINT_ERR 有错
kernel/liteos_m/kal/cmsis/cmsis_liteos2.c	osKernelGetInfo	PRINT_ERR 有错
third_party/musl/porting/liteos_m/kernel/src/multibyte/wcrtomb.c	wcrtomb	函数重复定义
third_party/musl/porting/liteos_m/kernel/src/stdio/ungetc.c	ungetc	函数重复定义

第 13 章　鸿蒙嵌入式系统移植 · 279 ·

续表

文件名	函数名	问题描述
third_party/musl/porting/liteos_m/kernel/src/stdio/vfprintf.c	vfprintf	函数重复定义
third_party/musl/porting/liteos_m/kernel/src/stdio/vprintf.c	vprintf	函数重复定义

编译成功后，如图 13-18 所示，可以在源码目录的 out/stm32f407/stm32f407 路径下看到 stm32f407.bin 与 stm32f407.hex 文件成功生成。

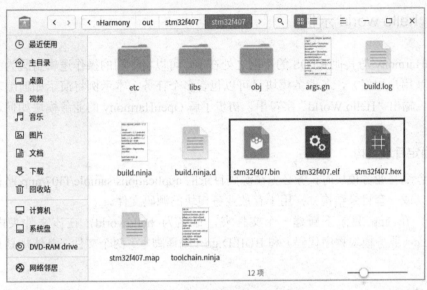

图 13-18　编译生成的程序文件

学习板上支持使用 ISP 功能直接下载 .hex 文件，如图 13-19 左边所示，将 stm32f407.hex 文件复制到 Windows 系统下，然后使用 flymcu 等 ISP 工具软件下载程序，测试结果如图 13-19 右边所示，读者可在串口中看到 task_sample 程序创建的两个任务各自的输出内容。

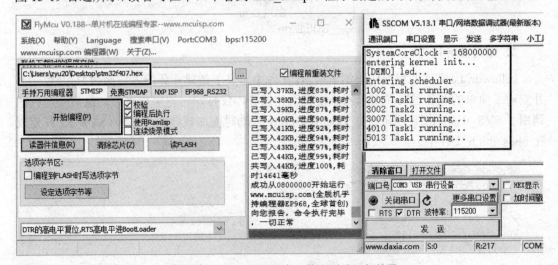

图 13-19　stm32f407 程序下载和测试运行结果

13.3　OpenHarmony 应用开发示例

本节示例中，建议先将裸机工程目录下的 Core/Src/task_sample.c 文件中的 TaskSample() 函数代码注释掉，这样可以避免之前的两个任务一直打印串口信息。

13.3.1　hello world 示例

OpenHarmony 与其他 RTOS 的不同之处在于，可以将不同的操作逻辑封装为一个个的业务模块（用户程序），各业务模块又可以包含多个任务。本示例将演示如何编写简单的业务模块，输出 "Hello World" 字符串，初步了解 OpenHarmony 的业务模块如何运行在学习板上。

1. 确定目录结构

开发者编写业务模块时，务必先在源码目录的 applications/sample/f407/app 路径下新建一个目录（或一套目录结构），用于存放业务模块的源码文件。

例如，在 app 目录下新建一个文件夹，命名为 helloworld，在该文件夹内再新建 helloworld.c（业务模块程序代码）和 BUILD.gn（编译脚本）两个文件，具体规划目录结构如下：

```
applications
└── sample
    └── f407
        └── app
            ├── helloworld
            │   ├── helloworld.c
            │   └── BUILD.gn
            └── BUILD.gn
```

2. 编写业务代码

helloworld.c 文件的程序代码如下所示。文件中定义了新建业务的入口函数 HelloWorld，并实现了简单的业务逻辑（本示例并没有创建任务，仅打印一遍字符串）。最后一句代码调用了 SYS_RUN() 接口用于告知 OpenHarmony 启动时需加载该业务模块（SYS_RUN 定义在 ohos_init.h 文件中）。

```c
#include <stdio.h>
#include "ohos_init.h"
#include "ohos_types.h"

void HelloWorld(void) {
    printf("[DEMO] Hello world.\n");
}
SYS_RUN(HelloWorld);
```

3. 编写用于将业务构建成静态库的 BUILD.gn 文件

BUILD.gn 文件由目标、源文件和头文件路径这 3 个部分内容构成，具体内容如下：

```
static_library("DEMO") {
    sources = [ "helloworld.c", ]
    include_dirs = [
        "//utils/native/lite/include"
    ]
}
```

上述内容中，static_library 指定了业务模块的编译结果，为静态库文件 libmyapp.a。sources 中指定了静态库.a 所依赖的.c 文件及其路径，若路径中包含"//"字符串则表示绝对路径（即 OpenHarmony 源码根目录），若不包含"//"则表示相对路径。include_dirs 中指定了 source 所需要依赖的.h 文件路径。

4. 修改模块 BUILD.gn 文件，指定需参与构建的特性模块

修改源码目录的 applications/sample/f407/app 路径下的 BUILD.gn 文件，在 features 字段中增加索引，使目标模块参与编译。features 字段用于指定业务模块的路径和目标，以 helloworld 业务模块举例，features 字段配置如下：

```
import("//build/lite/config/component/lite_component.gni")

lite_component("app") {
    features = [
        "helloworld:DEMO",
    ]
}
```

上述内容中，helloworld 是一个相对路径，指向 helloworld 子目录下的 BUILD.gn 文件。DEMO 是目标，指向 helloworld 子目录下 BUILD.gn 文件中的 static_library("DEMO")。

完成上述操作后重新编译源码并烧录，即可在串口中看到"[DEMO] Hello world."信息。

如果要在 helloworld 模块中持续打印字符串，建议参考之前的 task_sample 代码，在 helloworld 模块中创建一个任务，并在任务函数中循环打印字符串。

13.3.2 流水灯示例

（1）参考 13.3.1 节，在源码目录的 applications/sample/f407/app 路径下新增业务子目录 led，具体规划目录结构如下所示，其中，led.c 为业务代码，BUILD.gn 为编译脚本。

```
applications
    └── sample
        └── f407
            └── app
                ├── led
                │   ├── led.c
                │   └── BUILD.gn
                └── BUILD.gn
```

（2）在 led 子目录下新建 led.c 文件，在该文件中新建业务入口函数 LEDTask，并实现业务逻辑，代码如下：

```c
#include <stdio.h>
#include "ohos_init.h"
#include "ohos_types.h"
#include "cmsis_os.h"
#include "main.h"
#include "gpio.h"

osThreadId_t ledTaskHandle;
const osThreadAttr_t ledTask_attributes = {
  .name = "ledTask",
  .stack_size = 256 * 4,
  .priority = (osPriority_t) osPriorityNormal,
};

void SetLeds(uint8_t dat) {
  // LED 亮灭控制，低电平亮，高电平灭，8 个灯对应 dat 的低 8 位
  HAL_GPIO_WritePin(GPIOE, L1_Pin, (dat&0x01)?GPIO_PIN_RESET:GPIO_PIN_SET);
  HAL_GPIO_WritePin(GPIOE, L2_Pin, (dat&0x02)?GPIO_PIN_RESET:GPIO_PIN_SET);
  HAL_GPIO_WritePin(GPIOE, L3_Pin, (dat&0x04)?GPIO_PIN_RESET:GPIO_PIN_SET);
  HAL_GPIO_WritePin(GPIOE, L4_Pin, (dat&0x08)?GPIO_PIN_RESET:GPIO_PIN_SET);
  HAL_GPIO_WritePin(GPIOE, L5_Pin, (dat&0x10)?GPIO_PIN_RESET:GPIO_PIN_SET);
  HAL_GPIO_WritePin(GPIOE, L6_Pin, (dat&0x20)?GPIO_PIN_RESET:GPIO_PIN_SET);
  HAL_GPIO_WritePin(GPIOE, L7_Pin, (dat&0x40)?GPIO_PIN_RESET:GPIO_PIN_SET);
  HAL_GPIO_WritePin(GPIOE, L8_Pin, (dat&0x80)?GPIO_PIN_RESET:GPIO_PIN_SET);
}

void LEDTask(void *argument) {
  uint8_t sta = 0x01;
  uint32_t tick = 0;

  for(;;) {
    SetLeds(sta);

    if (osKernelGetTickCount() >= tick) {
      tick = osKernelGetTickCount() + 100;
      sta <<= 1;
      if (0 == sta)
        sta = 0x01;
    }
    osDelay(10);
  }
}

void led(void) {
```

第13章 鸿蒙嵌入式系统移植

```
    printf("[DEMO] led...\n");
    ledTaskHandle = osThreadNew(LEDTask, NULL, &ledTask_attributes);
}

SYS_RUN(led);
```

（3）在 led 子目录下新建 BUILD.gn 文件，编写文件内容如下：

```
static_library("DEMO_led") {
  sources = [ "led.c", ]
  include_dirs = [
    "//utils/native/lite/include",
    "//kernel/liteos_m/kal/cmsis",
    "//kernel/liteos_m/kernel/include",
    "//kernel/liteos_m/utils",
  ]
}
```

修改 app 目录下的模块 BUILD.gn 文件为如下内容，指定需参与构建的特性模块。在 features 字段中增加索引，使目标模块参与编译。

```
import("//build/lite/config/component/lite_component.gni")
lite_component("app") {
  features = [
    # "helloworld:DEMO",
    "led:DEMO_led",
  ]
}
```

上述内容中，在 features 字段中可以选择多个业务模块进行编译，也可以屏蔽某个模块不进行编译，比如，在 helloworld 业务模块前添加"#"即可不编译此目标。

保存 BUILD.gn 文件，重新编译源码并进行烧录，可以看到流水灯功能成功运行，本章内容演示完成。

实验21　OpenHarmony 系统移植实验

【实验目标】

了解鸿蒙操作系统，掌握开源的 OpenHarmony 轻量级系统移植方法，熟悉基于 OpenHarmony 轻量级系统的程序设计方法。

【实验内容】

（1）参照本章演示示例，独立完成基于学习板器件的 OpenHarmony 轻量级系统移植。
（2）附加要求：在移植好的 OpenHarmony 轻量级系统基础上，重新实现实验4的内容要求。

习 题

1. OpenHarmony 当前最新的源码版本是多少？下载地址是什么？
2. OpenHarmony 和华为的鸿蒙系统之间是什么关系，LiteOS-M 和 OpenHarmony 之间又是什么关系？
3. 在 STM32F4 上进行 OpenHarmony 的轻量级系统移植，需要搭建的开发环境包括哪些软件？
4. OpenHarmony LiteOS-M 源码支持 CMSIS 标准，系统移植好了之后，其应用软件开发和 FreeRTOS 的应用软件开发相比如何？有什么优势？

参 考 文 献

[1] 马维华. 嵌入式系统原理及应用[M]. 北京：北京邮电大学出版社，2017.

[2] 赖晓晨，王孝良，任志磊. 嵌入式软件设计[M]. 北京：清华大学出版社，2016.

[3] 张晓林. 嵌入式系统技术[M]. 北京：高等教育出版社，2017.

[4] 王加存. 实时嵌入式系统[M]. 北京：机械工业出版社，2019.

[5] 毕盛，张齐. 嵌入式系统原理及设计[M]. 广州：华南理工大学出版社，2018.

[6] 袁志勇，王景存. 嵌入式系统原理与应用技术[M]. 北京：北京航空航天大学出版社，2019.

[7] 郑亮，王戬. 嵌入式系统开发与实践[M]. 北京：北京航空航天大学出版社，2019.

[8] 程文娟，吴永忠，苗刚中. 嵌入式实时操作系统μC/OS-Ⅱ教程[M]. 西安：西安电子科技大学出版社，2017.

[9] 刘火良，杨森. FREERTOS 内核实现与应用开发实战指南：基于 STM32[M]. 北京：机械工业出版社，2019.

[10] 漆强. 嵌入式系统设计——基于 STM32CubeMX 与 HAL 库[M]. 北京：高等教育出版社，2022.

[11] STMicroelectronics: STM32F405xx STM32F407xx Datasheet[EB/OL]. [2020-08-14]. https://www.st.com/zh/microcontrollers-microprocessors/stm32f407-417.html.

[12] STMicroelectronics: Description of STM32F4 HAL and low-layer drivers[EB/OL]. [2021-07-18]. https://www.st.com/zh/embedded-software/stm32cubef4.html.

[13] STMicroelectronics: STM32F405xx STM32F407xx Reference manual[EB/OL]. [2021-02-25]. https://www.st.com/zh/microcontrollers-microprocessors/stm32f407-417.html.

[14] OpenHarmony: OpenHarmony LiteOS-M 内核[OL]. https://gitee.com/openharmony/kernel_liteos_m